野生桃金娘生长环境

野生桃金娘渐次开花

平地移栽桃金娘

盆栽桃金娘

野生植物桃金娘的种植与开发

黄儒强 著

华南理工大学出版社
·广州·

图书在版编目（CIP）数据

野生植物桃金娘的种植与开发 / 黄儒强著. -- 广州：华南理工大学出版社，2025.6. -- ISBN 978-7-5623-7933-1

Ⅰ. S667.9

中国国家版本馆CIP数据核字第2025HV6514号

野生植物桃金娘的种植与开发

黄儒强　著

出 版 人：房俊东
出版发行：华南理工大学出版社
　　　　　（广州五山华南理工大学17号楼，邮编510640）
　　　　　http://hg.cb.scut.edu.cn　E-mail：scutc13@scut.edu.cn
　　　　　营销部电话：020-87113487　87111048（传真）
策划编辑：王　磊
责任编辑：欧建岸
责任校对：梁樱雯
印 刷 者：广州市人杰彩印厂
开　　本：787 mm×1092 mm　1/16　印张：19　插页：2　字数：325千
版　　次：2025年6月第1版　印次：2025年6月第1次印刷
定　　价：60.00元

版权所有　盗版必究　印装差错　负责调换

前　言

野生植物，是指原生地天然生长的植物。野生植物是重要的自然资源和环境要素，对于维持生态平衡和发展经济具有重要作用。我国野生植物种类非常丰富，拥有高等植物达3万多种，居世界第三位，其中特有植物种类繁多，约17000种。桃金娘（Rhodomyrtus tomentosa（Ait.）Hassk.）为桃金娘科（Myrtaceae）桃金娘属（Rhodomyrtus）灌木植物，别名山菍、多莲、当梨根、稔子树、豆稔、仲尼、乌肚子、桃舅娘、当泥、乌多年。据《中国植物志》记载，桃金娘属约18种，分布于亚洲热带及大洋洲，其中在我国自然分布的仅有桃金娘唯一一种，见于台湾、福建、广东、广西、云南、贵州及湖南最南部等地的丘陵坡地，为酸性土指示植物。桃金娘为野生灌木，株型虬曲多枝，节间致密紧凑，四季常青，春末夏初开花不断，先白后红，红白相映，花期长达两个月，艳丽秀美，果实由青转黄，由黄转紫，由紫变红黑，犹如珍珠缀满枝头，是非常美丽的观花观果植物。桃金娘生长迅速，极耐贫瘠，抗逆性强，野生资源极为丰富，在南方山野经常可以找到株型奇特的野生素材，成活率高，养护简单，而且桃金娘萌蘖力强，枝条柔韧，非常适合蟠扎修剪，是制作盆景的精美素材之一。同时，桃金娘的叶、花、茎、果和根均具有重要的开发价值。

作为野生植物，桃金娘虽然是重要的植物资源，但是没有得到大规模的开发利用。本课题组带领本科生和研究生从2005年开始对桃金娘进行了持续的研究，探讨了桃金娘的基因、种植、活性成分的提取纯化技术（叶、茎、果实、根）和生物活性功能等，并在此基础上，对桃金娘产品开发进行了探索。通过研究，目前取得的部分成果如下：

（1）研究阐明了DFR及PAL基因的表达特异性以及与桃金娘花色素苷积累的相关性，为进一步开展DFR及PAL蛋白活性与功能研究、桃金娘花色素苷生物合成途径相关基因及遗传机制研究提供了理论与实践基础。

（2）用水作为浸提剂对桃金娘果实中的色素成分进行浸提，同时，利用无水乙醇对山稔子色素粗提液进行脱果胶处理，通过S8型树脂的纯化得到一种紫色的色素，结果表明，该色素在较大的pH值范围内具有较好的稳定性，同时，对Fe^{2+}、Cu^{2+}、Zn^{2+}等三种金属离子液也具有较好的稳定性。

（3）通过对桃金娘果95%的甲醇提取液中黄酮含量的测定和黄酮种类的鉴别，为从桃金娘果中分离纯化黄酮醇、双氢黄酮和查尔酮等黄酮类物质打下了基础。

（4）桃金娘叶总黄酮具有较强的DPPH自由基清除能力，在一定浓度范围内呈量效关系，其IC_{50}=9.797 μg/mL，与天然抗氧化剂VC（IC_{50}=7.886 μg/mL）相近。同时，桃金娘叶总黄酮提取液对金黄色葡萄球菌、枯草芽孢杆菌及绿脓杆菌等微生物的生长具有抑制作用，该研究成果为合理开发利用桃金娘叶资源提供了依据。

（5）桃金娘果生物碱对金黄色葡萄球菌、蜡样芽孢杆菌和福氏志贺菌具有较好的抑菌活性，最小抑菌浓度分别为0.098 mg/mL，0.391 mg/mL，6.25 mg/mL。

（6）从桃金娘果中分离纯化得到6种新的多糖，并获得了授权发明专利。

（7）通过对桃金娘生物活性功能的探究，发现桃金娘具有良好的抗氧化、降血脂、抗炎、抗菌以及抗癌等功能，为后续的开发利用提供了参考方向。

（8）在对桃金娘成分分析、提取及功能研究的基础上，开发了桃金娘果富钾饮料、提取物微胶囊、发酵酒、黄酮口含片等产品，为桃金娘的深度开发提供了参考途径。

从以上研究成果可以看出，桃金娘作为野生植物资源极具开发价值。为此，我们将上述成果进行汇总，编写成书，以期促进桃金娘的开发利用，推进相关农业产业化的发展。

《野生植物桃金娘的种植与开发》这本书主要介绍：桃金娘的植物学特征、桃金娘的人工栽培、桃金娘DFR与PAL基因的表达与花色素苷积累的相关性、桃金娘活性成分的提取纯化技术、桃金娘的生物活性、桃金娘产品开发等内容。本书主要特色是加强对桃金娘进行全景式的分析及讨论，重点突出，有利于读者了解、掌握桃金娘的相关知识。本书著者具有丰富的食品理论知识、科研经验和生产管理经验。在本书编写过程中，注重实用性，能够较好地将生产实际、理论学习与案例分析有机地结合起来，大部分内容是著者在科研、生产实践中的研究成果，具有很强的操作性。该书可作为农业、食品工程以及相关领域的研究参考，也可供农业产业、食品企业及相关领域的管理、科研、生产人员参考。

本书由华南师范大学生命科学学院黄儒强编写。其指导的本科生、研究生参与了桃金娘的研究、本书资料的收集与整理工作，在此一并致谢。

由于时间仓促和水平有限，书中难免有错漏之处，敬请读者批评指正。

目 录

第1章 桃金娘的植物学特征 ································· **1**
1.1 桃金娘的形态特征 ···································· 1
1.2 桃金娘的分类系统 ···································· 1
1.3 桃金娘的组织结构 ···································· 2
    1.3.1 桃金娘的根 ··································· 2
    1.3.2 桃金娘的叶 ··································· 3
    1.3.3 桃金娘的花 ··································· 3
    1.3.4 桃金娘的果 ··································· 4

第2章 桃金娘的人工栽培 ································· **5**
2.1 桃金娘生长适宜的气候条件 ···························· 5
2.2 桃金娘的繁殖和栽培 ·································· 6
2.3 桃金娘的生长习性与移栽条件 ·························· 7
2.4 桃金娘的种植管理 ···································· 8
    2.4.1 病虫害防治 ··································· 8
    2.4.2 培植要点 ····································· 9
    2.4.3 栽培管理技术 ································· 9

第3章 桃金娘 *DFR* 与 *PAL* 基因的表达与花色素苷积累的相关性 ············ **11**
3.1 植物花色素苷生物合成研究概况 ······················· 12
    3.1.1 花色素苷的结构及功能 ························· 12
    3.1.2 花色素苷合成途径相关基因 ····················· 13
3.2 植物管家基因研究概况 ······························· 18
3.3 试验材料与方法 ····································· 19

		3.3.1	材料	19
		3.3.2	方法	21
	3.4	试验结果与分析		31
		3.4.1	总花色素苷相对含量分析	31
		3.4.2	桃金娘总RNA质量验证	33
		3.4.3	桃金娘18S rRNA、Actin、GAPDH及PAL基因片段的克隆	34
		3.4.4	桃金娘DFR基因片段的克隆	35
		3.4.5	桃金娘DFR基因的UTR克隆	36
		3.4.6	基因的生物信息学分析	37
		3.4.7	桃金娘内参基因的稳定性筛选	45
		3.4.8	桃金娘DFR基因及PAL基因的表达检测	47
	3.5	讨论		51
		3.5.1	桃金娘内参基因稳定性筛选及分析	51
		3.5.2	桃金娘DFR及PAL基因特异性表达及其与花色素苷积累的相关性	51

第4章 桃金娘活性成分的提取纯化技术 54

4.1	山稔子色素的纯化及其稳定性研究		54
	4.1.1	食用色素概述	54
	4.1.2	山稔子色素试验材料和方法	55
	4.1.3	结果与讨论	56
	4.1.4	结论	61
4.2	山稔子黄酮的研究		61
	4.2.1	山稔子中总黄酮含量的测定及其种类的鉴别	61
	4.2.2	响应面法优化山稔叶总黄酮提取工艺	66
	4.2.3	桃金娘叶总黄酮提取工艺优化及抑菌活性研究	76
	4.2.4	大孔树脂分离纯化山稔子总黄酮	90
	4.2.5	聚酰胺柱层析法分离、纯化山稔子黄酮	96
	4.2.6	硅胶柱层析法分离山稔子黄酮类化合物	105
4.3	山稔子生物碱提取纯化工艺的优化及其抑菌活性的探究		115
	4.3.1	试验材料与方法	116

4.3.2　结果与讨论 ·· 119
4.4　桃金娘多糖的研究 ·· 130
　　4.4.1　关于多糖的概述 ·· 130
　　4.4.2　实验材料、试剂与仪器 ·· 138
　　4.4.3　实验方法 ·· 140
　　4.4.4　结果与分析 ·· 145
　　4.4.5　讨论 ··· 160
4.5　山稔子多糖P1~P4的提取 ··· 163
　　4.5.1　总多糖含量的测定 ··· 163
　　4.5.2　山稔子多糖P1~P4的分离纯化 ·· 164
　　4.5.3　山稔子多糖P1~P4的纯化结果 ·· 167
　　4.5.4　山稔子多糖P1~P4纯化组分的分析结果 ·· 168
4.6　山稔子皂苷的提取 ·· 179
　　4.6.1　材料与仪器 ·· 179
　　4.6.2　实验方法 ·· 181
　　4.6.3　山稔子皂苷提取纯化工艺的优化 ··· 182
　　4.6.4　结果与分析 ·· 186
　　4.6.5　讨论 ··· 197
4.7　不同方法提取山稔子挥发油的比较研究 ··· 198
　　4.7.1　概述 ··· 198
　　4.7.2　材料与设备 ·· 198
　　4.7.3　研究方法 ·· 199
　　4.7.4　结果与讨论 ·· 200

第5章　桃金娘的生物活性 ·· 207
5.1　抗氧化剂的相关研究 ·· 207
　　5.1.1　山稔子中抗氧化物质的研究 ·· 207
　　5.1.2　山稔子黄酮类提取物抗自由基抗氧化功能的研究 ···································· 215
　　5.1.3　山稔子皂苷的抗氧化性研究 ·· 218
　　5.1.4　桃金娘叶提取物抗氧化活性的研究 ·· 224
5.2　山稔子提取物降血脂作用的研究 ·· 229

  5.2.1 概述 ···229
  5.2.2 实验材料 ···229
  5.2.3 实验方法 ···230
  5.2.4 结果与分析 ··232
 5.3 桃金娘化学成分抗炎活性研究 ··236
  5.3.1 摘要 ···236
  5.3.2 桃金娘对炎症模型小鼠影响的初探 ······································237
  5.3.3 材料与试剂 ··238
  5.3.4 实验方法 ···239
  5.3.5 结果与分析 ··240
 5.4 桃金娘提取物对H22肿瘤小鼠作用探究 ···243
  5.4.1 概述 ···243
  5.4.2 实验材料 ···246
  5.4.3 研究方法 ···246
  5.4.4 结果与分析 ··247
 5.5 桃金娘生物保鲜剂对腐败菌的抑制作用 ···249
  5.5.1 材料与仪器 ··249
  5.5.2 研究方法 ···250
  5.5.3 结果与分析 ··251
 5.6 山稔子提取液中黄酮类化合物的抑菌作用 ······································256
  5.6.1 材料与仪器 ··256
  5.6.2 研究方法 ···256
  5.6.3 结果与讨论 ··258

第6章 桃金娘产品开发 ··264
 6.1 富钾山稔子饮料 ···264
 6.2 喷雾干燥法制备山稔子提取物微胶囊的研究 ···································265
  6.2.1 概述 ···265
  6.2.2 材料、试剂及仪器设备 ···266
  6.2.3 研究方法 ···267
  6.2.4 结果与分析 ··269

6.3 山稔子酒发酵工艺条件的研究 273
6.3.1 材料、仪器与设备 273
6.3.2 研究方法 273
6.3.3 结果与讨论 274
6.3.4 山稔子原酒质量指标 278
6.4 山稔子黄酮口含片的研制 278
6.4.1 材料与仪器 278
6.4.2 工艺流程 278
6.4.3 实验方法 279
6.4.4 结果与分析 282

参考文献 288

第1章 桃金娘的植物学特征

桃金娘[*Rhodomyrtus tomentosa*(Ait.) Hassk.]为桃金娘科(*Myrtaceae*)桃金娘属(*Rhodomyrtus*)灌木植物。其别名有山稔、多莲、当梨根、稔子树、豆稔、仲尼、乌肚子、桃舅娘、当泥、乌多年等。

据《中国植物志》记载,桃金娘属约18种,分布于亚洲热带及大洋洲,其中在我国自然分布的仅有桃金娘一种,见于台湾、福建、广东、广西、云南、贵州及湖南最南部等地的丘陵坡地,为酸性土壤指示植物。

桃金娘为野生灌木,株型虬曲多枝,节间致密紧凑,四季常青;春末夏初开花不断,先白后红,红白相映,花期长达两个月,艳丽秀美;果实由青转黄,由黄转紫,由紫变红黑,犹如珍珠,缀满枝头,是非常美丽的观花观果植物。

桃金娘生长迅速,极耐贫瘠,抗逆性强。其野生资源极为丰富,在南方山野经常可以找到株型奇特的野生素材,成活率高,养护简单。桃金娘萌蘖力强,枝条柔韧,非常适合蟠扎修剪,是制作盆景的精美素材之一。

1.1 桃金娘的形态特征

灌木。嫩枝有灰白色柔毛。叶对生,革质,椭圆形或倒卵形,先端圆或钝,常微凹入,有时稍尖,基部阔楔形,上面初时有毛,后变无毛,发亮;下面有灰色茸毛,离基三出脉,直达先端且相结合,边脉离边缘3~4 mm,中脉有侧脉4~6对,网脉明显;叶柄长4~7 mm。花有紫红色;萼管倒卵形,有灰茸毛,萼裂片数5,近圆形,宿存;花瓣数5,倒卵形。浆果卵状壶形,熟时紫黑色;种子每室2列。花期4—5月,果期7—9月。

1.2 桃金娘的分类系统

界——植物界(Plantae)

门——被子植物门（Angiospermae）
纲——木兰纲（Magnoliopsida）
目——桃金娘目（Myrtales）
科——桃金娘科（Myrtaceae）
属——桃金娘属（Rhodomyrtus）

1.3 桃金娘的组织结构

1.3.1 桃金娘的根

根圆柱形，稍弯曲，多为不规则的片或短段，直径 0.5～3 cm，如图 1-1 所示。外皮棕灰色或黑褐色，粗糙，常脱落，脱落处显赭红色或棕红色。质硬，不易折断，断面淡棕色，老根可见同心环纹，气微，味涩。根横切面如图 1-2 所示。栓层由 3～5 列细胞组成。皮层窄，薄壁细胞中分布有大量淀粉粒和少量分泌腔。韧皮部窄，与皮层无明显的界线。形成层不明显。木质部占绝大部分，导管大，常单个散在，木射线 1～2 列，细胞中分布有淀粉粒。中央无髓部。

图1-1 桃金娘的根

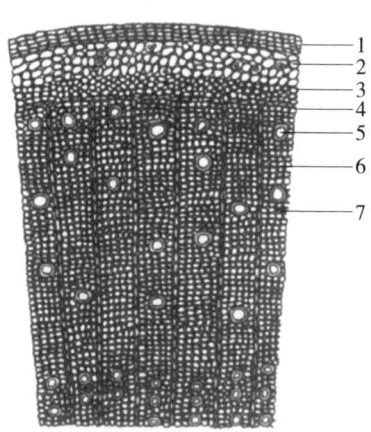

图1-2 桃金娘根横切面（×85）
1—木栓层；2—皮层；3—韧皮部；4—形成层；
5—导管；6—射线；7—木质部

1.3.2 桃金娘的叶

桃金娘叶横切面如图1-3所示。上表皮由2列细胞组成。栅栏组织细胞1~2列，细胞小而短，圆柱状。海绵组织细胞数列，纵向排列几成行。中脉维管束呈"U"形，下方具有纤维束。形成层明显，由3~4列细胞组成。韧皮部狭长，分布有韧皮纤维。下表皮由2列细胞组成，其上具众多单细胞非腺毛，稍弯曲。偶见腺毛。

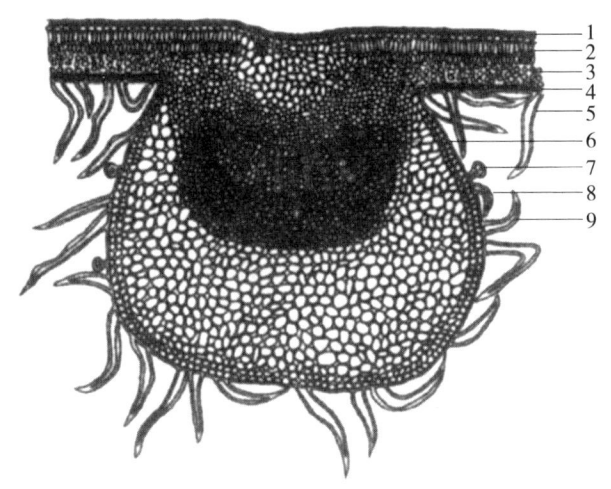

图1-3 桃金娘叶横切面（×85）
1—上表皮；2—栅栏组织；3—海绵组织；4—下表皮；5—非腺毛；
6—木质部；7—腺毛；8—韧皮部；9—韧皮纤维

1.3.3 桃金娘的花

桃金娘的花如图1-4所示。花有长梗，常单生，紫红色，直径2~4 cm；萼管倒卵形，长约6 mm，有灰色绒毛，基部有2枚卵形小苞片；萼裂片数5，近圆形，长4~5 mm，宿存；花瓣数5，倒卵形，长1.3~2 cm，外面被灰色绒毛；雄蕊红色，长7~8 mm，花药圆形；子房下位，有3室，花柱长1 cm，基部被绒毛，柱头头状。花期4—5月。

图1-4 桃金娘花(张中显,2019)

1.3.4 桃金娘的果

桃金娘果如图1-5所示。浆果卵状壶形,长1.5~2 cm,宽1~1.5 cm,熟时紫黑色;种子每室2列。

图1-5 桃金娘果(黄青良,2019)

第2章　桃金娘的人工栽培

2.1　桃金娘生长适宜的气候条件

2.1.0.1　温度

桃金娘具有耐高温的抗逆特性，生长于丘陵山坡地带。其宜在气温10～38 ℃之间生长，在这个温度范围内一年四季常青。温度低于10 ℃，植株停止生长；低于4 ℃持续时间5 d以上，植株会冻伤甚至死亡。但其主干根部具有强大的生命力，如果低温冻害造成植株死亡，来年还会重新发芽生长。重新生长的植株散乱，生长缓慢，开花挂果率低，影响观赏效果、产量和质量。桃金娘属于耐高温植物，自然高温天气对桃金娘生长不会有太大的影响，高温反而利于果实的成熟和有机质的转化。由于桃金娘适宜生长的温度范围大，所以在自然环境下，南方大部分地区都可以栽培种植。

2.1.0.2　湿度

桃金娘适宜的土壤湿度（水分）在55%～65%之间，空气相对湿度为70%～80%。土壤湿度过大，桃金娘根部易缺氧造成植株停止生长，甚至烂根死亡；土壤湿度过小，生长缓慢，当植株光合作用及蒸腾的水分大于根部吸收的水分时，植株会枯萎、落叶，水分得不到及时补充会造成植株干枯，甚至死亡。空气相对湿度低于70%时，桃金娘生长减缓；低于30%时，叶面水分蒸发过快，叶子易枯黄或脱落。因此，适宜的湿度是桃金娘正常生长及提高产量和质量的重要保证。

2.1.0.3　光照

桃金娘是阳性的灌木树种，喜光，耐炎热。桃金娘在自然强光条件下，根系发达，枝叶繁多，初期新长的叶片上有细微的绒毛可避免强光的伤害，其接受光照进行光合作用，能促进植株旺盛生长。人工移栽定植宜选择光照充足地域空旷的地方进行。

2.2 桃金娘的繁殖和栽培

桃金娘繁殖方式主要有3种：枝条扦插繁殖、种子繁殖和高压繁殖。

2.2.1 扦插繁殖

杨治国用桃金娘的嫩枝和硬枝作插穗，采用不同扦插基质和不同浓度的6号ABT生根粉处理插穗进行比较试验，结果表明，用嫩枝作插穗、砻糠作基质，用300 mg/L生根粉处理2 h，生根率最高。叶昌辉等在研究IBA与NAA对桃金娘扦插繁殖的影响时发现，IBA、NAA各100 mg/L为最佳浓度组合，可有效提高扦插繁殖的成活率及幼苗质量。但无论采用何种方法进行扦插，桃金娘插穗的生根率总体很低，可能与它本身单宁含量高难以形成愈伤组织有关。

每年的早春（2—3月），用细黄泥30%、细沙40%、腐植肥或农家肥30%，细化混合作为基料，做成长度不限，宽120 cm、高15 cm的畦垄用以扦插。畦垄面要平整，畦土保持65%左右的水分。选择头年生桃金娘壮实的嫩枝作为插穗，把枝条剪成10～15 cm长的段条，每段条要有两三个茎节，顶部的剪口在最上一个叶节的上方大约1 cm处平剪，下部的剪口在最下面的叶节下方大约0.5 cm处斜剪。剪刀要锋利，上下剪口要平整。随后用福尔马林200倍液把剪好的枝条浸入消毒3～5 min，再把枝条下部1/3的长度浸入ABT生根粉（50～200 mg/kg）配成的低含量溶液中2～4 h。然后按每5 cm×5 cm的畦土面积插入一根，并用手捏实使插穗与基质料充分接触，留出两三个叶节或插穗的1/3长度即可。扦插后，喷水淋透定根，基料水分要保持在65%～75%之间，相对湿度保持在80%～90%之间。用小拱棚覆盖薄膜及遮阳网（透光率20%左右）进行催芽。要经常观察苗床温湿度情况，遇高温天气时要通风降温，防止烧苗。也可用营养杯进行扦插，基料制作方式与前述一样，把基料装进直径10 cm、高12 cm的塑料杯，基料占杯体的90%，含水量65%～75%，杯子底部要有透气孔，然后用同样的方法进行扦插和管理。插穗发芽后，定期喷施叶面宝，表土及营养杯定期施放水肥，用法用量按照使用说明进行。

2.2.2 种子繁殖

桃金娘果成熟时,选择壮实饱满无病害的果实作为种子。果实采摘后,闷沤 2~3 d,待果子软化后将果子抓烂捏碎,然后水洗去渣,提取籽粒,晾干备用。播种畦地做法及规格与上述相同,播种前用氨基酸多元果树药剂浸种 6 h 左右,按 2 cm×2 cm 畦土面积点播一粒种子,也可均匀分散稀撒,然后覆盖 1~2 cm 的有机肥或混合基料,用喷雾法喷淋透水,之后保持 70%~80% 的畦土湿度。不得浇泼水淋,以免覆盖层漂移露出种子。之后用小拱棚覆盖薄膜催芽。要注意定期观察,定期通风透气防止高温烧坏芽苗。当种子发芽长出,去掉薄膜,加强水肥管理即可。

2.2.3 高压繁殖

目前,关于桃金娘高压繁殖技术的研究较少。根据陈银铸的研究,高压繁殖在桃金娘的生长旺季进行,选取树冠外围上部生长良好、无病虫害的 2 年生枝条,在靠近基部处进行环状剥皮处理后,用培养土包裹环剥处,再用塑料薄膜捆绑扎紧,待枝条生根后将其连根剪下,另行栽植成新苗。

除了以上繁殖方式外,王尚显等还对桃金娘组织培养进行初步研究,以桃金娘茎段、叶片、种子为外植体,探索出适合不同外植体消毒的有效方法和时间,并对最佳的诱导培养基和无菌系建立途径进行了筛选。

2.3 桃金娘的生长习性与移栽条件

桃金娘生长于丘陵坡地的酸性土壤,广泛分布于我国江西、广东、广西、海南、台湾、福建、云南、贵州、湖南等地。以低山丘陵的红壤土区域分布为主,是酸性土壤的重要指示植物。同时该物种也在东南亚地区及日本、印度等国有分布记录。

桃金娘可在 pH=4.0~5.0 的酸性土壤中生长,是酸性土壤的指示植物。桃金娘喜光,不耐荫蔽。任海等研究发现,强光下的桃金娘可通过根系大、枝叶多且小等特点在水分和养分竞争中处于优势,并利用小的枝角和叶毛来避免强光的伤害。30% 左右的透光率则是桃金娘消亡的辐射条件。桃金娘对盐碱地也有一定的忍耐度,喜湿润,但不耐涝,适合在湿度为 70%~80% 的环境下生长。根据桃金娘的生长习性,种植基地应尽量选择光照良好地势较高土壤偏微酸性的地块。

欧斌等移栽自然野生桃金娘幼苗进行造林技术研究时指出，移栽时应选取基部新生长萌条、叶子深绿或浅绿色的年幼树苗。起苗时根带土团，留树干3～5根，叶5～10片。每年以2—3月移栽为宜，种植密度为2500株/hm²，穴规格为60 cm×60 cm×50 cm。种植前先往穴内回填部分原土，穴上层回填客土，将表层客土淋湿或待下雨润湿后，即可种植。种植时施适量基肥，或成活后及时追肥可使植株长势更好。

2.4 桃金娘的种植管理

2.4.1 病虫害防治

病虫害会引起桃金娘落花、落果，影响其产量，还会影响果实的成熟及其商品价值，导致种植投入损失。为了确保桃金娘高产，提高品质，增加其商品价值，需要结合病虫害防治技术对桃金娘进行科学、安全用药防治，并遵循"预防为主，综合防治"的理念。

在规模种植的情况下，桃金娘病虫害防治主要需做好农业防治、物理防治措施，并辅以必要的化学防治或生物防治措施，还要提前做好预防，进行综合防治。

2.4.1.1 农业防治

根据桃金娘生长的特点，应充分保证土壤的酸碱度，加强针对性施肥和水分管理，保证其养分及水分的需求，促使桃金娘健壮生长，以提高其抵抗病虫害的能力。

2.4.1.2 物理防治

物理防治是结合各种病虫害习性、发生情况，通过控制光、电、热、温度和辐射等物理因素和利用机械设备杀死、驱除或隔离害虫，包括人工捕捉、灯光诱控、色板诱控、辐照不育、物理阻隔、湿度处理及温度控制等方法。如通过设置黑光灯、日光灯、高压汞灯、节能灯等诱捕害虫；利用蚜虫等害虫的趋光性、趋黄性等习性在地面覆盖银灰色的薄膜、挂黄板来防治虫害；通过给果实套袋、架防虫网、树干涂白将桃金娘和害虫隔离以达到防治效果；修剪被虫侵害的桃金娘树枝、叶片、残花并进行集中烧毁，及时清理残枝落叶也可起到防治效果。

2.4.1.3 化学防治

（1）冬季清园和消毒。冬季把地面的病枝、病叶、病果、所有枯枝杂叶和杂草清理干净，之后在地面撒施石灰，每亩50~70 kg。

（2）选择药剂。选择药剂时要按照无公害果蔬生产的要求选择高效低毒且残留期短的药剂，提高桃金娘植株及其果实的食品安全性。施药要科学，当田间病虫害达到防治指标时才针对性地用药。桃金娘常见的病害有炭疽病、果腐病、灰霉病、锈病等；虫害包括蚜虫、螨虫、红蜘蛛等。其中炭疽病、果腐病可选用75%百菌清800倍液，或者50%代森锰锌、50%甲基托布津1000倍液进行防治；可施用杀菌剂如甲基托布津、多菌灵、百菌清等防治灰霉病；可通过喷施50%代森胺100倍液，或多菌灵800倍液达到防治锈病的效果。蚜虫可以使用40%速扑杀1000倍液喷雾，或10%吡虫啉5000倍液进行防治；可利用三氯氢菊酯、氟氯氰菊酯等化学农药防治螨虫、红蜘蛛等。

（3）生物防治。生物防治是利用生物的种间关系，以一种生物防治另一种生物的方法，可分为以虫治虫、以鸟治虫和以菌治虫三大类。桃金娘常见的虫害包括蚜虫、螨虫、红蜘蛛等。可利用瓢虫、草蛉等防治蚜虫、螨虫、红蜘蛛等，利用寄生蜂防治蚜虫等，白僵菌、绿僵菌、禾谷缢管蚜病毒、链霉菌等病原微生物对蚜虫也有较好的防治效果。此外，还可以利用植物源农药、昆虫生长调节剂等进行防治。

2.4.2 培植要点

（1）适当密植。桃金娘受光性较好，适宜矮化密植，可提早结果，增加产量，提高效益。一般种植密度2 m×2 m。

（2）平衡施肥，早施壮果肥。桃金娘果实成熟期早，果形大，壮果肥使用时间以4月下旬为好。全年平衡施肥，N：P：K以3：1：6为宜，增施有机肥和草木灰、硫酸钾等钾肥，全年喷施2~3次钼、硼、锌等微量元素肥。喷施0.2~0.3 $g·kg^{-1}$味丹硼肥可明显提高桃金娘果实固形物、总糖、VC含量及叶片叶绿素含量，与尿素混用效果更好。

2.4.3 栽培管理技术

（1）水分管理。桃金娘抗干旱能力强，生长时的土壤水分不能太高，但土壤干燥时，则需要进行适当灌溉。

（2）土壤管理。土壤是桃金娘生长的基础，桃金娘适宜坡地生长，若种植在田间，以土层深厚、排灌性能好、表土疏松、偏酸性、底土稍带黏质的壤土或砾质、沙质土壤为佳。

（3）肥料管理。幼树应以氮肥、有机肥为主，坚持勤施薄施、梢期多施的原则，随树龄的增加逐渐增加施肥量。结果母树要施好采果肥、花芽分化肥和秋季基肥。采果肥以采前 7 d 左右施用为宜，要求质优、速效，施肥量占全年的 40% 左右；花芽分化肥宜在 7 月上、中旬施，增施磷、钾肥，氮肥适量，肥量占全年的 20% 左右；秋季基肥以有机肥为主，配合钾、磷肥，施肥量占全年的 30% 左右，一般 9 月左右施用效果最佳。按成年结果树预计，结果量每 100 kg 用 N 1.0 kg、P_2O_5 0.8 kg、K_2O 1.0 kg 为宜，幼年树的 N∶P_2O_5∶K_2O 以 1.0∶0.6∶0.7 为宜。

（4）修剪管理。修剪分冬剪和夏剪，一般以冬剪为主，在落叶后至萌芽前进行。冬剪的方法有短剪、疏剪、缩剪及缓放等。夏剪是冬剪的一种辅助措施，目的是缓和树势、改善光照、促进成花结果等。夏剪方法有抹芽、摘心、疏梢、拉枝、捻枝等。

（5）花果期管理。花果期管理主要是为了保证授粉，提高坐果率，促进果实增大，结果过多的适当疏果。主要措施有放养蜜蜂、调节花期、疏果。花期喷 0.05%～0.10% 硼砂 +0.20% 磷酸二氢钾。在干旱或大雨期间注意灌水和排涝。

第3章　桃金娘 *DFR* 与 *PAL* 基因的表达与花色素苷积累的相关性

桃金娘为我国南方野生植物，在生长过程中具有良好的抗胁迫与抗逆能力。桃金娘植株及其果实营养丰富且有多种药效功能，是具有市场发展潜力的物种。目前，关于桃金娘植株花色素苷生物合成途径的分子生物学研究还未见报道，为此，本研究首次对桃金娘花色素苷生物合成途径二氢黄酮醇4-还原酶基因（*DFR*）及苯丙氨酸解氨酶基因（*PAL*）的表达特异性进行探讨，并分析 *DFR* 与 *PAL* 基因的表达与花色素苷积累的相关性。

研究内容如下：

（1）采用分光光度计法比较桃金娘果实表皮与不同蔬果表皮总花色苷含量，以阐明桃金娘成熟果实总花色苷相对含量及其研究价值。

（2）克隆桃金娘 *18S rRNA*、*Actin*、*GAPDH*、*PAL* 与 *DFR* 基因保守片段，并使用生物信息软件对克隆的基因进行分析，阐明基因的生物信息学特性与物种的亲缘进化关系。

（3）利用 qRT-PCR 法检测 *18S rRNA*、*Actin* 及 *GAPDH* 基因的表达广泛性及表达水平，结合基因表达稳定性分析，筛选适用于本研究的内参基因。

（4）以内参基因为参照，运用 qRT-PCR 法检测 *DFR* 及 *PAL* 基因在桃金娘不同组织器官的表达特性及表达水平，阐明基因表达的特异性。

（5）结合桃金娘花色素苷含量分析与 *DFR* 及 *PAL* 基因的表达水平分析，阐明 *DFR* 及 *PAL* 基因的表达水平与花色素苷积累的相关性。

研究结果如下：

（1）桃金娘成熟紫果果皮总花色苷相对含量为 280.63 ± 19.26（$\Delta A \cdot g^{-1}$），高于10种被测蔬果表皮的总花色苷含量，显示桃金娘成熟果实花色素苷含量高，为展开桃金娘花色素苷生物合成途径的分子研究奠定基础。

（2）首次从桃金娘植株中成功克隆桃金娘核糖体 RNA（*18S rRNA*）基因、甘油醛-3-磷酸脱氢酶（*GAPDH*）基因、肌动蛋白（*Actin*）基因、*DFR* 及

PAL 基因保守片段，并成功向 GeneBank 注册获得登录号，基因登录号分别为 KU298504、KU298503、KU233522、KU298502 及 KU233523。多重比对及亲缘进化分析表明，克隆的基因与桃金娘科相应基因亲缘关系最近，阐明了物种的进化差异。

（3）成功筛选 GAPDH 基因为适用于本研究条件下的内参基因。以桃金娘 18S rRNA、GAPDH 及 Actin 为候选基因，通过检测基因表达广泛性与表达水平，同时结合稳定性分析，确定 GAPDH 基因在本研究条件下表达广泛性强、表达水平高并具良好表达稳定性。

（4）阐明了桃金娘 DFR 及 PAL 基因的组织特异性表达。DFR 及 PAL 基因在桃金娘叶片、花朵及果实中均有表达，但基因的表达具有组织特异性；DFR 及 PAL 基因在桃金娘盛花期花瓣、紫果、红果及嫩叶中表达水平较高，而在衰老叶片及末花期花瓣中几乎不表达。表明 DFR 及 PAL 基因在幼嫩、代谢旺盛及有色器官中表达水平高，而在衰老器官及代谢衰退器官中几乎不表达。

（5）桃金娘 DFR 及 PAL 基因的表达与花色素苷的积累具有相关性。在桃金娘花器官中，DFR 及 PAL 基因的表达与桃金娘花瓣着色进程相一致。在果实成熟过程中，DFR 及 PAL 基因的表达均呈先上升后下降的趋势，DFR 及 PAL 基因的表达在果实成熟初始期及高峰期与果实着色进程相一致，而在果实成熟末期却不随果实着色程度的继续加深而上升，反而呈下降趋势，表明 DFR 及 PAL 基因的表达与果实成熟末期花色素苷的积累没有直接相关性。

本研究阐明了 DFR 及 PAL 基因的表达特异性以及与桃金娘花色素苷积累的相关性，为进一步开展 DFR 及 PAL 蛋白活性与功能研究、桃金娘花色素苷生物合成途径相关基因及遗传机制研究提供理论与实践基础。

3.1 植物花色素苷生物合成研究概况

3.1.1 花色素苷的结构及功能

花色素苷（Anthocyanins）是黄酮类化合物（Flavonoid）中的重要物质，是植物次生代谢过程中产生的有色物质，更是赋予蔬果、花卉色彩的主要表达物质。花色素以黄烷为母核（苯并-γ-吡咯酮母核），通过 3C 吡喃环连接 A、B 芳香环组成 $C_6(A)-C_3-C_6(B)$ 基本骨架（见图 3-1），结构中取代基的位置与种类决定了花色素的类别，最终影响蔬果、花卉的颜色表达。高等植物常见的花色素苷主要为花青苷（矢车菊色素苷）、翠雀苷（飞燕草色素苷）及花葵苷（天竺葵色素苷）。

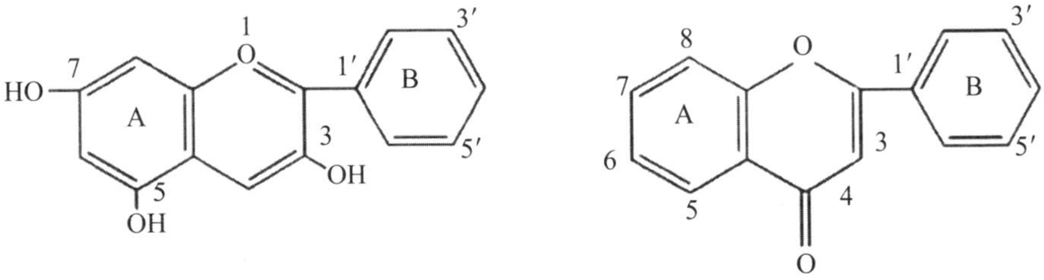

图 3-1　植物类黄酮（A）与花色素苷（B）化学结构图（Martens et al., 2005）

花色素苷不仅赋予蔬果、花卉缤纷色彩，提高光饱和能力，减轻光对植物的损伤，对植物产生保护机制，帮助植物传播种子，提高植物抗逆及抗菌能力，还对植物的正常生理代谢起重要作用。另外，植物花色素苷还具有抗炎、抗癌、抗菌、降血压、抑制病原微生物活性及保护心血管系统等多种生理活性，对人体健康产生积极影响，因此可应用于医药与保健品领域。

3.1.2　花色素苷合成途径相关基因

植物花色素苷生物合成途径是植物类黄酮生物合成途径的一分支，该途径也是目前研究得最透彻的植物代谢途径之一，调控该途径的基因及其分子作用机制在模式植物拟南芥（*Arabidopsis thaliala*）、矮牵牛（*Petunia×hybrida*）、金鱼草（*Antirrhinum majus*）和葡萄（*Vitis vinifera*）中已得到阐释。植物花色素苷生物合成途径的第一个关键酶与限速酶基因为 PAL 基因。PAL 基因调控合成 PAL，PAL 将苯丙氨酸催化为肉桂酸，经过肉桂酸-4-羟化酶（C_4H）及 4-香豆酰辅酶 A 连接酶（4CL）的催化作用，肉桂酸进一步被催化为香豆酰，从而进入花色素苷生物合成途径；在查尔酮合成酶（CHS）及查尔酮异构酶（CHI）的催化下，丙二酰辅酶 A 及香豆酰辅酶 A 生成柚苷配基，随后柚苷配基被黄烷酮 3-羟化酶（F_3H）催化生成二氢堪非醇（DHK），DHK 可被 F3'H 或 F3'5'H 催化分别生成二氢栎皮黄酮（DHQ）及二氢杨梅黄酮（DHM）。三种黄酮醇底物在 *DFR* 基因的作用下分别还原为无色花色素，在花青素合成酶（ANS/LDOX）及类黄酮 3-O-糖基转移酶（UFGT）的作用下，最终生成花青苷（矢车菊色素苷）、翠雀苷（飞燕草色素苷）或花葵苷（天竺葵色素苷）。拟南芥花色素苷生物合成途径如图 3-2 所示。

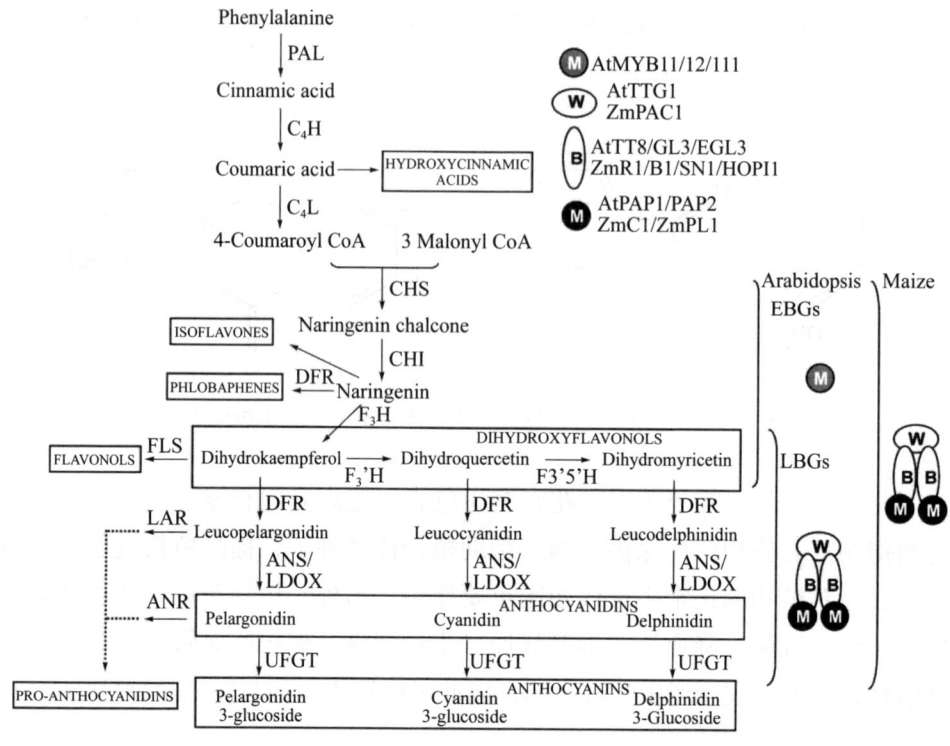

图3-2 拟南芥花色素苷生物合成图（Petron et al., 2011）

植物花色素的生物合成主要受调控因子基因、催化酶基因及光敏色素基因表达的影响，特定的光信号传导通路也对该途径产生一定影响。

高等植物花色素苷生物合成途径主要受碱基螺旋-环-螺旋（*bHLH*）、*MYB* 及 *WD40* 基因的共同调控。激活该途径的调控因子结构主要为 R_2R_3-*MYB* 结构域、*bHLH* 结构域及 *WD40* 重复序列，三者的转录水平及相互作用决定了花色素苷生物合成途径中基因的表达。*bHLH* 蛋白是转录因子超级家族成员，广泛分布于植物与动物中。*bHLH* 基序约有60个氨基酸，由一个可与DNA结合的碱性结构域（即N端区域）及α螺旋-环-α螺旋（即C端）组成，其中植物 *bHLH* 转录因子的C端螺旋-环-螺旋（*HLH*）结构域参与花色素苷生物合成、光敏色素信号、果实生长发育与裂果、表皮生长以及环境胁迫应答。植物 *bHLH* 转录因子超级家族具有多个成员，研究发现拟南芥、水稻及葡萄中约有162、167及119个 *bHLH* 基因，分别参与调控花色素苷的生物合成、花器官发育、光形态建成、植物激素应答与表皮细胞运动等生理途径。

MYB 转录因子是植物中最大的转录因子超级家族，家族成员均具有高度保守的DNA结构域，该结构域具有51～53个氨基酸，其中一般含有3个保

守的色氨酸残基（每间隔18～19个氨基酸）起疏水作用并维持其 *HTH*（螺旋-转角-螺旋）构型。*MYB* 转录因子以 *HTH* 形式折叠，进而与结构基因启动子顺式作用元件的 DNA 大沟结合，从而激活类黄酮生物合成途径基因的表达。

根据 *MYB* 结构域数目的不同，植物 *MYB* 转录因子可分为4类，分别为 *R1/2 MYB* 或 *R3 MYB*、*R2R3 MYB*、*R1R2R3 MYB* 及 *4R MYB*。*R1/2 MYB* 或 *R3 MYB* 参与植物细胞形态建成及植物次生代谢途径的调控；*R2R3 MYB* 不仅具有单个 *MYB* 蛋白的功能，还可调控细胞分化、抵御外环境胁迫与抵抗病原菌的侵害（黄成涛，2010）；*R1R2R3 MYB* 广泛存在于真核生物中参与细胞周期与细胞分化的调控；*4R MYB* 已在拟南芥中发现，但对其功能的研究甚少。*MYB* 转录因子在类黄酮生物合成途径中主要与 *bHLH* 及 *WD40* 互作而对该途径中的基因表达进行调控，从而影响花色素苷的合成。在植物进化过程中，*MYB* 蛋白表现的功能越来越多样化，它们在植物生理发育与新陈代谢过程中均起着重要的调控作用。

WD40-repeat 蛋白为真核生物中以 *WD* 基元串联重复形式存在的古老蛋白家族成员。大约40个氨基酸残基组成一个保守的 *WD* 基元，该基元序列以 N 末端11～24个残基组成的 GH 二肽（Gly-His）为起始，以 C 端的 WD 二肽（Trp-Asp）为终止。目前已经从拟南芥、矮牵牛、玉米、紫苏、水稻和紫罗兰等多种植物中克隆得到部分编码 *WD40* 的基因。该基因在不同真核生物中同源性极高，说明此类蛋白在真核生物中非常保守。*WD40-repeat* 蛋白对植物花器官发育、植物花色素苷产生、光信号传导以及分生组织形成调控均起着重要作用。

花色素苷生物合成途径受 *PAL*、*CHS*、*CHI*、*F3H*、*DFR*、*ANS* 及 *UFGT* 等酶基因的调控。*PAL* 基因是该途径的第一个关键酶与限速酶基因。*PAL* 基因一般含有两个外显子与一个内含子，其编码区长度一般在 2100 bp 左右，*PAL* 基因在不同物种中具有高度保守性，其编码的 *PAL* 蛋白是一种活性相对稳定的胞内诱导酶，含有4个相同亚单位的寡聚肽，每个亚基具有一个作用点。*PAL* 基因在光敏色素诱导下可被激活，并在花色素苷生物合成途径中表达。*PAL* 基因主要在根部及盛开的花器官中表达，在衰老的叶片中几乎不表达。*PAL* 基因的表达量与植物花色素苷含量相关，在植物一品红、洋葱与苹果中，*PAL* 基因的表达量与植物器官的着色程度呈正相关。*PAL* 基因不仅参与植物花色素苷的生物合成，而且与植物抗胁迫、抗逆及抵御病原菌侵害等生理过程相关。在植物生理应答中，*PAL* 基因的表达受乙烯、病原微生物、抗生素、致病菌、机械损伤和胁迫环境等因素影响，机械损伤或光胁迫等逆性条件可使 *PAL* 基因表达量上升及 *PAL* 蛋白活性增强。患薯瘟病菌的甘薯、稻瘟病的水稻以及受水分胁迫的紫叶李，其体内 *PAL* 基因表达量上升，*PAL* 蛋白活性增强以对抗逆境。*PAL* 基因是参与类黄酮生物合成途径及维持植物正常生理功能与抗胁迫逆境的重要调控基因。

CHS 基因为具有简单构型的生物聚酮合酶基因（*PKS*）。该基因广泛分布于植物中，不仅可催化植物器官着色，而且对植物抗胁迫、抗逆、抗菌、防御病虫害、抵御紫外线侵害以及维持植物正常生理发育有重要影响。*CHS* 基因具有由保守氨基酸 Cys-His-Asn 构成的三联体活性中心及 2 个外显子，其一外显子只编码 60 个左右的氨基酸，另一外显子则可编码大约 340 个氨基酸。该基因不仅可调控植物花色素苷的合成，还具有抗炎、抗菌及抗癌作用，表现了其在医疗保健与疾病防治领域的发展潜力。*CHI* 基因广泛存在于植物与细菌中，可催化分子内的环化反应。由于蛋白具有独特的三明治样三维折叠结构，因此也被看作植物的标记基因。*F3H* 可羟基化 4，5，7- 三羟黄烷酮生成花色素苷及黄酮醇合成的前提物质 DHK。此步催化效应为花色素苷合成与其他类黄酮物质分支途径的主要交叉点之一。*F3'H* 基因与 *F3'5'H* 基因均属于细胞色素 P450 单加氧酶基因，具有催化依赖 NADPH 或 NADH 的底物进行氧化反应的特性。*F3'H* 及 *F3'5'H* 决定 DHK 的 B 环羟基化模式，并最终决定产生花色的花色苷结构。*F3'5'H* 基因的表达趋向于合成花翠素，使花色变蓝，而 *F3'H* 基因的表达则趋向于生成花色偏紫红的花青素。

DFR 基因最早于 1985 年使用转座子标签法从玉米和金鱼草中分离得到。该基因具有三个亚基及特定的 NADPH 结合位点与底物特异性结合位点。大多数植物的 *DFR* 基因含有 6 个外显子与 5 个内含子，而玉米与高粱 *DFR* 基因只由 4 个外显子与 3 个内含子构成。*DFR* 基因编码的 DFR 蛋白为 NADPH 依赖性短链还原酶家族成员，其肽链中含有丰富的丙氨酸（Ala）、谷氨酸（Glu）、亮氨酸（Leu）、赖氨酸（Lys）及缬氨酸（Val），因此 DFR 蛋白为酸性蛋白。*DFR* 具有特定的 NADPH 结合位点（VTGAADFIGSWLIMRLLERGY）与一个由 26 个氨基酸组成的底物特异性结合保守基序（TVKRLVFTSSAGTLNVQPQQK）。*DFR* 与底物结合的区域是高度保守的，DFR 氨基酸序列的第 134 位氨基酸残基可特异性地识别底物，根据 DFR 氨基酸序列的第 134 位氨基酸残基类型可将 *DFR* 基因分为三类：第

134位氨基酸残基为天冬酰胺残基（Asn）的Asn型*DFR*；第134位氨基酸残基为天冬氨酸残基（Asp）的Asp型*DFR*以及第134位为非Asn或非Asp氨基酸残基的非Asn/Asp型*DFR*。在植物花色素苷生物合成途径中，*DFR*基因是关键调控点，*DFR*基因选择以DHK、DHQ或DHM为作用底物合成不同的花色素决定了花色素苷的种类，而*DFR*基因的表达水平则可影响花色素苷的含量。矮牵牛*DFR*只能催化DHQ及DHM分别产生红色的花青素及紫色的翠雀素，由于矮牵牛*DFR*不能还原DHK，因此不能产生花葵素类花色素。同样地，大花蕙兰缺少产生花葵素型的DFR所需特异底物，因此大花蕙兰中不产生花葵素而产生花青素。*DFR*基因的表达不仅具有光依赖性及糖依赖性，而且在不同物种中表现出pH、温度及底物偏好性。糖可通过已糖激酶磷酸化信号转导途径调控*DFR*基因的表达，从而调控矮牵牛花冠花色素的合成。*DFR*基因的表达在花色素苷生物合成途径中的表达不仅与着色器官相协调，而且具有时空表达特异性，在植物不同发育时期以及不同的组织器官中，*DFR*基因表达量不同。*DFR*基因为多基因家族成员，在不同植物中具有不同的基因拷贝数目，其中矮牵牛中有3个*DFR*基因，分别在花冠、花药和种子等器官中表达；非洲菊有多个*DFR*基因，但仅有*DFR1*基因在花器官中表现较高催化活性；百脉根有5个*DFR*基因，*DFR1*基因只在花、根、茎、叶和结节中表达，*DFR2*基因在叶子以外的其他组织部位表达，*DFR3*基因只在茎和叶片中表达，而*DFR4*和*DFR5*在除结节外的其他部位表达。由此可见，*DFR*基因的表达具有时空差异性与组织特异性。

花青素合成酶（*ANS*）基因具有与细胞色素P450家族相同的活性中心2-O-酮戊二酸与铁离子结合位点，属于依赖2-酮戊二酸的双加氧酶家族成员，可催化无色花色素为有色花色素。*UFGT*基因是花色素苷生物合成途径中的最后一个结构基因，具有结合糖基供体的保守结构PSPG，通过催化糖基转移反应，该酶将糖基从供体分子转移至各花色素的3-OH位上，使不稳定的花色素形成稳定的花色素苷。

光作为对植物生长发育起调节作用的重要环境信号，对植物的光形态建成、光合系统建成及光反应周期具有重要调控作用。而植物感知光的方向、波长、照度与周期是通过光敏色素进行的。光敏色素是一类植物感知外界环境变化的重要光受体，其对红外及远红外光敏感，通过与一系列蛋白互作，将光信号向下传递从而调控植物的生长发育。研究发现至少有3类参与光信号感知的光受体，分别是介导红光/远红光的光敏色素、介导蓝光/UV-A的隐色花色素以及介导吸收蓝光/UV-B的趋光素。其中，光敏色素可在转录水平上对基因表达进行调控，通过转导第二信使调控 CHS 以及花青素生物合成酶基因的表达。光敏色素作用因子（PIFs）对拟南芥花色素苷的积累起调控作用；介导UV-A的隐色花色素则可调控津田芜菁花色素苷的生物合成。

3.2 植物管家基因研究概况

持家基因（housekeeping gene，HK），又名管家基因，广泛存在于所有组织及细胞中并呈组成型表达，对细胞基本骨架及功能构成起重要维持作用。常见的管家基因有微管蛋白基因、糖酵解酶系基因与核糖体蛋白基因等。管家基因在细胞及组织中的表达具有广泛性和稳定性，因此可作为对检测结果进行校正与标准化的内参基因以减少待测样本间的差异。常用作内参基因的管家基因有 GAPDH、18S rRNA、Actin、微管蛋白（tubulin）基因、翻译起始因子（EIF）和延伸因子（elongation factor）。随着研究的深入开展，学者发现绝对稳定表达的基因是不存在的，管家基因的表达也会因为外部环境的变化、组织的差异、发育阶段的差异及实验处理的差异而出现组织特异性表达。Actin 及 rRNA 基因在菊苣中可稳定表达，但在桃子中的表达却最不稳定；TUB 基因在青瓜中稳定表达，但经过激素以及胁迫处理后，TUB 基因表达不再稳定；18S rRNA 及 25S rRNA 在水稻幼苗生长时期表现出最高稳定性但却不具有广泛性。随着二代测序技术及相关生物技术的发展，越来越多新基因被发现具有更高的表达稳定性，如 SKIP16（SKP1、Ask-Interacting Protein 16），MTP（Metalloprotease Insulindergrading Enzyme），RPⅡ（RNA polymerase subunit）及 F-box（F. boxprotein）。新基因的出现打破了一直以来仅以管家基因为内参基因的局限性，同时让学者认识到管家基因的表达也具有时空性与组织特异性差异。因此，正确筛选合适的内参基因是探讨基因表达水平的基础。

桃金娘为我国南方丰富的野生植物，具有丰富的营养价值及多种药理功效。桃金娘花色素苷含量丰富，营养与药用价值高，且物理性质稳定，是一种既可用于医药临床，也可应用于农业食品行业的重要生产原料。由于桃金娘资源开发进度缓慢，导致其在分子生物学方面研究相对滞后。本研究组成员已成功从桃金娘中分离挥发油及黄酮类物质等化学成分，并对其结构及功能进行鉴别与验证。花色素苷为重要的黄酮类物质，然而目前关于桃金娘花色素苷分子机制的研究尚未见报道。为此，本研究首次针对桃金娘花色素苷合成途径 *DFR* 及 *PAL* 基因的表达特性及其与花色素苷积累的相关性进行探讨，为进一步开展桃金娘花色素苷生物合成途径相关基因及遗传机制研究提供理论与实践基础。

3.3 试验材料与方法

3.3.1 材料

3.3.1.1 植物材料与菌株

野生桃金娘叶片、花朵及果实均采自广东省农业科学院鸡笼山，经广东省农业科学院蚕业与农产品加工所研究员鉴定为桃金娘科桃金娘属桃金娘植株。材料采集后立即置于液氮冷冻短暂保存，-80℃冰箱保存。

大肠杆菌（*Escherichia coli.*）菌株 DH5α 及 pMD18-T 载体购自 TAKARA 公司。

3.3.1.2 主要设备与试剂

主要设备与试剂见表3-1。

表3-1 设备与试剂

设备	生产商
5810 R 高速冷冻离心机	德国艾本德股份公司
SIGMA 3K-30 台式离心机	Sigma-Aldrich公司
Veriti 梯度PCR仪	赛默飞世尔科技公司
7500 荧光定量PCR仪	美国应用生物系统公司
MINI-6 K 微型离心机	金坛市国旺实验仪器厂
MS3 振荡器	德国IKA集团
CP214 电子天平	奥豪斯仪器（上海）有限公司
Milli-Q 超纯水仪	密理博中国有限公司
PS300 水平电泳系统	美国HOEFER公司
FireReader 凝胶成像系统	英国UVI tec公司
HWS-24 水浴锅	上海一恒科学仪器有限公司

续表

设备	生产商
G80 F23 CN3 L-Q7（S2）微波炉	佛山顺德格兰仕微波炉电器有限公司
Q5000 微量紫外分光光度仪	北京鼎国昌盛生物技术有限责任公司
E.Z.N.A®植物RNA提取试剂盒	广州飞扬生物工程有限公司
SYBR® Premix Ex Taq Ⅱ Taq™ Hot Start Version 5'-Full RACE Kit with TAP 3'-Full RACE Core Set with PrimeScript™ RTase Premix Taq™（LA Taq™ Version 2.0 plus dye） PrimeScript™ Ⅱ 1st Strand cDNA Synthesis Kit PrimeScript™ RT reagent Kit with gDNA Eraser MiniBest Agarose Gel DNA Extraction Kit	宝生物工程（大连）有限公司
5-溴-4-氯-3-吲哚-β-D-半乳糖苷（X-gal） 异丙基硫代-β-D-半乳糖苷（IPTG） 氨苄青霉素（Amp）	广州市体育科学研究所
甲醇（AR级） 盐酸（AR级） β-巯基乙醇	天津市大茂化学试剂厂
液氮	广州标气贸易有限公司

3.3.1.3 引物对（表3-2）

表3-2 引物对

引物	序列
Rh DFR1 F	5'-GGCTNCTCGAGCGNGGCTAC-3'
Rh DFR1 R	5'-GAAGGCATGANGAANGGGCC-3'
Rh DFR2 F	5'-TCAGAATCAAAAGTCGTGTG-3'
Rh DFR2 R	5'-TCTTGAATCCGCAGGACAAG-3'
DFR-GSP1 F	5'-CCGAAGCCGGAAGTTTCGAC-3'
DFR-GSP2 F	5'-GAAGGCGGCCTGGAAATTTGC-3'
DFR-GSP1 R	5'-CTCAGGACTCCCTCCACCGT-3'
DFR-GSP2 R	5'-GGGAGTGGCCACACGGAAGA-3'

续表

qRT DFR F	5'-GATGAAGGGGCCCACAACAA-3'
qRT DFR R	5'-CCACGAAGATGACCGGATGG-3'
Rh PAL F	5'-ATGGAGCACATTTTGGATGG-3'
Ph PAL R	5'-TTGTCCATNGAGACACCAAT-3'
PAL-GSP1 F	5'-TTCAGAAGCCAAAGCAAGATCG-3'
PAL-GSP2 F	5'-ATCGAGCGAGAGATCAATTC-3'
qRT PAL F	5'-TGCCTTCTAATCTCTCCGGC-3'
qRT PAL R	5'-ATGATTGGTCACGGGGTTGG-3'
GAPDH F	5'-GATGTCGAGCTCGTCGCCGTCAAC-3'
GAPDH R	5'-CACCTCTCCAGTCCTTCATCGA-3'
qRT GAPDH F	5'-CTGCTCATCTGAAGGGTGGAG-3'
qRT GAPDH R	5'-GTGGTGCAACTAGCATTGGA-3'
Actin F	5'-GATTCTGGTGATGGTGTGAG-3'
Actin R	5'-CTCAGTGAGRATCTTCATCA-3'
qRT Actin F	5'-GGTTGGAATGGGTCAGAAGG-3'
qRT Actin R	5'-TCGTCCCAGTTGCTGACAATA-3'
18S rRNA F	5'-GAGTATGGTCGCAAGGCTGA-3'
18S rRNA R	5'-CGGCCCAGAACATCTAAGGG-3'
3' Race Outer Primer	5'-TACCGTCGTTCCACTAGTGATTT-3'
3' Race Inner Primer	5'-CGCGGATCCTCCACTAGTGATTTCACTATAGG-3'
5' Race Outer Primer	5'-CATGGCTACATGCTGACAGCCTA-3'
5' Race Inner Primer	5'-CGCGGATCCACAGCCTACTGATGATCAGTCGATG-3'

3.3.2 方法

3.3.2.1 培养基与溶液配制

① 1%盐酸甲醇溶液的配制。吸取 2.68 mL 浓盐酸，以甲醇定容至 100 mL 即可配制完成。

② LB 培养基的配制。LB 培养基混合粉剂加入 1 L 超纯水，高温高压灭菌配成无菌 LB 培养液。

③蓝白斑筛选培养基的配制。在添加适量抗生素的 LB 培养基平板上滴加 40 μL 2% X-gal 和 7 μL 20% IPTG。

3.3.2.2 总花色素苷含量的测定

分别准确称量桃金娘盛花期花瓣、末花期花瓣、桃金娘红果、桃金娘紫果、黑茄子、紫甘蓝、紫薯、越橘、樱桃、紫葡萄、红葡萄、山楂、布冧、毛桃、蛇果、甜橙及黄皮果皮 50 mg，剪碎，分别浸泡于 1 mL 1% 盐酸甲醇溶液中，于 4℃冰箱静置过夜（约 16 h），样品在 12000 rpm 下离心 8 min，取上清液，检测其在 530 nm 及 657 nm 处的紫外吸光值，试验重复进行三次。参考公式（3-1）校正提取液中叶绿素吸收量，计算样品总花色苷相对含量：

$$相对含量（\Delta A \cdot g^{-1}）=[OD_{530}-(0.25 \times OD_{657})] \times 20 \times 稀释倍数 \quad 公式（3-1）$$

3.3.2.3 桃金娘总 RNA 的提取

（1）桃金娘总 RNA 的提取。以植物 RNA 提取试剂盒对桃金娘嫩叶（TL）、老叶（GL）、盛花期花瓣（FBP）、末花期花瓣（LBP）、绿果（GF）、红果（RF）及紫果（PF）七个组织器官进行总 RNA 提取。提取总 RNA 过程中所用到的器皿均用 DEPC 水处理并经高温高压灭菌处理。桃金娘各组织器官 RNA 提取主要步骤如下：

①取 100 mg 桃金娘冷冻组织于液氮中快速研磨成粉末，将粉末添加至含有 2-巯基乙醇的 500 μL RCL 缓冲液中，以振荡器彻底震荡混匀。

②样品于 55℃水浴锅中温浴 3 min，随后以离心机最大转速（＞14000×g）常温离心 5 min。

③小心吸取上清液并转移至 gDNA 过滤柱（配有收集管）中，14000×g 常温离心 2 min。

④吸取滤液，加入等量的 RCB 缓冲液并混匀。

⑤吸取 1/2 上述混合液于 HiBind®RNA 结合柱（配有收集管），10000×g 离心 1 min，舍弃滤液并回收收集管。

⑥将步骤④中剩余的 1/2 混合液转移至 HiBind®RNA 结合柱，10000×g 离心 1 min，舍弃滤液，回收收集管。

⑦添加 400 μL RWC 缓冲液于 HiBind®RNA 结合柱中，10000×g 常温离心 1 min，舍弃滤液及收集管。

⑧将 HiBind®RNA 结合柱置于新的收集管中，添加 500 μL 含有乙醇的 RNA 缓冲液于柱中，10000×g 常温离心 1 min，舍弃滤液，回收收集管。

⑨重复步骤⑧操作，添加 500 μL 含有乙醇的 RNA 缓冲液于柱中，10000×g 常温离心 1 min，舍弃滤液。将收集管套回柱子中，10000×g 常温离心 2 min，舍弃滤液及收集管。

⑩将 RNA 结合柱置于干净无菌的 1.5 mL 离心管中，滴加 30 μL DEPC 水于柱内，常温静置 2 min，10000×g 离心 1 min 洗脱 RNA，获得样品总 RNA，−80℃保存。

（2）桃金娘总 RNA 质量验证。使用 Quawell UV-VB 微量紫外分光光度仪检测桃金娘总 RNA 浓度；使用 1% 琼脂糖凝胶电泳配以凝胶成像系统检验样本总 RNA 的完整性。

3.3.2.4　cDNA 第一链的合成

样品 cDNA 第一链合成根据 PrimeScript™ II 1st Strand cDNA Synthesis Kit 进行，操作步骤如下：

①在离心管中加入 1 μL Oligo dT Primer（50 μM）、1 μL Random 6 mers（50 μM）、1 μL dNTP Mixture（10 mM each）、5 μL 样本 RNA 及 2 μL RNase Free dH$_2$O，配制成混合反应液。

②混合反应液于 65℃保温 5 min，随后冰上迅速冷却。此步骤使样本 RNA 变性，提高反转录效率。

③在离心管中加入 10 μL 上述变性后反应液、4 μL 5×PrimeScript II Buffer、0.5 μL（20 U）RNase Inhibitor（40 U/μL）、1 μL（200 U）PrimeScript II RTase（200 U/μL）及 4.5 μL RNase Free dH$_2$O，配制成混合液并混匀。

④将上述混合液置于 42℃反应 60 min，随后在 95℃反应 5 min 以使酶失活，冰上冷却，获得第一链 cDNA。

3.3.2.5　桃金娘 18S rRNA、Actin、GAPDH 与 PAL 基因保守片段的克隆

根据 NCBI 数据库公布的其他物种的 18S rRNA、Actin、GAPDH 及 PAL 基因序列，设计并合成相应简并引物，以桃金娘反转录 cDNA 为模板，采用常规 PCR 法克隆桃金娘 18S rRNA、Actin、GAPDH 及 PAL 基因片段，PCR 扩增体系见表 3-3。

表3-3　PCR扩增体系成分

试剂	使用量（μL）
10× Buffer	2.500
dNTP Mix	2.000
18S rRNA F/*Actin* F/*GAPDH* F/*Rh PAL* F	0.200
18S rRNA R/*Actin* R/*GAPDH* R/*Ph PAL* R	0.500
HS Taq	0.125
cDNA	1.000
ddH$_2$O	18.675

PCR反应程序为：94℃预变性3 min，94℃变性30 s，60℃（*18S rRNA*、*Actin*及*GAPDH*基因扩增退火温度为60℃，*PAL*基因扩增退火温度为55℃）退火30 s，72℃延伸30 s，35个循环后，72℃延伸10 min，4℃保存。PCR产物以1.5%琼脂糖凝胶电泳检测并外送测序。

3.3.2.6　桃金娘*DFR*基因保守片段的克隆

（1）桃金娘*DFR*基因保守片段的克隆。根据NCBI数据库公布的其他物种的*DFR*基因序列，设计并合成兼并引物*Rh DFR1* F及*Rh DFR1* R，以桃金娘反转录cDNA为模板，参考上述操作步骤配制反应液，PCR反应条件则如下：94℃预变性3 min，94℃变性30 s，65℃退火30 s，72℃延伸30 s，35个循环后，72℃延伸10 min，4℃保存。PCR反应产物以1.5%琼脂糖凝胶电泳检测。

（2）桃金娘*DFR*基因PCR产物回收纯化。*DFR*基因的PCR产物回收纯化使用Agarose Gel DNA Extraction Kit进行，操作步骤如下：

①在紫外灯下切出含有DNA片段的琼脂糖凝胶，并称量胶块重量。

②向置有胶块的1.5 mL离心管中加入胶块溶解液并于37℃加热溶解。

③将上述溶液转移至配有收集管的Spin柱中，以12000 rpm离心1 min，弃滤液。

④将700 μL Buffer WB加入Spin柱中，在室温下以12000 rpm离心30 s，弃滤液。重复本步骤直到将杂质洗脱干净。

⑤将Spin柱安置回收集管中，在室温下以12000 rpm离心1 min。

⑥将 Spin 柱安置于新的 1.5 mL 离心管中，在 Spin 柱膜中央处加入 30 μL 洗脱缓冲液，室温静置 1 min，随后于室温以 12000 rpm 离心 1 min 洗脱 DNA，获得纯化 DNA。

⑦吸取少量纯化后的 DNA 进行琼脂糖凝胶电泳检测，验证 DNA 的回收质量。

（3）桃金娘 *DFR* 基因的克隆测序。设计的 *DFR* 上下游引物中均含有兼并碱基而无法直接测序，因此需要将纯化后的 DNA 片段克隆至 pMD18-T 质粒中构建克隆载体，并转导至 DH5α 大肠杆菌中进行菌落测序。本实验克隆载体构建的操作步骤如下：

①在 PCR 管中加入 1 μL pMD18-T 载体及 4 μL 纯化后的 DNA，混匀，加入 5 μL 的 Solution I，配制成混合反应液，于 4℃反应过夜。

②将上述反应液加入 100 μL DH5α 感受态细胞中，冰上放置 30 min。

③42℃热激 45 s，立即冰上放置 1 min。

④加入 890 μL 的 SOC 培养基，37℃振荡培养 60 min。

⑤在含有 X-Gal、IPTG 及 Amp 的 LB 琼脂平板培养基上涂布上述菌液，37℃培养 16 h。

⑥挑取白色单菌落，加入 1 mL 含有 Amp 的 LB 液体培养基，振荡培养 3 h。

⑦基因插入片段的鉴定：吸取 2 μL 菌液，加入 2 μL dNTP Mix、2.5 μL 10×Buffer、1 μL Rh DFR1 F、1 μL Rh DFR1 R、0.2 μL HS Taq 及 16.3 μL dH$_2$O 配制成反应液，根据上述步骤进行 PCR 反应。反应产物以 1.5% 琼脂糖凝胶电泳检测，鉴别条带后将含有 DNA 片段的大肠杆菌菌液外送测序。

3.3.2.7 桃金娘基因的 UTR 克隆

（1）桃金娘 3'-Ready RACE cDNA 的合成。

采用 3'-Full RACE Core Set with PrimeScript™ RTase 试剂盒提供的方案合成桃金娘 RACE-Ready cDNA，用于克隆桃金娘不同基因的 cDNA 末端，原理参考 TAKARA 提供的手册。在 PCR 管中按表 3-4 所示的成分配制混合反应液。

表3-4 3'-Ready RACE cDNA合成体系成分

试剂	使用量（μL）
RNA	5.00（约1 μg total RNA）
3' RACE Adaptor（5 μM）	1.00
5× PrimeScript Buffer	2.00
dNTP Mixture（10 mM each）	1.00
RNase Inhibitor（40 U/μL）	0.25
PrimeScript RTase（200 U/μL）	0.25
RNase Free dH$_2$O	0.50

混匀反应液，在PCR仪于42℃保温60 min，随后于70℃保温15 min，合成的RACE-Ready cDNA于-20℃保存使用。

（2）桃金娘 *DFR* 基因的3'UTR克隆。桃金娘 *DFR* 基因的3'UTR克隆采用巢式PCR法，以3'-Ready RACE cDNA为模板，DFR-GSP1 F及引物3' Race Outer Primer进行第一轮PCR反应，按表3-5成分配制Outer PCR反应液。

表3-5 第一轮PCR扩增体系成分

试剂	使用量（μL）
RACE-Ready cDNA反应液	5.00
1× cDNA Dolution Buffer II	5.00
DFR-GSP1 F（10 μM）	2.00
3' RACE Outer Primer（10 μM）	2.00
10× La PCR Buffer II（Mg^{2+} Free）	4.00
MgCl$_2$（25 mM）	3.00
TAKARA La Taq（5 U/μL）	0.25
dH$_2$O	28.75

混匀反应液后按以下反应条件进行Outer PCR反应：94℃预变性3 min，94℃变性30 s，60℃退火30 s，72℃延伸1 min，20个循环后，72℃延伸10 min。

第二轮巢式反应以第一轮PCR产物为模板，以DFR-GSP2 F及引物

3' Race Inner Primer 对目的基因进行扩增，按表3-6所示的成分配制 Inner PCR 反应液。

表3-6　第二轮PCR扩增体系成分

试剂	使用量（μL）
1st PCR 产物	1.00
dNTP Mixture（2.5 mM each）	8.00
10× La PCR Buffer Ⅱ（Mg^{2+} Free）	5.00
$MaCl_2$（25 mM）	5.00
TAKARA La Taq（5 U/μL）	0.50
DFR-GSP2 R（10 μM）	2.00
3' RACE Inner Primer（10 μM）	2.00
dH_2O	26.50

混匀反应液后按以下反应条件进行 Inner PCR 反应：94℃预变性 3 min，94℃变性 30 s，60℃退火 30 s，72℃延伸 1 min，30 个循环后，72℃延伸 10 min。以 1.2%琼脂糖凝胶电泳检验 PCR 产物并外送测序。

（3）桃金娘 5'-Ready RACE cDNA 的合成。采用 5'-RACE Kit with TAP 试剂盒提供的方案合成 5-Ready RACE cDNA，用于克隆桃金娘不同基因的 cDNA 末端，原理参考 TAKARA 提供的手册。按照以下步骤合成 5'-Ready RACE cDNA：

①在 PCR 管中加入 2 μL Total RNA（约 2 μg）、1 μL RNase Inhibitor（40 U/μL）、5 μL 10× Alkaline Phosphatase Buffer（$MaCl_2$ Free）、0.6 μL Alkaline Phosphatase（Calf intestine）（16 U/μL）及 41.4 μL RNase Free dH_2O，配制成去磷酸反应液，混匀，50℃反应 1 h。

②向上述反应液中加入 20 μL 3 M CH_3COONa（pH 5.2）及 130 μL RNase Free dH_2O，充分混匀。

③加入 200 μL 苯酚/氯仿/异戊醇（25∶24∶1），充分混匀后于室温 13000×g 离心 5 min，将上层水相转移至新的离心管中。再加入 200 μL 氯仿，充分混匀后于室温 13000×g 离心 5 min，将上层水相也转移至新的离心管中。

④加入 2 μL NA Carrier，混匀，加入 200 μL 异丙醇，充分混匀后冰上冷却 10 min，随后于 4℃ 13000×g 离心 20 min，弃上清。

⑤向沉淀中加入 500 μL 70% 冷乙醇（RNase Free dH$_2$O 配制）漂洗，4℃13000×g 离心 5 min，弃上清后干燥。

⑥向沉淀中加入 7 μL RNase Free dH$_2$O 溶解沉淀，获得去磷酸化后的 CIAP-treated RNA。

⑦在 PCR 管中加入 7 μL CIAP-treated RNA、1 μL RNase Inhibitor（40 U/μL）、1 μL 10×TAP Reaction Buffer、1 μL Tobacco Acid Pyrophosphatase（0.5 U/μL），配制成"去帽子"反应液，并于 37℃反应 1 h，合成 CIAP/TAP-treated RNA。

⑧在 PCR 管中加入 5 μL CIAP/TAP-treated RNA、1 μL 5' RACE Adaptor（15 μM）及 4 μL RNase Free dH$_2$O，配制成反应液，混匀，65℃保温 5 min 后冰上放置 2 min。

⑨向上述反应液加入 1 μL RNase Inhibitor（40 U/μL）、8 μL 5× RNA Ligation Buffer、20 μL 40% PEG#6000 及 1 μL T4 RNA Ligase（40 U/μL），混匀，16℃反应 1 h。

⑩重复步骤②至步骤⑤的操作获得沉淀，向沉淀中加入 6 μL RNase Free dH$_2$O，得到 Ligated RNA。

⑪对获得的 Ligated RNA 进行反转录成 cDNA，向 PCR 管中加入 6 μL Ligated- RNA、0.5 μL Random 9 mers（50 μM）、2 μL 5× M-MLV Buffer、1 μL dNTP（10 mM each）、0.25 μL RNase Inhibitor（40 U/μL）及 0.25 μL Reverse Transcriptase M-MLV（RNase H-）（200 U/μL），配制成反转录反应液，混匀。

⑫按以下反应条件进行 PCR 反应：30℃反应 10 min，42℃反应 1 h，随后 70℃反应 1 min，合成 5'-Ready RACE cDNA，-20℃保存。

（4）桃金娘 *DFR* 基因的 5'UTR 克隆。桃金娘 *DFR* 基因的 5'UTR 克隆采用巢式 PCR 法，以 5'-Ready RACE cDNA 为模板，DFR-GSP1 R 及引物 5' Race Outer Primer 进行第一轮 PCR 反应，按表 3-7 成分配制 Outer PCR 反应液。

表 3-7 第一轮 PCR 扩增体系成分

试剂	使用量（μL）
5'-Ready RACE cDNA	2.00
1× cDNA Dolution Buffer Ⅱ	8.00
10× La PCR Buffer Ⅱ（Mg^{2+} Free）	4.00

续表

试剂	使用量（μL）
MgCl$_2$（25 mM）	3.00
TAKARA La Taq（5 U/μL）	0.25
DFR-GSP1 R（10 μM）	2.00
5' RACE Outer Primer（10 μM）	2.00
dH$_2$O	28.75

混匀反应液后按以下反应条件进行 Outer PCR 反应：94℃预变性 3 min，94℃变性 30 s，60℃退火 30 s，72℃延伸 1 min，20 个循环后，72℃延伸 10 min。

第二轮巢式反应以第一轮 PCR 产物为模板，以 DFR-GSP2 R 及引物 3' Race Inner Primer 对目的基因进行扩增，按表 3-8 所示的成分配制 Inner PCR 反应液。

表3-8 第一轮PCR扩增体系成分

试剂	使用量（μL）
1st PCR 产物	1.00
10× La PCR Buffer Ⅱ（Mg^{2+} Free）	5.00
MaCl$_2$（25 mM）	5.00
dNTP Mixture（2.5 mM each）	8.00
TAKARA La Taq（5 U/μL）	0.50
DFR-GSP2 F（10 μM）	2.00
5' RACE Inner Primer（10 μM）	2.00
dH$_2$O	26.50

混匀反应液后按以下反应条件进行 Inner PCR 反应：94℃预变性 3 min，94℃变性 30 s，60℃退火 30 s，72℃延伸 1 min，30 个循环后，72℃延伸 10 min。PCR 产物以 1.2%琼脂糖凝胶验证并外送测序。

3.3.2.8 桃金娘基因生物信息学分析

基因序列均使用 BLAST 工具（http：//www.ncbi.nlm.nih.gov）及 DNAStar

软件进行分析；序列的多重比对及系统发生树的构建则使用 Clustal X 2.1 及 MEGA 6.0 完成；新基因登录号的申请使用 BankIt 系统进行；ORF 的查找及核苷酸的翻译在 ORF Finder 网站上完成。

3.3.2.9 内参基因的稳定性筛选

以克隆的桃金娘 *18S rRNA*，*Actin* 及 *GAPDH* 基因为候选基因，使用荧光定量 PCR 法对候选基因在桃金娘嫩叶、老叶、盛花期花瓣、末花期花瓣、绿果、红果及紫果中的表达稳定性作比较。

（1）荧光定量 cDNA 模板合成。采用 PrimeScript™ RT reagent Kit with gDNA Eraser 试剂盒提供的方案合成用于荧光定量的 cDNA。其操作步骤如下：

①配制混合反应液。在 PCR 管中加入 2 μL 5× DNA Eraser Buffer、1 μL gDNA Eraser、1 μg Total RNA 及 2 μL RNase Free dH$_2$O 配制成混合反应液，混匀，在 42℃下反应 2 min 以去除总 RNA 中的基因组 DNA，随后置于 4℃保存。

②配制反转录反应液。在 PCR 管中加入 10 μL 上述反应液、1 μL PrimeScript RT Enzyme Mix I、1 μL RT Primer Mix、4 μL 5× PrimeScript Buffer 2（for Real Time）与 4 μL RNase Free dH$_2$O，混匀，反转录反应于 37℃反应 15 min，85℃反应 5 s，即可合成 cDNA，−20℃保存使用。

（2）荧光定量 PCR 反应条件及数据处理。荧光定量 PCR 使用 ABI 公司的 7500 荧光定量 PCR 仪进行，方法参照 PrimeScript™ RT reagent Kit with gDNA Eraser 及 SYBR® Premix Ex Taq Ⅱ 试剂盒提供的实验方案进行。以设计的 *18S rRNA* F 与 *18S rRNA* R、*qRT Actin* F 与 *qRT Actin* R 和 *qRT GAPDH* F 与 *qRT GAPDH* R 三对引物运用于荧光定量 PCR 中，扩增桃金娘不同组织器官相应的 *18S rRNA*、*Actin* 及 *GAPDH* 片段。每组实验均完成 3 个生物学重复，每个生物学重复作 3 次技术重复。实验数据使用 GeNorm、NormFinder 与 BestKeeper 软件作综合分析，以选出表达稳定性最高的基因。按照表 3-9 成分在冰上配制荧光定量 PCR 反应液。

表3-9　荧光定量PCR反应成分

试剂	使用量（μL）
SYBR® Premix Ex Taq Ⅱ（Tli RNase H Plus）（2×）	10.00
18S rRNA F/*qRT Actin* F/*qRT GAPDH* F（10 μM）	0.80

续表

试剂	使用量（μL）
18S rRNA R/qRT Actin R/qRT GAPDH R（10 μM）	0.80
ROX Reference Dye Ⅱ（50×）	0.40
不同组织cDNA	2.00
dH$_2$O	6.00

配制上述反应液后，混匀，置于荧光定量PCR仪中按以下PCR条件进行反应：95℃预变性30 s，95℃反应5 s，60℃反应34 s，40个循环后，95℃反应15 s，60℃反应1 min。反应结束后确认Real Time PCR扩增曲线与融解曲线，并使用NormFinder、GeNorm及BestKeeper软件进行内参基因稳定性评价。

3.3.2.10 基因的组织特异性表达

利用克隆的桃金娘 DFR 基因及 PAL 基因为目的基因，使用荧光定量PCR法对目的基因在桃金娘嫩叶、老叶、盛花期花瓣、末花期花瓣、绿果、红果及紫果中的表达水平作比较，考察目的基因在桃金娘不同组织器官、不同生长发育时期的表达水平；同时考察目的基因的表达与桃金娘花色素苷合成的关系。

以设计的 qRT DFR F 与 qRT DFR R，qRT PAL F 与 qRT PAL R 两对引物对桃金娘不同组织器官相应基因进行扩增，具体步骤参考上述操作。实验数据采用比较Ct法（ΔΔCt）计算基因的相对表达量。每组试验均完成3个生物学重复，每个重复完成3次技术重复。

3.4 试验结果与分析

3.4.1 总花色素苷相对含量分析

为比较桃金娘不同器官花色素苷含量的差异，选取桃金娘紫果、红果、盛花期花瓣及末花期花瓣进行花色苷相对含量测定。结果（见表3-10）显示桃金娘不同器官花色素苷含量具有差异。其中，桃金娘成熟紫果花色素苷含量最高，为280.63±19.27（ΔA·g^{-1}），其含量约为桃金娘半熟红果花色素苷含量的4倍；对桃金娘盛花期花瓣与末花期花瓣花色苷相对含量进行比较，结果显示盛花期花瓣花色苷相对含量较高，为 6.43 ± 0.88（$\Delta A \cdot g^{-1}$）。利用 SPSS 19.0 软件分析被测样品花色素苷含量的差异显著性，结果显示不同器官花色素苷含量具有显著性差异。果实花色素苷含量显著高于花器官；着色程度深的组织部位花色素苷含量显著高于着色程度浅的组织部位。桃金娘不同器官总花色素苷含量的比较表明，总花色素苷相对含量与器官的着色程度呈正相关关系，见表 3-10。

表 3-10 桃金娘不同器官总花色苷含量比对

组织器官	总花色苷相对含量（$\Delta A \cdot g^{-1}$）
紫果	280.63±19.27
红果	85.62±13.21**
盛花期花瓣	6.43±0.88**
末花期花瓣	5.27±0.27**

注：桃金娘紫果为差异显著性分析对照样品。P 值为显著性水平值 0.05；"*"表示 $0.01 < P < 0.05$，表明差异显著；"**"表示 $P < 0.01$，表明差异非常显著。

为比较桃金娘成熟紫果与其他 14 种蔬果表皮总花色素苷相对含量的差异，选取 15 组样品进行花色素苷相对含量的测定，结果显示不同物种表皮总花色素苷相对含量差异甚大（见表 3-11）。在所有被测物种中，越橘总花色素苷相对含量最高，为 346.40 ± 77.90（$\Delta A \cdot g^{-1}$）；其次为黑茄子与布冧，其相对含量分别为 333.10 ± 25.38 及 302.91 ± 44.60（$\Delta A \cdot g^{-1}$）；桃金娘紫果总花色素苷含量为 280.63 ± 19.27（$\Delta A \cdot g^{-1}$），高于紫甘蓝、紫葡萄和樱桃等 10 个品种的花色素苷相对含量。橙色的甜橙与黄色的黄皮，其表皮花色素苷相对含量在待测样品中含量最低。经 SPSS 19.0 软件分析，不同品种蔬果花色素苷含量具有显著性差异。桃金娘紫果与越橘花色素苷含量间的差异性非常显著，显示两者花色素苷含量存在较大差异；桃金娘紫果与黑茄子花色素苷含量间的差异性显著，然而与布冧及紫甘蓝相比则差异性不显著，说明桃金娘紫果花色素苷含量可媲美布冧与紫甘蓝。

表 3-11 不同物种表皮总花色苷相对含量比对表

物种名称	总花色素苷相对含量（$\Delta A \cdot g^{-1}$）
桃金娘紫果	280.63±19.27

续表

物种名称	总花色素苷相对含量（$\Delta A \cdot g^{-1}$）
越橘	346.40±77.90**
黑茄子	333.10±25.38*
布冧	302.91±44.60
紫甘蓝	255.03±27.85
紫葡萄	206.27±51.74**
樱桃	156.42±19.60**
山楂	130.81±7.86**
蛇果	125.61±15.25**
红葡萄	118.30±55.08**
紫薯	63.52±7.94**
毛桃	44.62±4.31**
黄皮	6.68±0.84**
甜橙	2.03±0.39**

注：桃金娘紫果为差异显著性分析对照样品。P 值为显著性水平值 0.05；"*"表示 $0.01 < P < 0.05$，表明差异显著；"**"表示 $P < 0.01$，表明差异非常显著。

3.4.2 桃金娘总RNA质量验证

为了获得完整性好、质量高的 RNA 进行后续试验，对桃金娘嫩叶、老叶、盛花期花瓣、末花期花瓣、绿果、红果与紫果进行总 RNA 提取，获得的总 RNA 经凝胶成像系统分析，结果显示每条泳道均含有三条条带，分别为 28S、18S 以及 5.8S RNA，如图 3-3 所示。28S 及 18S 条带亮度较 5.8S 大，其中 28S 亮度为 18S 亮度的两倍，5.8S 条带亮度弱，说明 RNA 在提取过程中降解程度低，进一步说明提取的总 RNA 条带完整性甚好。桃金娘各部位总RNA 凝胶电泳图如图 3-3 所示。

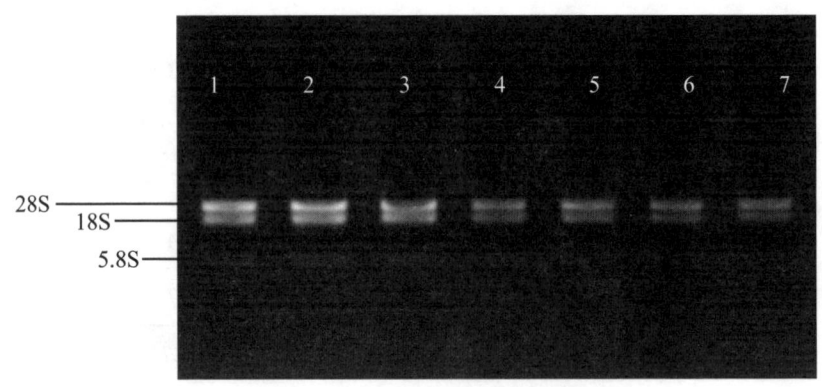

图3-3 桃金娘各组织总RNA电泳图

1—嫩叶；2—老叶；3—盛花期花瓣；4—末花期花瓣；5—绿果；6—红果；7—紫果

3.4.3 桃金娘 18S rRNA、Actin、GAPDH 及 PAL 基因保守片段的克隆

通过多重序列比对设计桃金娘 18S rRNA、GAPDH、Actin、PAL 及 DFR 基因的简并引物，利用PCR技术克隆目的基因片段，PCR产物完整性以琼脂糖凝胶电泳验证，结果显示所有PCR产物均为单一完整的条带，且基因条带大小与预期设计克隆长度相符，如图3-4所示。经凝胶成像系统分析，18S rRNA、Actin 及 PAL 基因片段长度约为300 bp，GAPDH 基因条带约为400 bp。

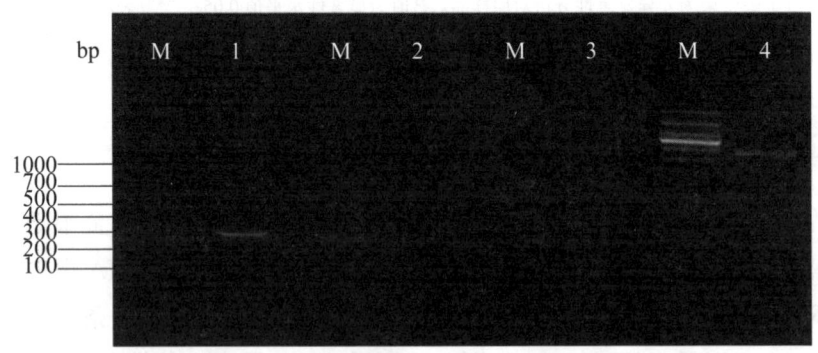

图3-4 基因保守片段电泳图

M—Marker；1—18S rRNA PCR产物；2—GAPDH PCR产物；3—Actin PCR产物；4—PAL PCR产物

3.4.4 桃金娘 *DFR* 基因保守片段的克隆

3.4.4.1 桃金娘 *DFR* 基因保守片段的克隆

利用多重序列比对法设计桃金娘 *DFR* 基因的简并引物，通过 PCR 技术克隆目的基因片段，以琼脂糖凝胶电泳验证 PCR 产物完整性，结果显示 PCR 产物均为单一完整的条带，且基因条带大小与预期设计克隆长度相符，如图 3-5 所示。经凝胶成像系统分析，*DFR* 基因片段长度约为 500 bp。

3.4.4.2 桃金娘 *DFR* 基因 PCR 产物的回收纯化

应用胶回收试剂盒对 *DFR* 基因 PCR 产物进行切胶回收并以琼脂糖电泳验证，回收产物完整性如图 3-6 所示。结果显示回收产物为单一光亮完整条带；经凝胶成像系统分析，该产物片段大小约为 500 bp，与预期大小相符。随后连接回收产物与 pMD18-T 质粒构建重组质粒，并将重组质粒转导入 DH5α 大肠杆菌进行蓝白斑筛选。

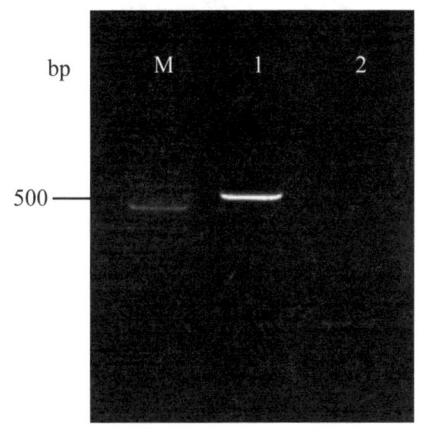
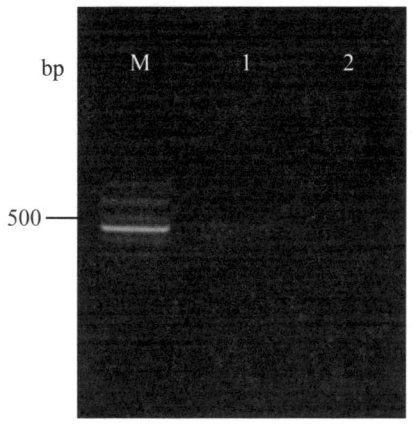

图 3-5 *DFR* 基因保守片段电泳图　　　　图 3-6 *DFR* 基因 PCR 纯化产物电泳图

M—Marker；1—PCR 产物；2—阴性对照　　M—Marker；1—PCR 产物；2—阴性对照

3.4.4.3 桃金娘 *DFR* 基因的克隆测序

将构建的重组质粒通过 $CaCl_2$ 法转导入 DH5α 受体菌，随后将菌液置于含有 IPTG 的 LB 平板中进行涂布。外源 *DFR* 基因成功插入受体菌 DH5α 中可造成受体菌插入失活，致使其表达的产物不具有 β-半乳糖苷酶活性，不能在 IPTG 的诱导下分解 X-gal 从而在培养基中形成白色菌落。因此，通过蓝白斑筛选可验证目的片段是否插入受体菌。如图 3-7 所示，平板较均匀地长满白色菌落，表明转导效果佳，重组质粒成功转入受体菌；以琼脂糖凝胶电泳验证菌液PCR产物，10组菌液样品PCR产物均显示明亮单一整齐的条带，PCR产物大小约为500 bp，与上述*DFR*基因保守片段克隆产物大小一致，结果说明此基因成功插入质粒载体，并成功转导入大肠杆菌，如图3-8所示。随后将含有重组质粒的重组菌菌液外送测序。测序后获得桃金娘*DFR*基因碱基序列并作BLAST比对，结果初步显示该克隆基因与其他物种*DFR*基因具有较高相似性，其中与桃金娘科物种的*DFR*基因具有很高同源性，证明该克隆基因同属于桃金娘科。

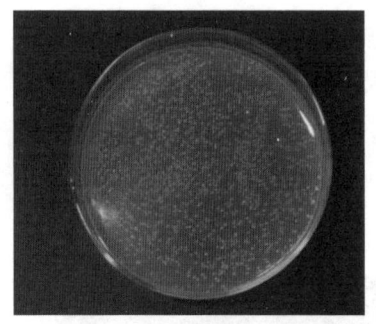 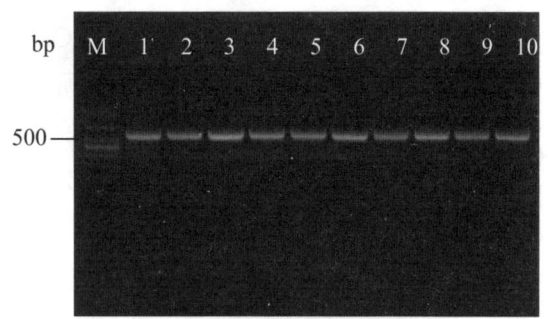

图3-7 重组菌落的蓝白斑筛选图　　　　图3-8 重组菌菌液PCR产物电泳图

M—Marker；1～10—PCR产物

3.4.5 桃金娘*DFR*基因的UTR克隆

根据桃金娘*DFR*保守片段基因序列分别设计了3'-RACE及5'-RACE引物，并分别利用3'-cDNA及5'-cDNA为模板，按照试剂盒提供的方案进行操作，使用巢式PCR技术对*DFR*基因的UTR片段进行克隆，分别获得一条约为600 bp及350 bp的3'UTR及5'UTR片段，如图3-9所示。对获得的PCR产物进行测序处理，分别获得桃金娘*DFR*基因的3'UTR及5'UTR碱基序列，分别对两者进行BLAST比对，结果显示两者的碱基序列与桃金娘科植物*DFR*基因碱基序列同源性高，证明该克隆片段属于桃金娘科植

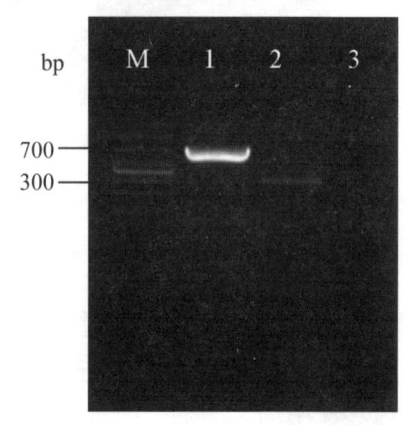

图3-9 3'RACE及5'RACE产物电泳图

M—Marker；1—3'UTR片段；2—5'UTR片段；3—阴性对照

物。此外，两基因片段碱基序列与之前扩增获得的桃金娘 *DFR* 基因保守片段序列有重叠部分，可证明克隆片段来自同一个基因。

3.4.6 基因的生物信息学分析

3.4.6.1 桃金娘 *18S rRNA*、*Actin*、*GAPDH* 及 *PAL* 基因片段的序列分析

获取相应基因碱基序列后，对相应碱基序列进行 BLAST 比对，结果初步显示克隆的片段序列与其他物种相应基因碱基序列有较高相似性（见图3-10、图3-11、图3-12及图3-13）。*18S rRNA* 基因序列多重比对结果显示桃金娘 *18S rRNA* 基因与桃金娘科植物 *Thaleropia queenslandica*（登录号：GU476480.1）、蒲桃（*Syzygium maire*；登录号：GU476479.1）、*Cloezia floribunda*（登录号：GU476449.1）、柳香桃（*Agonis flexuosa*；登录号：GU476435.1）、剥皮桉（*Eucalyptus deglupta*；登录号：GU476424.1）及番石榴（*Psidium guajava*；登录号：AB354961.1）的相似度为100%，而与蝶形花科羊蹄甲（*Bauhinia variegata*；登录号：AF525295.1）相似度亦高达99%（见图3-10）。*Actin* 基因多重比对结果显示桃金娘 *Actin* 基因保守片段在不同植物中同源性高，表明该基因片段具有高度保守性（见图3-11）。BLAST多重比对结果显示桃金娘 *Actin* 基因片段与巨桉（*Eucalyptus grandis*；登录号：XM_010029397.1）*Actin* 基因序列相似性最高，相似度为97%，而与白刺科白刺（*Nitraria sibirica*；登录号：AB636284.1）、无患子科荔枝（*Litchi chinensis*；登录号：HQ615689.1）及大戟科蓖麻（*Ricinus communis*；登录号：AY360221.1）*Actin* 基因相似度依次为90%、90%及89%。*GAPDH* 基因序列多重比对结果显示 *GAPDH* 序列在不同植物中同源性稍弱，表明 *GAPDH* 基因在不同植物间的进化差异较大（见图3-12）。BLAST多重比对结果显示桃金娘 *GAPDH* 基因与巨桉（登录号：XM_010028439.1）*GAPDH* 基因相似度最高，为93%，而与蔷薇科白梨（*Pyrus bretschneideri*；登录号：JQ302966.1）、茄科番茄（*Solanum pennellii*；登录号：XM_015219380.1）及葡萄科葡萄（登录号：XM_002270378.3）的 *GAPDH* 基因相似度依次为84%、83%与83%，表明 *GAPDH* 基因在不同科属植物中显示较大的差异。*PAL* 基因序列多重比对结果显示桃金娘 *PAL* 基因在不同植物中具有一定的相似性，多重比对结果显示每两个相同碱基后常出现一个不同的碱基，此情况的出现符合密码子简并性规律（见图3-13）。BLAST比对显示桃金娘 *PAL* 基因与桃金娘科马六甲蒲桃（登录号：GU233756.1）相似度最高，为95%；而与桃金娘巨桉（登

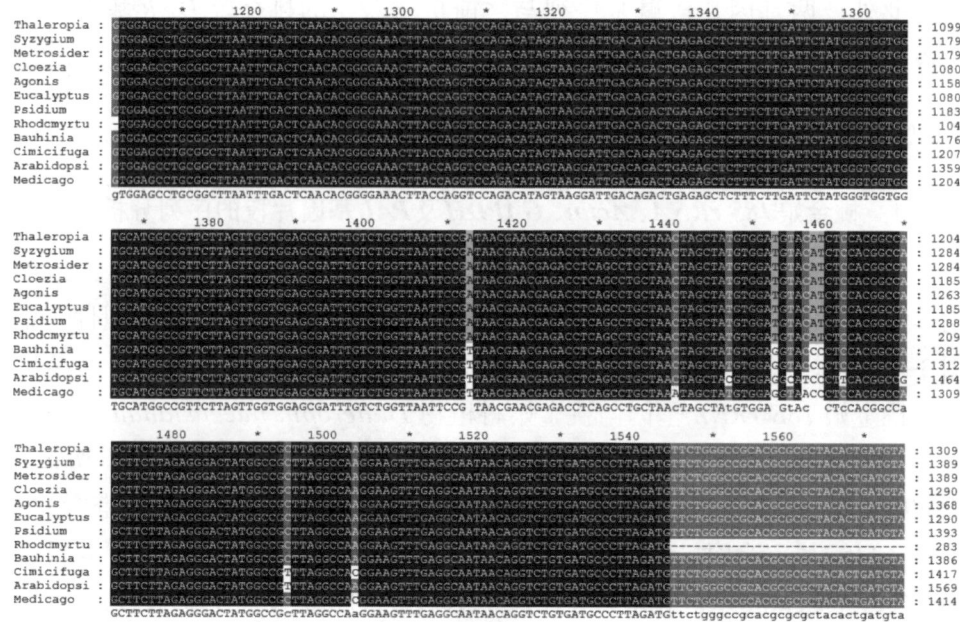

图3-10 桃金娘 *18S rRNA* 核酸序列与其他植物 *18S rRNA* 核酸序列多重比较图

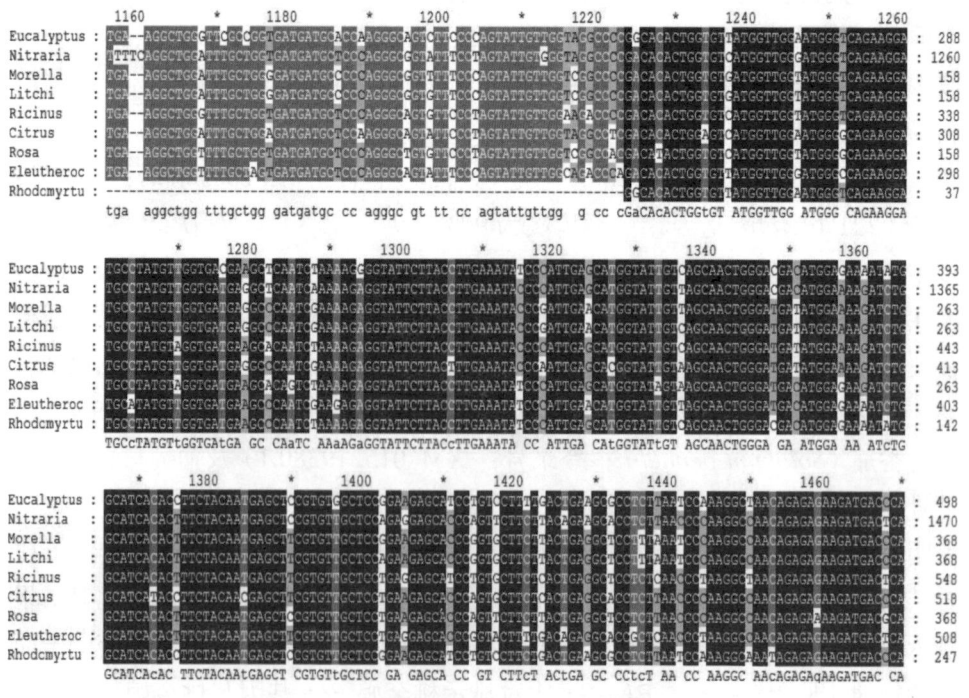

图3-11 桃金娘 *Actin* 核酸序列与其他植物 *Actin* 核酸序列多重比较图

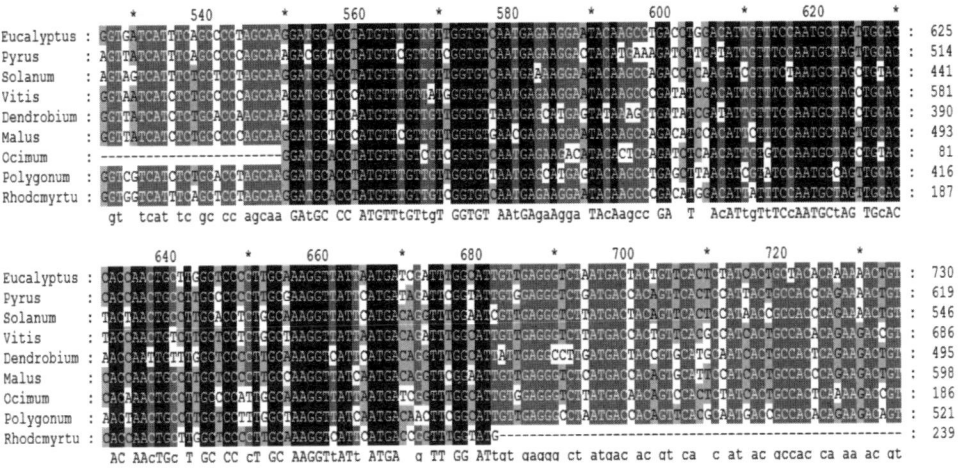

图3-12 桃金娘GAPDH核酸序列与其他植物GAPDH核酸序列多重比较图

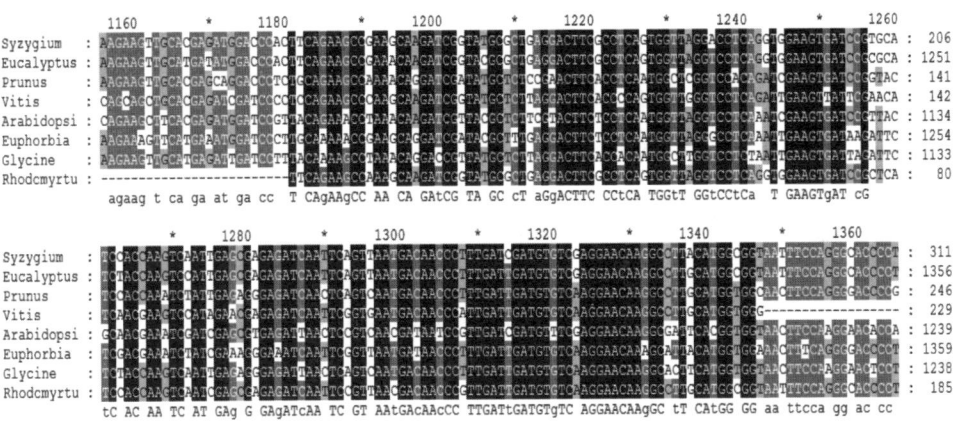

图3-13 桃金娘PAL核酸序列与其他植物PAL核酸序列多重比较图

号：XM_010033665.1)、葡萄（登录号：EF192469.1）及蔷薇科杏（*Prunus armeniaca*；登录号：EF031063.1）的相似度依次为94%、86%及84%。

使用Clustal X2.1及MEGA6.0软件，通过Neighbor-joining（N-J）法构建 *18S rRNA*、*Actin*、*GAPDH* 及 *PAL* 基因保守片段的系统进化树，结果显示克隆的基因与桃金娘科物种形成一分支，表明它们的亲缘关系最近（见图3-14至图3-17）。如图3-14所示，桃金娘 *Actin* 基因与同属于桃金娘科的巨桉聚合成一支，表明该基因所在植株与桃金娘科植株亲缘性最高，而在物种进化过程中，该基因与同科植物相应基因亲缘性高；桃金娘 *18S rRNA* 与同属桃金娘科的番石榴及棒花蒲桃（*Syzygium claviflorum*）聚合成一支，表明该基因所在植株与桃金娘科植株亲缘性最高，而在基因进化中，同属于一科的植

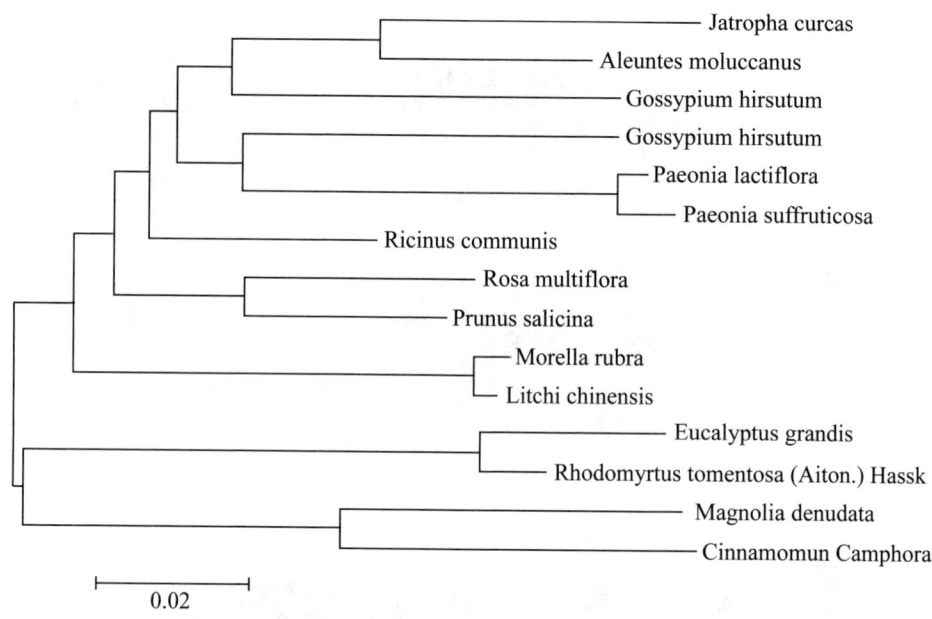

图3-14　桃金娘 *Actin* 基因与其他物种 *Actin* 的使用邻位相连法构建的系统发生树

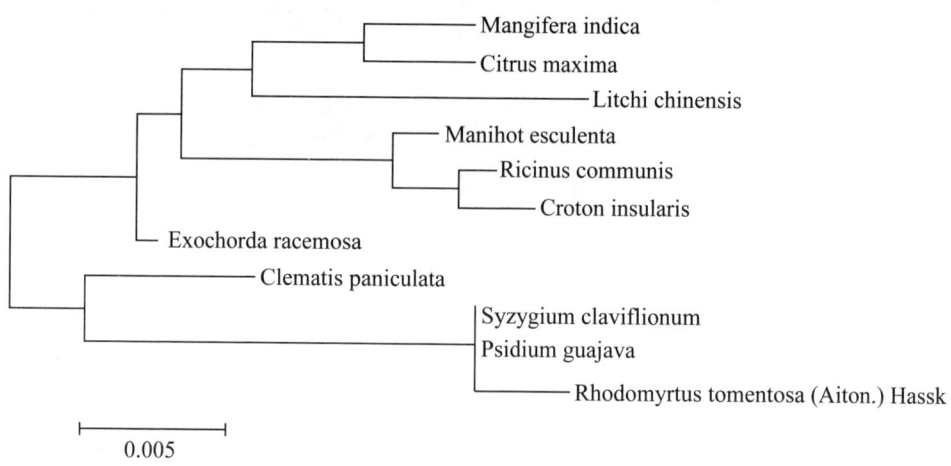

图3-15　桃金娘 *18S rRNA* 基因与其他物种 *18S rRNA* 的使用邻位相连法构建的系统发生树

物,其基因间的亲缘性也较高(见图3-15); *GAPDH* 基因的系统进化树结果与 *Actin* 基因相似,该基因与桉树 *GAPDH* 基因聚合成一支,表明该克隆基因同属于桃金娘科植物基因,两者在基因进化上具有较高亲缘性(见图3-16);桃金娘 *PAL* 基因与同属于桃金娘科的马六甲蒲桃及巨桉聚合成一支,表明三者基因间具有较高同源性,显示三者在遗传进化中具有较高亲缘性关系(见图3-17)。对上述四基因作生物信息学分析,结果显示该克隆基因与桃金娘科相应基因具较高同源性，表明该物种与桃金娘科植物具有较高亲缘性关系。同时在 GeneBank 中对 *18S rRNA*、*Actin*、*GAPDH* 及 *PAL* 基因进行注册，获得相应登录号分别为 KU29850、KU233522、KU298503 及 KU298502。

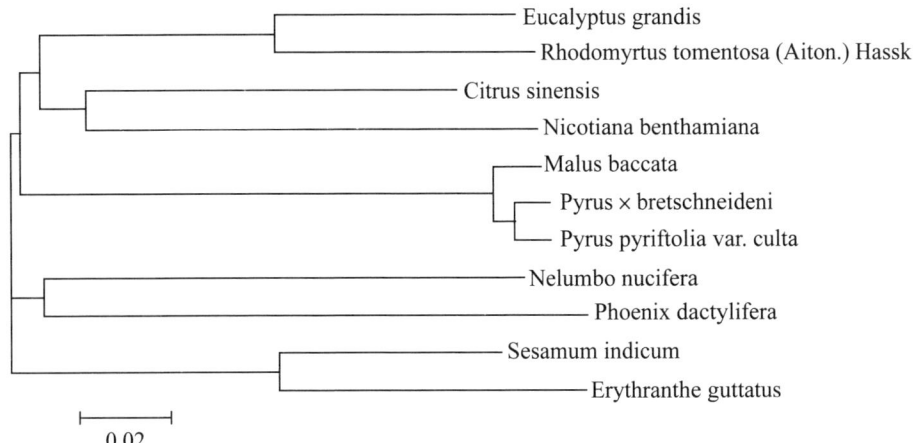

图 3-16　桃金娘 *GAPDH* 基因与其他物种 *GAPDH* 的使用邻位相连法构建的系统发生树

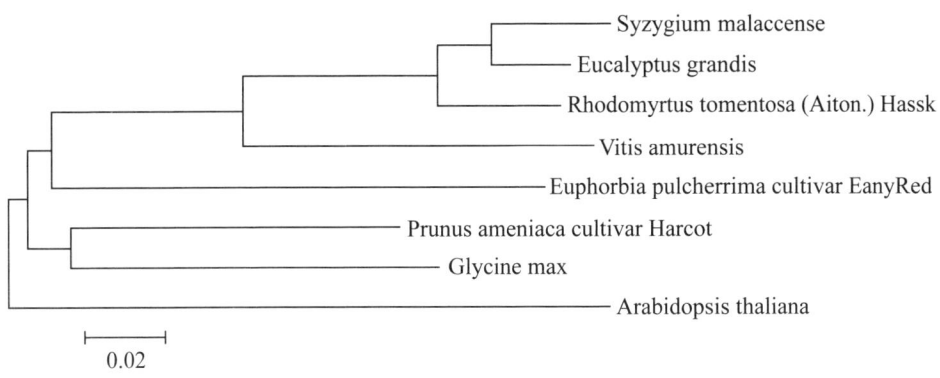

图 3-17　桃金娘 *PAL* 基因与其他物种 *PAL* 的使用邻位相连法构建的系统发生树

3.4.6.2　桃金娘 *DFR* 基因序列分析

利用 SeqMan 软件对 *DFR* 基因保守片段序列、5'UTR 序列及 3'UTR 序列进行拼接，获得一条约为 1121 bp 的桃金娘 *DFR* 基因的 cDNA 序列（见图 3-18）。对该片段进行 ORF 查找，获得长度为 1017 bp 的开放阅读框，该阅读框编码 338 个氨基酸。使用 DNAStar 及 GeneDoc 软件对桃金娘 *DFR* 基因编码的氨基酸序列与其他物种 *DFR* 氨基酸序列进行多重比对，结果显示桃金娘 DFR 蛋白与其他物种相应蛋白具有高度同源性（见图 3-19）。该片段

```
1   at
3   atggggtcggaagcggaagtcgtgtgcgtcaccggagcagccggcttcatcggctcgtggctcgtcatgaggctgctc
    M  G  S  E  A  E  V  V  C  V  T  G  A  A  G  F  I  G  S  W  L  V  M  R  L  L
81  gagcgcggctacaccgtccgggccaccgtccgtgaccccaataacatgaagaaggtgaagctgctggacctgccc
    E  R  G  Y  T  V  R  A  T  V  R  D  P  N  N  M  K  K  V  K  L  L  D  L  P
159 caggcgaagacgcacctgactctgtggaaggccgacctcaacgaagcgggaagcttcgacgagcccatccatggctgc
    Q  A  K  T  H  L  T  L  W  K  A  D  L  N  E  A  G  S  F  D  E  P  I  H  G  C
237 accggcgtcttccatgtggccactcccatggatttcgagtccaaggaccccgagaatgaggtgataaaaccgacggtg
    T  G  V  F  H  V  A  T  P  M  D  F  E  S  K  D  P  E  N  E  V  I  K  P  T  V
315 gagggagtcctgagcatcatgagggcgtgcgctaaggccaagacggtccggcggctcgtgttcacctcctcggccggg
    E  G  V  L  S  I  M  R  A  C  A  K  A  K  T  V  R  R  L  V  F  T  S  S  A  G
393 accctcgacgtccaaccgcaccggaagcccgtctactacgaggacgactggagcgacatggacttcgtgctcgccacg
    T  L  D  V  Q  P  H  R  K  P  V  Y  Y  E  D  D  W  S  D  M  D  F  V  L  A  T
471 aagatgaccggatggatgtattttgtatcaaagacgatggcggagaaggccgctggaaatttgcggaagagaacaac
    K  M  T  G  W  M  Y  F  V  S  K  T  M  A  E  K  A  A  W  K  F  A  E  E  N  N
549 attgacttcatcagcatcataccaagtcttgttgtggggcccttcatcatgtcttcgatgccacctagtcttatcacc
    I  D  F  I  S  I  I  P  S  L  V  V  G  P  F  I  M  S  S  M  P  P  S  L  I  T
627 ggcctgtcccaatcacaaggaacgaagctcattactccatcatgaagcaaggtcactgcgtccataccgacgatctc
    G  L  S  P  I  T  R  N  E  A  H  Y  S  I  M  K  Q  G  H  C  V  H  T  D  D  L
705 tgtgaagcccacatcttcttgttcgagcaccggaagcaaggggcggtacatctgctcctcccacgacgcctcgctc
    C  E  A  H  I  F  L  F  E  H  P  E  A  K  G  R  Y  I  C  S  S  H  D  A  S  L
783 ctcgaggtggcggatctgctcaggaagagatacccggaatacgatatccccacggagttcgagggagtggatgagggg
    L  E  V  A  D  L  L  R  K  R  Y  P  E  Y  D  I  P  T  E  F  E  G  V  D  E  G
861 atggagaaggttctttctctacccagaagctgctggacctgggttttaagtacaagtacaccttggaggacatgttc
    M  E  K  V  F  S  F  S  T  Q  K  L  L  D  L  G  F  K  Y  K  Y  T  L  E  D  M  F
939 gtcgcggccgtggagacatgcagagagaaaggcgctgcttcctctttcgcacgagaagcgcaacggcacgtgccac
    V  A  A  V  E  T  C  R  E  K  G  L  L  P  L  S  H  E  K  H  A  N  G  T  C  H
1017 tgagacattctctgtcttttttctgtcgtcgtctcgttgtgtgtgaccggattaacgggttggattttaccccgctt
     *
1095 ctttaaattcccgcatggcattcacta 1121
```

图3-18 桃金娘*DFR*基因cDNA序列及其编码的氨基酸序列

与巨桉（登录号：XP_010060970.1）、马六甲蒲桃（登录号：ADB43599.1）及枫香树（*L. formosana*；登录号：JX944785.1）DFR蛋白的相似性依次是91%、92%与75%；利用NCBI的CCD（Conserved Domain Database）在线工具分析得出该ORF编码的蛋白属于NADB_Rossmann家族蛋白，具有一个NADP(H)结合位点（VTGAAGFIGSWLVMRLLERG）及底物特异性结合位点（TVRRLVFTSSAGTLDVQPHRK），并显示该序列在不同物种中均十分保守。通过CDD验证，推测该克隆基因为二氢黄酮醇4-还原酶家族成员，并

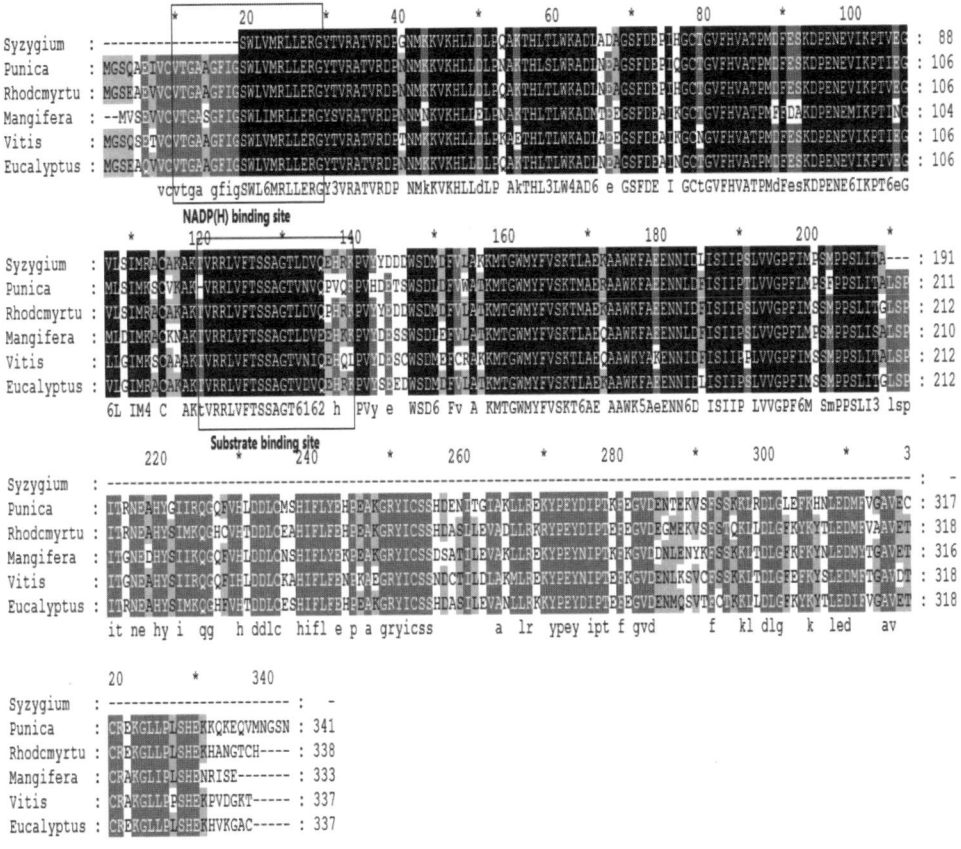

图3-19 桃金娘DFR氨基酸序列与其他植物DFR氨基酸序列的多重比对图

向NCBI注册该基因，获得的登录号为KU233523。

使用Clustal X 2.1及MEGA 6.0软件，通过N-J法构建DFR基因的系统进化树。系统进化树的分析以桃金娘DFR基因以及其他植物DFR基因为分析对象。结果显示，桃金娘DFR基因与同为桃金娘科的马六甲蒲桃及巨桉形成一分支，说明三者亲缘关系最近（见图3-20）。山葡萄（*Vitis amurensis*）、圆叶葡萄（*Vitis rotundifolia*）及刺葡萄（*Vitis davidii var. davidii*）等葡萄科植物形成一个分支；紫甘蓝（*Brassica oleracea var. capitata f. rubra*）、油菜（*Brassica napus*）和拟南芥等十字花科的植物聚成一类；野蔷薇（*Rosa multiflora*）、月季（*Rosa chinensis*）、玫瑰（*Rosa rugosa*）、樱桃（*Prunus pseudocerasus*）和苹果（*Malus pumila*）等蔷薇科物种聚成一支。

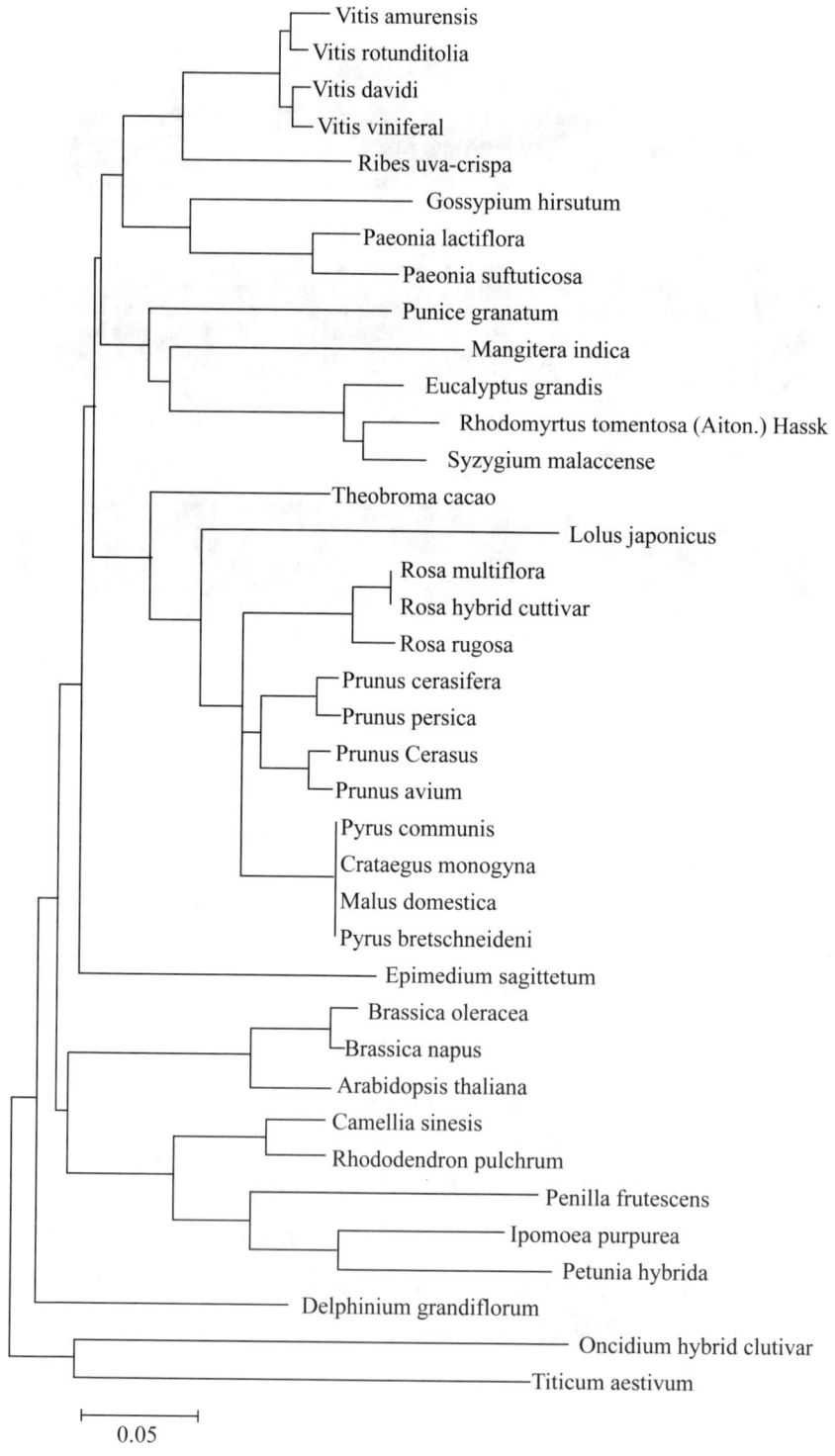

图3-20 桃金娘*DFR*与其他物种*DFR*的使用邻位相连法构建的系统发生树

3.4.7 桃金娘内参基因的稳定性筛选

3.4.7.1 引物的特异性验证

以桃金娘嫩叶、老叶、盛花期花瓣、末花期花瓣、绿果、红果以及紫果为研究对象，对 *GAPDH*、*Actin* 以及 *18S rRNA* 基因的表达广泛性、表达水平及表达稳定性进行研究。以设计的 *qRT GAPDH* 引物、*qRT Actin* 引物以及 *18S rRNA* 引物进行引物特异性验证，结果如图 3-21 所示，*GAPDH* 基因 PCR 产物约为 130 bp，*Actin* 基因 PCR 产物约为 150 bp，而 *18S rRNA* 的 PCR 产物约为 300 bp。克隆的片段条带完整单一，且克隆出的片段大小与预期大小相符。

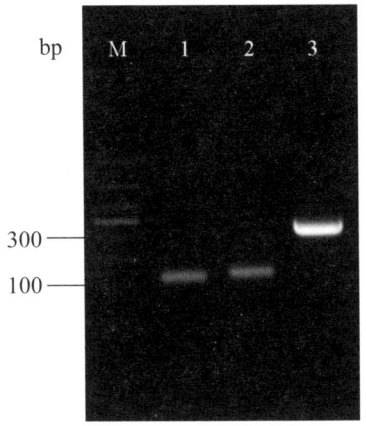

图 3-21 引物特异性验证电泳图

（M—Marker；1—*GAPDH* PCR 产物；2—*Actin* PCR 产物；3—*18S rRNA* PCR 产物）

同时以 qRT-PCR 法扩增得到引物的融解曲线，以进一步验证 *GAPDH*、*Actin* 以及 *18S rRNA* 基因的扩增特性与引物特异性，结果如图 3-22 所示，三基因融解曲线温度范围为 80~85℃，并且每个基因的融解曲线均为单峰，显示引物特异性良好。

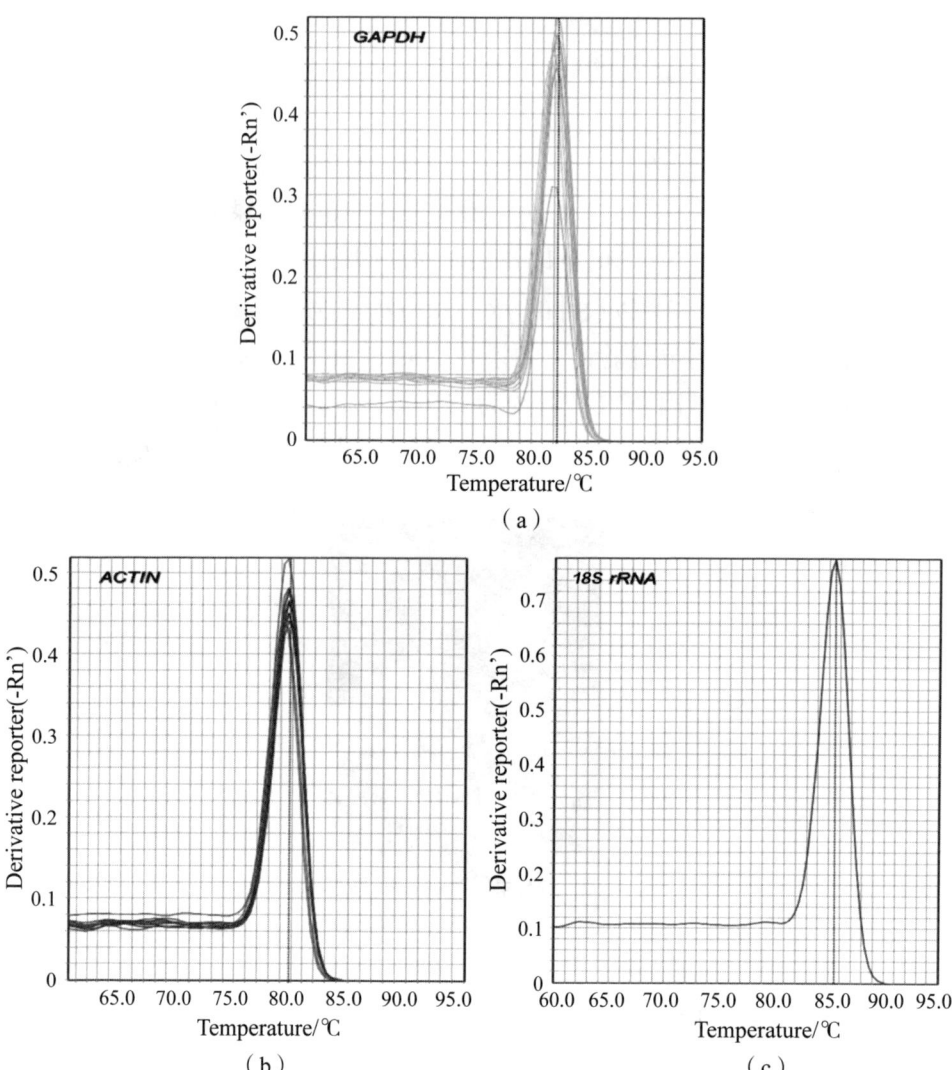

图3-22 基因融解曲线图

（a：GAPDH 产物；b：Actin 产物；c：18S rRNA产物）

3.4.7.2 候选基因稳定性评价

基因表达稳定性综合评价使用 NormFinder、GeNorm 以及 BestKeeper 软件进行（见表3-12）。NormFinder 及 GeNorm 软件算法规定，基因稳定值（M值）越大，基因稳定性越差，而 M 值的上限值为1.5。NormFinder 分析结果显示，GAPDH 基因稳定值为0.059，其稳定性最高，表明 GAPDH 基因在桃金娘不同组织器官中表达水平相对稳定。GeNorm 基因稳定性筛选结果显示

候选基因中 *18S rRNA* 稳定性最差,而 *Actin* 及 *GAPDH* 基因稳定性较佳,其中 *GAPDH* 基因 *M* 值为 0.192,稳定性最高(见图 3-23)。GeNorm 标准化因子配对差异值(Pairwise variations)结果显示 $V_{2/3}$ 值为 0.098,表明最佳内参数目小于或等于 2 个。BestKeeper 分析显示 *GAPDH*、*Actin* 及 *18S rRNA* 基因的表达稳定值分别为 0.84、0.83 与 1.415,说明在此算法下 *Actin* 基因具有最高表达稳定性。对基因的表达稳定性进行综合分析,筛选 *GAPDH* 基因作为本实验条件下的内参基因。

表3-12 候选基因稳定性综合分析排序表

基因名称	稳定值 geNorm	排序 geNorm	稳定值 NormFinder	排序 NormFinder	稳定值 BestKeeper	排序 BestKeeper
18S rRNA	0.297	3	0.164	3	1.415	3
Actin	0.193	2	0.069	2	0.83	1
GAPDH	0.192	1	0.059	1	0.84	2

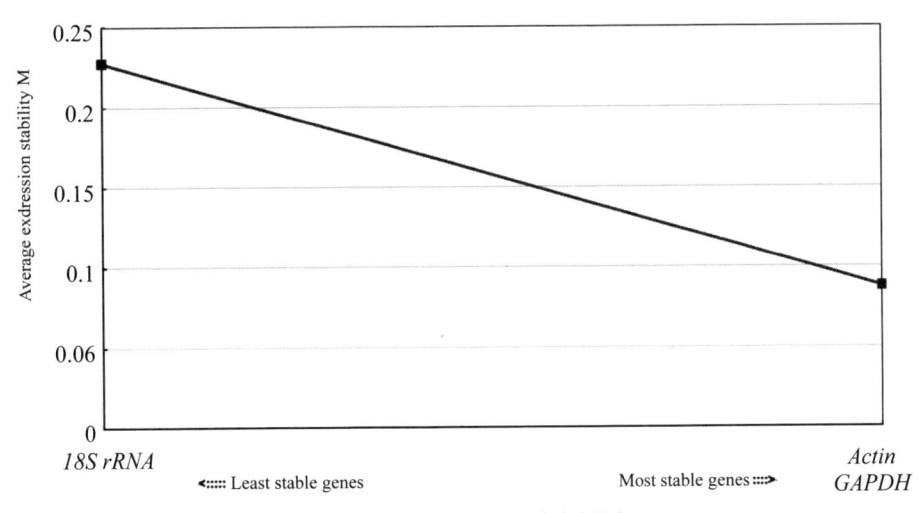

图3-23 候选基因表达稳定性图

3.4.8 桃金娘 *DFR* 基因及 *PAL* 基因的表达检测

3.4.8.1 引物的特异性验证

利用 *qRT DFR* 引物以及 *qRT PAL* 引物进行引物特异性验证,结果如图

3-24所示，DFR基因PCR产物约为130 bp，PAL基因PCR产物约为130 bp，克隆片段条带完整单一，且克隆出的片段大小与预期大小相符。

采用qRT-PCR法扩增得到引物的融解曲线，进一步验证DFR及PAL基因的扩增特性与引物特异性。结果如图3-25所示，两基因融解曲线温度范围为80~85℃，且每个基因的融解曲线均为单峰。结果显示引物特异性良好，适用于作基因定量检测。

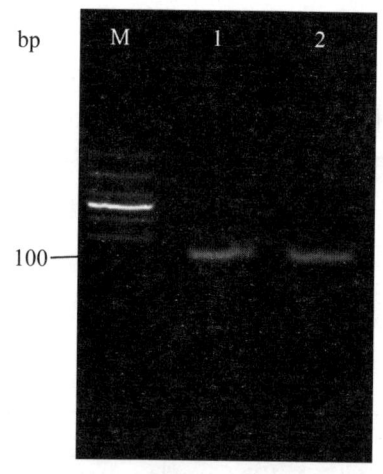

图3-24 引物特异性验证电泳图

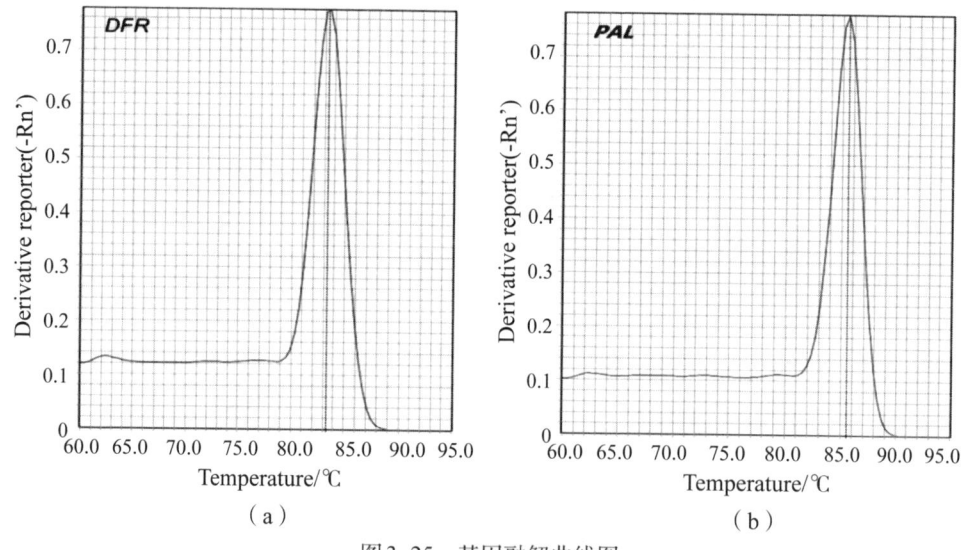

图3-25 基因融解曲线图

（a: DFR产物；b: PAL产物）

3.4.8.2 DFR及PAL基因的表达与花色素苷积累的相关性

基因的表达水平与植物性状的表现息息相关。DFR基因作为花色素苷合成途径下游基因的重要成员，调控植物花色素表达的种类与含量，最终影响植物花色素苷在植物中的表达。桃金娘DFR基因在被检测的叶片、花朵与果实中均有表达，但其在不同组织器官中的表达具有差异性，且不同组织器官间DFR表达水平差异性极显著，见表3-13。

表3-13 DFR表达差异显著性分析

			平方和	df	均方	F	显著性
组间	（组合）		15.336	6	2.556	108447.546	$7.682E^{-32}$
	线性项	对比	0.007	1	0.007	297.389	$7.936E^{-11}$
		偏差	15.329	5	3.066	130077.577	$3.812E^{-32}$
组内			0.0003	14	0.000		
总数			15.336	20			

注：P值为显著性水平值0.05；"*"表示$0.01 < P < 0.05$，表明差异显著；"**"表示$P < 0.01$，表明差异非常显著。

  *DFR*表达水平检测结果显示（见图3-26），*DFR*基因在盛花期花瓣中表达水平最高，其次是红果、嫩叶与紫果；其在老叶与绿果中*DFR*表达水平较低；而在末花期花瓣中，*DFR*基因几乎不表达。桃金娘*DFR*基因在嫩叶及盛花期花瓣中表达水平较高，显示植株在代谢旺盛阶段；而随着植物器官的逐渐生长及衰老，其代谢水平降低，*DFR*基因的表达水平也呈下降趋势。在果实成熟阶段，*DFR*基因的表达量呈先上升后下降的趋势；在果实成熟初始期及高峰期，*DFR*基因表达水平随着果实着色程度加深而上升，在红果时期*DFR*基因表达水平达最大值；而在果实成熟末期，*DFR*基因表达水平在果实着色程度继续加深过程中呈下降趋势。

  *PAL*基因为调控花色素苷生物合成途径的第一个关键酶基因与限速酶基因，并最终影响花色素苷的合成。桃金娘*PAL*基因在被检测的叶片、花朵与果实中均有表达，但基因的表达具有组织特异性，不同组织器官间*PAL*表达水平差异性极显著，见表3-14。

表3-14 PAL表达差异显著性分析

			平方和	df	均方	F	显著性
组间	（组合）		120.037	6	20.006	34990.986	$2.109E^{-28}$
	线性项	对比	20.325	1	20.325	35549.529	$3.0695E^{-25}$
		偏差	99.711	5	19.942	34879.277	$3.822E^{-28}$
组内			0.008	14	0.001		

续表

	平方和	df	均方	F	显著性
总数	120.045	20			

注：P 值为显著性水平值 0.05；"*"表示 $0.01 < P < 0.05$，表明差异显著；"**"表示 $P < 0.01$，表明差异非常显著。

PAL 表达水平检测结果显示（见图 3-26），PAL 基因在桃金娘红果中表达水平最高，其次为紫果、嫩叶与盛花期花瓣，而在老叶、绿果及末花期花瓣中，PAL 基因几乎不表达。PAL 基因在桃金娘嫩叶与盛花期花瓣中表达水平高于老叶与末花期花瓣，显示 PAL 基因在代谢旺盛及幼嫩部位表达水平较高，而随着组织器官的生长及衰老，PAL 基因的表达水平亦逐步下降。在果实成熟初始期及高峰期，PAL 基因的表达随着果实着色程度加深而逐渐升高；而在果实成熟末期，PAL 基因的表达随着果实着色程度的继续加深而呈下降趋势。

   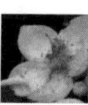 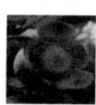  

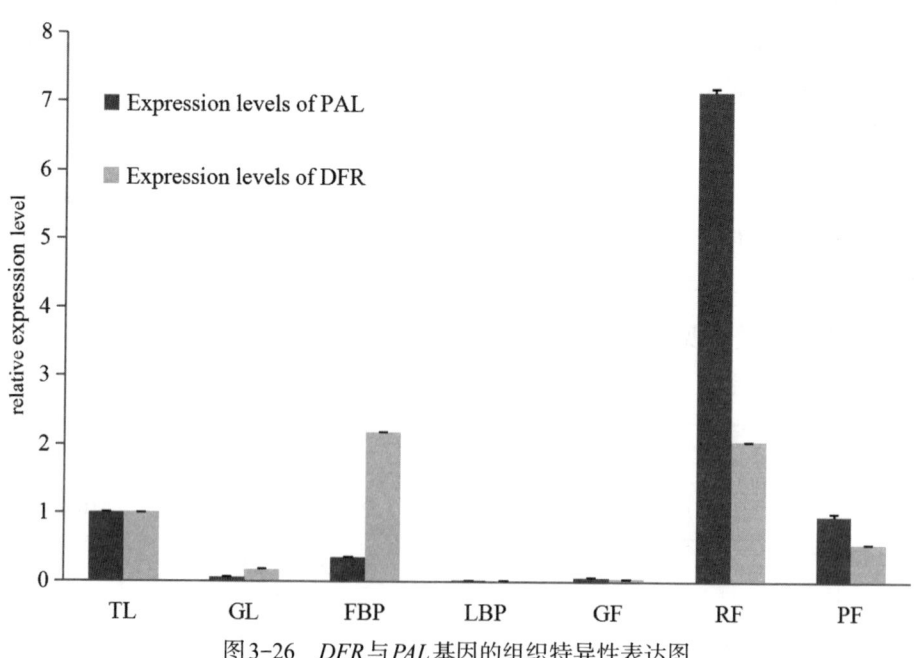

图 3-26　DFR 与 PAL 基因的组织特异性表达图

*DFR*及*PAL*基因在桃金娘叶片、花瓣及果实中均有表达，但基因的表达具有时空特异性及组织特异性。*DFR*及*PAL*基因在幼嫩、代谢旺盛及有色的组织器官中表达水平较高。

3.5 讨论

3.5.1 桃金娘内参基因稳定性筛选及分析

管家基因对细胞基本骨架及功能构成起重要维持作用，并广泛存在于所有组织及细胞中，且呈组成型表达。管家基因由于表达相对稳定，常用作内参基因而参与基因表达水平的检测。以克隆的*18S rRNA*、*GAPDH*及*Actin*基因片段为候选基因，利用qRT-PCR法检测基因的表达广泛性与表达水平，结合基因表达稳定性分析，最终筛选表达范围广、表达水平高且表达稳定性佳的*GAPDH*基因为检测*DFR*与*PAL*基因表达特性的内参基因。*GAPDH*基因在此实验条件下显示较高的表达稳定性，其次是*Actin*基因，而*18S rRNA*基因表达稳定性则最差。*18S rRNA*基因在菊苣及水稻生长初期表达水平高，表达稳定性好；然而其在桃子及水稻生长后期的表达非常不稳定，说明同一种管家基因在不同植物或同一植物不同生长阶段中的表达水平具有差异性，也说明不存在绝对稳定表达的管家基因。管家基因的表达也会因为外部环境变化、组织差异、发育阶段差异及实验处理差异而出现组织特异性表达，因此本研究筛选的内参基因*GAPDH*基因具有特定的适用性，而非适用于所用实验条件。

3.5.2 桃金娘*DFR*及*PAL*基因特异性表达及其与花色素苷积累的相关性

花色素为一种水溶性色素，广泛存在于植物的着色器官。随着细胞液酸碱度的改变，植物花色素呈红色、蓝色或紫色，从而使得花卉、蔬果具有缤纷多彩的颜色。不同蔬果表皮总花色素苷相对含量差异性非常显著，呈蓝色、紫色与红色的蔬果，其花色素苷含量较黄色与橙色蔬果的高。桃金娘紫果果皮花色素苷含量高于10种被测蔬果，表明桃金娘紫果花色素苷丰富度较高。在被测样品中，黄皮与甜橙的花色素苷含量极少，研究发现黄皮中花色素苷合成量极少，但类胡萝卜素合成量较高。甜橙橙皮含有一定量的花色素苷，但含量也较少。

　　对比桃金娘盛花期花瓣、末花期花瓣、红果及紫果的花色素苷相对含量，紫果花色素苷含量最高，其次是红果、盛花期花瓣，含量最低者为末花期花瓣。研究结果显示，无论是在果实还是在花器官中，桃金娘花色素苷的积累程度与其器官的着色程度呈正相关关系。

　　关于 *DFR* 基因在花器官中的表达的研究发现，*DFR* 基因的表达水平与花朵的着色程度相关，在着色程度深的盛花期花瓣中，*DFR* 基因的表达水平较高，而在着色程度浅的末花期花瓣中，*DFR* 基因几乎不表达，显示 *DFR* 基因在花器官中与花色素苷的积累呈正相关关系。此结论与已有的研究所证明的 *DFR* 基因的表达伴随着花瓣组织的着色进行且其时空表达特性与花色着色进程、模式相一致的结论相符。关于 *DFR* 基因在果实中的表达的研究发现，在桃金娘果实成熟初始期与高峰期，*DFR* 基因的表达水平随果实着色程度加深而上升，在红果时期达到最大值；在果实成熟末期，果实着色程度继续增加，而 *DFR* 基因的表达水平却呈逐渐下降趋势，说明 *DFR* 基因在果实成熟末期下调表达。本研究结果与已有的研究中的桃果实花色素苷合成酶基因的表达相符，在桃果实成熟末期，所有基因表达下调，但花色素苷仍在大量积累与合成。推测其原因是花色素苷合成相关基因位于花色素合成途径的上游，基因大量表达后产生大量花色素苷合成相关酶蛋白，所以在果实成熟末期，即使上游基因不再表达，但已合成的酶蛋白仍可促进花色素的合成。同样地，大量合成的花色素苷也可能对基因的表达具抑制作用，最终致使花色素苷含量的峰值与基因表达的峰值不一致。

　　PAL 基因为植物花色素苷合成途径中的第一个关键酶与限速酶。*PAL* 基因在桃金娘叶片、花朵及果实中均有表达，但该基因的表达存在组织特异性。*PAL* 基因在幼嫩及有色的组织器官中表达水平较高。从 *PAL* 基因在桃金娘叶片中的表达分析可得出结论：*PAL* 基因在幼嫩的组织器官中表达水平较高，而在衰老的组织器官中几乎不表达。此结论与前人研究结论相符。从 *PAL* 基因在桃金娘花朵中的表达分析可得出结论：*PAL* 基因在着色较深的盛花期花瓣中表达水平较高，而在着色程度较浅的末花期花瓣中几乎不表达，显示 *PAL* 基因的表达水平与花瓣的着色进程相一致，表明 *PAL* 基因的表达与花器官花色素苷的积累具有正相关关系。此结论亦与前者研究相符。而 *PAL* 基因在果实成熟过程中的表达呈先上升后下降的趋势。在果实成熟初始期及高峰期，*PAL* 基因的表达水平随着果实着色程度增加而上升，但在果实成熟末期，

花色素苷大量积累时，*PAL* 基因的表达水平逐渐下降。*PAL* 基因表达水平的变化不仅体现在桃金娘果实发育过程中，研究表明，在荔枝果实成熟过程中，果皮花色素苷的含量上升，而 *PAL* 酶的活性则随果实发育而下降；在苹果幼果时期，*PAL* 基因的表达与花色素苷的合成相关，然而在果实成熟期，花色素苷大量积累时，*PAL* 基因表达水平下降。对此，有研究认为 *PAL* 是催化花色素苷合成的前提物质，在前提物质充足的情况下，花色素苷的合成与积累将不随 *PAL* 表达水平的变化而变化。

桃金娘叶片与花朵中 *DFR* 及 *PAL* 基因的表达具有差异性，两基因均在嫩叶及盛花期花瓣中表达水平较高，说明基因的表达与器官的生长阶段相关，在幼嫩的器官中，基因的表达水平较高；同时说明 *DFR* 及 *PAL* 基因在花器官中的表达水平与花的着色进程相一致，表明基因的表达与花器官的花色素苷积累具有正相关关系。在桃金娘果实发育过程中，*DFR* 及 *PAL* 基因的表达均呈先上升后下降的趋势，在果实成熟初始期，基因的表达水平与果实着色进程相一致，然而到果实成熟末期，花色素苷仍在大量积累，而 *DFR* 及 *PAL* 基因的表达水平则下降。这说明在果实成熟初始期及高峰期，*DFR* 及 *PAL* 基因的表达水平与果实果皮花色素苷的积累具有正相关关系。而在果实成熟末期，推测由于前期基因大量表达合成了充足的花色素苷合成相关酶，该酶在果实成熟末期不断促进花色素苷的积累，因此在果实成熟末期即使基因表达水平降低，花色素苷仍可大量合成。另一方面，推测在果实成熟末期，大量合成的花色素苷对 *DFR* 及 *PAL* 的表达有抑制作用，导致果实在成熟末期基因的表达水平下降。

第4章 桃金娘活性成分的提取纯化技术

4.1 山稔子色素的纯化及其稳定性研究

山稔子（*Fructus Rhodomyrti*）为桃金娘科植物桃金娘的果实，是具有抗肝炎活性的中药材。桃金娘生于丘陵坡地、旷野、路边，分布于中国广东、广西、福建、台湾、云南、贵州等省区。其果含色素、黄酮苷、酚类、氨基酸、有机酸和糖类等成分。本研究以山稔子作为研究客体，用水作为浸提剂对山稔子所含的色素成分进行浸提，并探讨不同大孔吸附树脂在不同条件下纯化山稔子水浸提液中山稔子色素的效果。通过实验，发现树脂S8纯化山稔子色素的效果最佳。其纯化条件为：洗脱剂用2% HCl+70% 乙醇，洗脱温度55℃，洗脱流速为1.8 mL/min。根据上述条件，本研究通过纯化得到了一种紫色的山稔子色素。在此基础上，本研究还探讨了山稔子色素的稳定性。结果表明，山稔子色素在较大的pH值范围内具有较强的稳定性，同时对Fe^{2+}、Cu^{2+}、Zn^{2+}等三种金属离子液也具有较好的稳定性。

4.1.1 食用色素概述

食用色素是食品添加剂的重要组成部分，它不仅广泛应用于饮料、酒、糕点、糖果、果酱、水产品、畜产品、腌菜、巧克力、果冻、冰淇淋等食品中，以改善其外观品质，而且也应用于药品、化妆品及日用品中。因此，食用色素，特别是天然食用色素的研究与开发有着广阔的发展前景。天然食用色素的原料主要来源于动物、植物和微生物等生物体：有的是从生物体的可食部分中提取；有的是从药食两用植物的根、茎、叶、果实中提取；有的是从生物体的外壳或果皮中提取。这些色素通过安全性测定及评价，证明一般无毒、无致突变性作用。同时，从天然色素的原料来源可以看出，天然食用色素对人体健康无任何不良影响，且许多色素有营养和医疗作用。虽然各种天然色素的主要成分不同，但科学研究已表明，它们或是人们必需的维生素来源，或参与生理代谢，或具有抗菌、防治疾病的作用。例如，类胡萝卜素是联合国粮农组织（FAO）和世界卫生组织（WHO）食品添加剂委员会一直推荐的产品，β-胡萝卜素并被认定是 A 类营养色素，在医学上对治疗 VA 缺乏症和光敏感、防癌、抗癌、预防心血管疾病等均具有明显作用。栀子黄色素是从茜草科栀子果实中提取的，主要成分是藏红花素。藏红花素属两萜类化合物，是很好的着色剂，兼有镇静、止血、消炎、利尿、退热等药效。醌类色素则具有抗菌、抗癌、抗病毒作用，其中有的能凝血，有的是生物氧化反应中的辅酶。

4.1.2 山稔子色素试验材料和方法

4.1.2.1 研究材料与仪器

新鲜山稔子果实，采自于广东省河源市；树脂，型号分别为 NKA-Ⅱ、H103、S8、D3520、NKA-9、D4020、AB8，均购自南开大学化工厂；化学试剂均为分析纯。

RE-52D，旋转蒸发器，购自上海青浦泸西仪器厂；S45，紫外可见分光光度计，购自上海棱光技术有限公司。

4.1.2.2 研究方法

（1）山稔子色素液的制备。将新鲜的山稔子果实用水冲洗干净，并加少量蒸馏水，用搅拌机打浆，得到果浆后再加入一定量的蒸馏水搅匀，充分浸泡（前后加入的蒸馏水，总体积和果实总体积的比例为 2∶1），过滤，收集滤液，去除浆渣。将得到的滤液，按滤液∶无水乙醇＝1∶2 的比例加入无水乙醇使滤液中的果胶沉淀，过滤除去果胶后，将滤液用旋转蒸发仪浓缩，回收乙醇，得到的色素浓缩液备用。

（2）大孔吸附树脂的静态吸附试验。

①大孔吸附树脂对山稔子色素的吸附作用。用蒸馏水将色素浓缩液稀释 150 倍，各取 100 mL 于 7 个锥形瓶中，分别加入 1 g 经预处理的 7 种大孔吸附树脂，型号分别为 NKA-Ⅱ、H103、S8、D3520、NKA-9、D4020、AB8。每隔 30 min 分别从上层清液中吸取少量液体测其在 450 nm 处的吸光度值，绘制不同树脂对山稔子色素的吸附作用的静态吸附曲线。

②不同乙醇浓度对山稔子色素的解吸作用。分别取 1 g 充分吸附了山稔子色素的湿树脂，加入 100 mL 浓度分别为 40%、70%、90% 的乙醇水溶液于

三角瓶中将色素从树脂上洗脱出来,1 h 后测定洗脱液的吸光度值。

③温度对山稔子色素解吸的影响。取 1 g 已经充分吸附山稔子色素的湿 S8 树脂,共四份,分别加入 100 mL 浓度为 70% 的乙醇水溶液于锥形瓶中,并分别置于水温为 25℃、35℃、45℃、55℃ 的恒温水浴锅中,1 h 后测定洗脱液的吸光度值。

(3)大孔吸附树脂的动态吸附试验。

①不同进样速度下的泄漏曲线。控制进样速度分别为 1.4 mL/min、1.8 mL/min、2.2 mL/min、2.6 mL/min,测得山稔子色素在 S8 树脂柱上不同进样速度下的泄漏曲线。

②不同酸浓度对色素的解吸作用。用盐酸含量分别为 0、0.5%、1% 和 2.0% 的 70% 乙醇溶液对吸附在 S8 树脂上的山稔子色素进行洗脱,洗脱速度为 1.8 mL/min,测定洗脱液的吸光度值。

(4)山稔子色素的稳定性试验。

①关于 pH 对山稔子色素稳定性的研究。将等量的山稔子色素溶液分别装在锥形瓶中,用 10% NaOH 和 10% HCl 溶液调成不同 pH 值的色素液,放置一段时间后,分别测定其吸光度值,考察 pH 对山稔子色素稳定性的影响。

②关于金属离子对山稔子色素稳定性的研究。取等量的山稔子色素溶液,分别加入重量比为 0.001% 的 $FeSO_4$、$CuSO_4$、$ZnSO_4$ 等溶液,以不含金属离子浓度的等量山稔子色素溶液作对照,在室温下每隔一定时间测定其吸光度,作吸光度 – 时间曲线。

4.1.3　结果与讨论

4.1.3.1　大孔吸附树脂的静态吸附试验

(1)大孔吸附树脂对山稔子色素的吸附作用。经测定,色素原浓缩液的吸光度为 1.731。通过图 4-1 各种色素的静态吸附曲线变化可以看出,不同型号的大孔树脂对山稔子色素的吸附效果明显不同,S8 树脂的吸附能力显然比其他几种树脂强。随着吸附时间的延长,色素吸附率不断上升,吸附时间为 3 h 时,S8 树脂达到饱和,比其他树脂的饱和时间快半个小时,此时其吸附率为 79.7%。因此,根据图 4-1 初步判断,S8 树脂是较理想的吸附树脂。

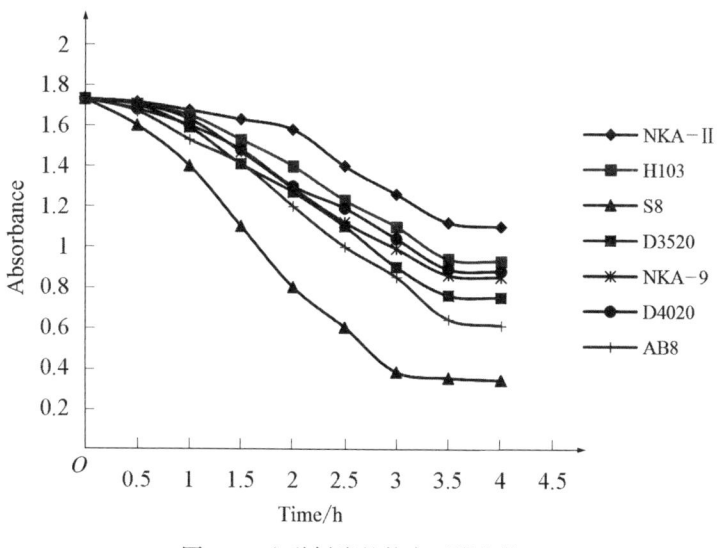

图4-1　七种树脂的静态吸附曲线

（2）不同浓度乙醇对山稔子色素的解吸作用。通过图4-2所示的不同乙醇浓度下各种色素的静态解吸情况，可以看出H103型和S8树脂的解吸能力比其他几种树脂强。结合上述7种树脂的吸附实验结果，可以确定S8树脂是用于山稔子色素分离纯化的较理想的树脂。另外，通过图4-2还可以发现，对于不同的树脂来说，色素解吸效果最好的乙醇浓度均为70%。因此，70%的乙醇浓度对山稔子色素的解吸来说是较好的洗脱剂。

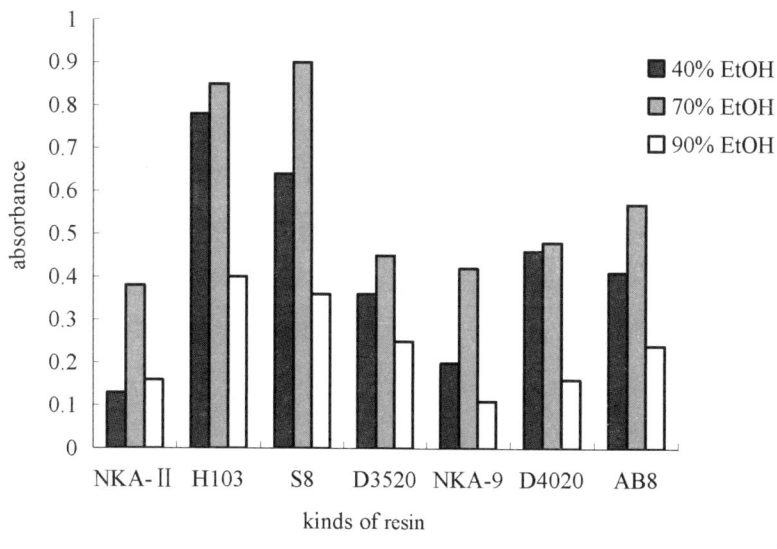

图4-2　七种树脂的静态解吸直方图

（3）温度对山稔子色素解吸的影响。通过图4-3可以看出，随着温度的上升，70%的乙醇对山稔子色素的解吸效果明显增强，说明温度的上升有利于色素的洗脱。但在高温条件下色素容易被破坏，同时也会给实验操作带来困难，因此本实验确定55℃为山稔子色素的洗脱温度。

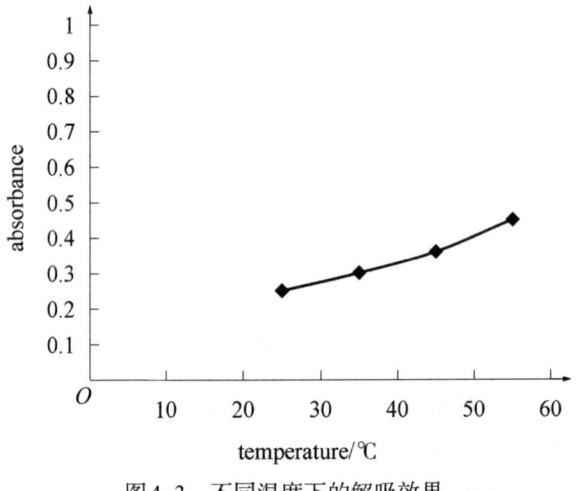

图4-3　不同温度下的解吸效果

4.1.3.2　大孔吸附树脂的动态吸附试验

（1）不同进样速度下的泄漏曲线。实验测得不同进样速度下山稔子色素在S8树脂吸附柱的泄漏曲线如图4-4所示。结果表明，吸附流速增大时大孔树

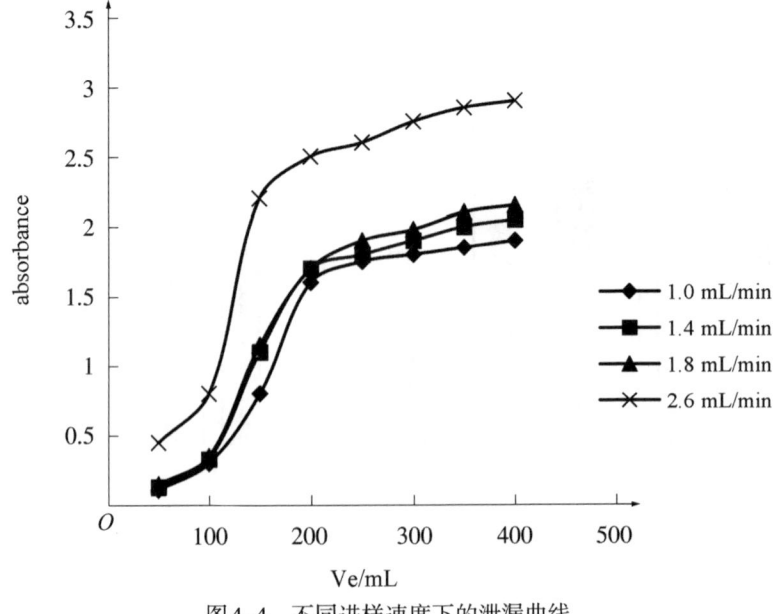

图4-4　不同进样速度下的泄漏曲线

脂吸附量下降，色素不能被充分吸附就流出树脂柱，低流速时色素被吸收得比较充分，但进样时间长，导致循环周期延长。因此，控制流速为 1.8 mL/min 较理想。

（2）不同酸浓度对色素的解吸作用。为了确定 S8 树脂的较佳洗脱剂，本实验根据 S8 树脂的特点，利用酸性乙醇溶液进行洗脱实验，结果见图 4-5。从图 4-5 中可以看出，不含 HCl 的 70% EtOH 作洗脱剂时，洗脱效果最差；用 0.5% HCl+70% EtOH 和 1.0% HCl+70% EtOH 作洗脱剂时，洗脱效果相似，比用 70% EtOH 作洗脱剂的效果要好，说明酸性乙醇溶液有利于山稔子色素的洗脱；用 2.0% HCl+70% EtOH 作洗脱剂时，洗脱效果较另外几种洗脱剂的洗脱效果要强好几倍，并且在前 200 mL 时便将吸附在树脂上的大部分山稔子色素洗脱出来。考虑到酸度继续提高不利于实验的进行，因此本实验确定 S8 树脂的理想洗脱剂为 2.0% HCl+70% EtOH。

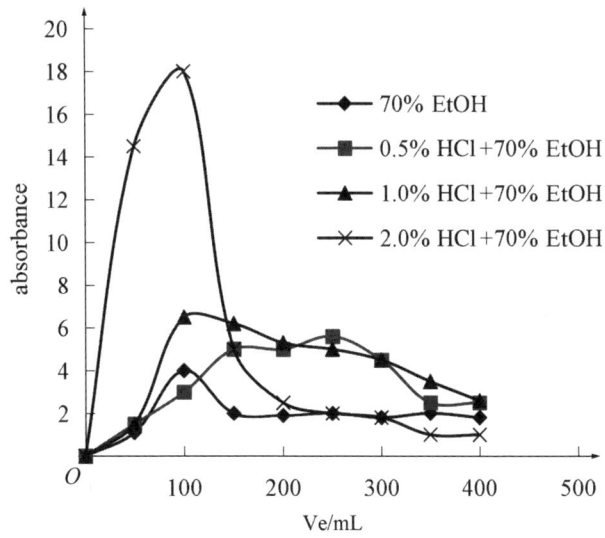

图 4-5 不同酸浓度对色素的解吸作用的曲线

4.1.3.3 山稔子色素的稳定性试验

（1）关于 pH 对山稔子色素稳定性的研究。pH 对山稔子色素稳定性的影响效果见图 4-6。从图 4-6 中可以看出，在 pH 1～9 之间，山稔子色素液的吸光度值大体保持在 0.22～0.25 之间，基本上趋于稳定。当 pH 值为 10 时，山稔子色素液的吸光度值有较大幅度的提高，说明山稔子色素的性质发生了变化。因此，pH 值继续提高会破坏山稔子色素的稳定性。实验结果表明，山稔子色素在较大pH范围内，能够保持稳定性。

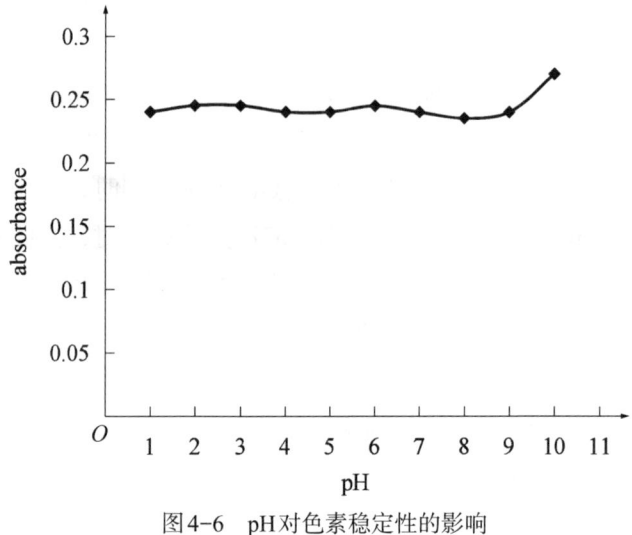

图4-6 pH对色素稳定性的影响

（2）关于金属离子对山稔子色素稳定性的研究。通过图4-7可以看出，含有0.001%的$FeSO_4$、$ZnSO_4$、$CuSO_4$的山稔子色素溶液，与不含金属离子浓度的等量山稔子色素溶液的吸光度值随时间变化的趋势和变化的量大体相同，说明山稔子色素对Fe^{2+}、Zn^{2+}、Cu^{2+}这三种金属离子具有较好的稳定性。

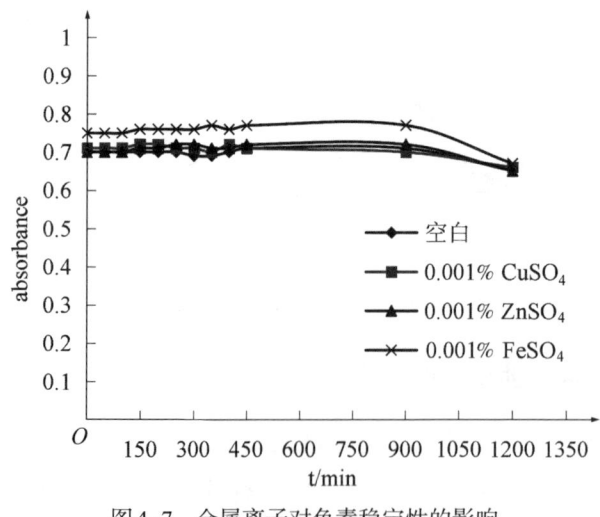

图4-7 金属离子对色素稳定性的影响

4.1.4 结论

本研究采用水作为浸提剂对山稔子果实中的色素成分进行了浸提,同时利用无水乙醇对山稔子色素粗提液进行了脱果胶处理。在此基础上,研究了 NKA-Ⅱ、H103、S8、D3520、NKA-9、D4020、AB8 等七种树脂对山稔子色素的静态吸附和洗脱实验。结果表明,S8 树脂对山稔子色素的纯化效果最佳。

通过 S8 树脂的动态吸附实验,确定了 S8 树脂纯化的条件,即:洗脱剂用 2% HCl+70% 乙醇,洗脱温度 55℃,洗脱流速为 1.8 mL/min。根据上述条件,通过纯化,本研究得到了一种紫色的山稔子色素。

在纯化的基础上,本研究还对山稔子色素对 pH 值和金属离子的稳定性进行了初步研究。实验表明,山稔子色素在较大的 pH 值范围内具有较好的稳定性,同时对 Fe^{2+}、Cu^{2+}、Zn^{2+} 三种金属离子液也具有较好的稳定性。

4.2 山稔子黄酮的研究

4.2.1 山稔子中总黄酮含量的测定及其种类的鉴别

本研究以山稔子为原料,测定了山稔子中总黄酮的含量,并鉴别黄酮的种类。实验表明,95% 甲醇是浸提山稔子中黄酮类化合物的较理想溶剂。以芦丁为标准品测得该提取液中的总黄酮含量为 0.926 mg/mL。在此基础上,通过颜色反应和荧光鉴别,确定山稔子 95% 甲醇提取液中黄酮的种类主要为双氢黄酮、查尔酮和黄酮醇等。

黄酮类化合物(flavoniod)是植物中分布非常广泛的一类天然产物,其在植物体内大部分与糖结合成苷类,有一部分则以游离态(苷元)的形式存在。绝大多数的植物体内含有黄酮类化合物,其对植物的生长、发育、开花、结果及防菌防病等方面起着重要的作用。同时,黄酮类化合物也具有重要的生物活性功能,如治疗冠心病、对缺血性脑损伤以及心肌缺血损伤有保护作用等。另外,黄酮类化合物还具有抗菌及抗病毒、抗肿瘤、抗氧化自由基、抗炎、镇痛和保肝等活性。

黄酮类化合物多具有颜色,且较早发现的化合物具有 2-苯基色原酮(2-phenyl-chromone)的结构,故称黄酮或黄酮体。现在,黄酮类化合物则是泛指两个苯环（A环与B环）通过中央三碳相互联结而成的一系列化合物。根据中央三碳的氧化程度、是否成环、B环的连接位置（2或3位）及两分子黄酮类化合物的结合等特点，可将黄酮类化合物（flavonoids）分成黄酮类（flavones）、黄酮醇类（flavonols）、双氢黄酮类（flavanones）、双氢黄酮醇类（flavanonols）、异黄酮类（isoflavones）、双氢异黄酮类（isoflavanones）、查尔酮类（chalcones）、花色素类（anthocyanidins）、双黄酮类（biflavones）等。黄酮类化合物可与镁粉（或锌粉）、盐酸、三氯化铝、氢氧化钠等试剂产生特征性的颜色反应，用于黄酮类化合物的鉴别。

目前，对山稔子的研究开发并不多，主要集中在对山稔子果实利用的研究上。吴文珊等对山稔子的营养成分进行了初步研究，测定了山稔子果实营养成分、氨基酸和矿质元素的含量。D.r.Beardsell等则通过研究，基本上弄清楚了桃金娘科果实和种子的结构。在食用价值方面，江彩华等对山稔子果实进行了系列产品开发研究，先后研制出色、香、味俱佳的桃金娘酒、桃金娘回春酒、桃金娘保健饮料、果子露等产品。有关山稔子中黄酮类化合物的研究还未见报道。因此，本研究首先利用50%乙醇、75%乙醇、95%乙醇、50%甲醇、75%甲醇、95%甲醇、水、乙酸乙脂等溶剂对山稔子中的黄酮类化合物进行浸提，然后分别测定浸提液中总黄酮的含量，选择总黄酮含量最高的有机溶剂作为主要浸提液，通过特征反应，鉴别该有机溶剂浸提液中的黄酮种类，以期为后续从山稔子中提取、分离黄酮类化合物的单体物质及研究其药理作用提供理论指导，同时也为山稔子的工业开发提供理论基础。

4.2.1.1 材料

（1）原料与试剂。山稔子果实（晒干），购自广州康采恩公司；芦丁（Rutin），购自国药集团化学试剂有限公司；其他化学试剂均为分析纯。

（2）仪器与设备。JZ7114单相异步电动粉碎机，1400 r/min，购自巩义市英峪予华仪器厂；RE-52D旋转蒸发仪，购自上海青浦泸西仪器厂；ZF型紫外透射反射分析仪，购自上海伊利仪器制造有限公司；SpectrumLab 54紫外可见光分光光度计，购自上海棱光技术有限公司；索氏提取器。

4.2.1.2 方法

（1）山稔子提取液的制备。称取经过干燥的山稔子粉末160 g，在索氏提取器中用石油醚进行脱脂。将脱脂后的山稔子等分为8份，即每份20 g，分别加入100 mL 50%乙醇、75%乙醇、95%乙醇、50%甲醇、75%甲醇、95%

甲醇、水、乙酸乙脂等溶剂,用冷浸法浸取 2 d,共浸提三次,合并三次浸提液,过滤,利用旋转蒸发仪浓缩至体积为 10 mL,即得各种溶剂的山稔子粗黄酮提取液。

(2) 山稔子提取液中总黄酮含量的测定。

①标准曲线的建立。将提取液和标准品在 700～200 nm 内进行光谱扫描分析,发现在 510 nm 处有最大吸收峰,故用 510 nm 作为检测波长。

精密称取在 105℃条件下干燥至恒重的芦丁对照品 11.8 mg,置 50 mL 容量瓶中,加甲醇适量,在水浴上微热溶解,置冷,用甲醇稀释至刻度,摇匀,得芦丁对照溶液(0.236 mg/mL)。精密吸取对照溶液 0.0 mL、1.0 mL、2.0 mL、3.0 mL、4.0 mL、5.0 mL、6.0 mL,分别置入 25 mL 容量瓶中,再分别加甲醇 6.0 mL、5.0 mL、4.0 mL、3.0 mL、2.0 mL、1.0 mL、0.0 mL,加 5%亚硝酸钠溶液 1.0 mL,摇匀,静置 6 min;加 10%硝酸铝溶液 1.0 mL,摇匀,再静置 6 min;加 1%氢氧化钠试液 10 mL,再加 30%乙醇至刻度,摇匀,静置 15 min。在 510 nm 处测定吸光度,并求出线性回归方程,建立标准曲线。

②山稔子中总黄酮含量的测定。吸取山稔子的不同提取液 1 mL,按照标准曲线建立的方法测出其吸光度,根据标准曲线求出提取液中总黄酮的含量。

(3) 山稔子提取液中黄酮的定性鉴定。根据测得的山稔子不同溶剂提取液中黄酮含量的大小来确定较理想的提取溶剂,选择黄酮含量最高的浸提液作为研究对象。

本实验只对总黄酮含量最高的提取液进行鉴定。

①颜色反应。本实验利用盐酸-镁粉法、盐酸-锌粉法、浓硫酸法、氢氧化钠法对提取液中的黄酮进行定性鉴定。

②荧光反应。用毛细管将提取液点样于滤纸上,重复点样三次,烘干,于 254 nm 紫外光下激发,再在 300 nm 紫外光下观察荧光的颜色。同法点样,烘干,用氨水熏蒸 1～2 min,于 254 nm 紫外下激发,再在 300 nm 紫外光下观察荧光的颜色。

4.2.1.3 结果与讨论

(1) 标准曲线的建立。以芦丁为标准品,按照上述方法得到标准曲线,如图 4-8 所示。其回归方程为 $y = 1.963x$,$R^2 = 0.9995$。

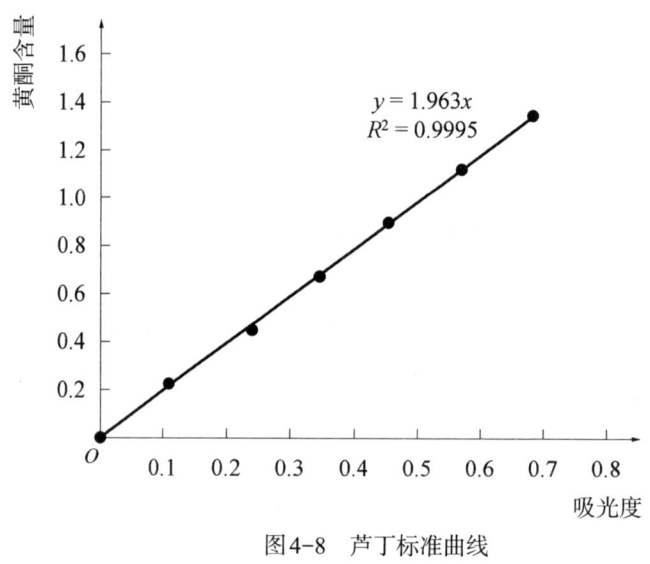

图4-8 芦丁标准曲线

(2) 山稔子中总黄酮含量的测定结果。按照上述方法,山稔子不同提取液中总黄酮含量测定结果如表4-1所示。

表4-1 不同提取液的总黄酮含量

100 mL溶剂	乙 醇			甲 醇			水	乙酸乙酯
浓度	50%	75%	95%	50%	75%	95%	—	—
OD值	0.131	0.320	0.251	0.100	0.459	0.469	0.051	0.187
含量(mg/mL)	0.261	0.633	0.497	0.199	0.906	0.926	0.103	0.371

从表4-1中可以看出,不同溶剂的山稔子提取液中总黄酮含量存在较大的差异,95%甲醇提取液中总黄酮含量是水提取液中总黄酮含量的9倍,说明溶剂的选择是提取山稔子中总黄酮的关键。另外,从表4-1中还可以发现,50%乙醇、50%甲醇、水和乙酸乙酯提取液中总黄酮的含量较低,说明这几种溶剂都不是理想的提取剂。随着甲醇浓度的升高,提取的效果也越好,95%甲醇提取液中总黄酮含量最高,达到0.926 mg/mL,说明95%的甲醇是最理想的提取剂。因此,本实验选择95%甲醇作为主要的提取剂,并以95%甲醇提取液作为研究对象,探讨其中所含的黄酮种类及其特性。

(3) 山稔子提取液中黄酮的鉴别。不同植物中的黄酮性质存在很大的差异,为了更好地研究和开发山稔子,本实验对95%的甲醇提取液中的黄酮进行鉴别。

①颜色反应。按前述的方法对山稔子95%的甲醇提取液进行定性鉴别，结果如表4-2所示。

表4-2　95%甲醇提取液中黄酮的颜色反应

试　剂	浓硫酸	盐酸-镁粉	盐酸-锌粉	NaOH溶液
现　象	橙→紫红	红	无反应	深　黄

从表4-2中可以看出，浓硫酸反应颜色由橙色变为紫红，说明提取液中含有双氢黄酮；盐酸-镁粉反应颜色呈红色，这是双氢黄酮的特征反应，因此可进一步证明提取液含有双氢黄酮；NaOH溶液反应呈深黄色，说明提取液中含有黄酮醇；盐酸-锌粉加到提取液中无反应，说明提取液中含有查尔酮或异黄酮，具体是哪一种，还需进一步鉴别。同时，表4-2所列的反应颜色，只是某类黄酮体中大多数化合物所具有的共同颜色，为了得出正确的结论，需利用荧光反应作进一步的鉴别。

②荧光反应。根据前述的方法进行定性鉴别，在山稔子95%的甲醇提取液点样处，出现两个斑点，其荧光反应结果如表4-3所示。

表4-3　斑点荧光颜色

荧光颜色 \ 斑点	1	2
紫外	蓝色	紫红色
紫外氨熏	黄-绿色	黄色

由斑点1显示的两种颜色，可以判定提取液中含有：①无游离5-OH的黄酮和双氢黄酮；②无游离5-OH而且3-OH被取代的黄酮醇。由斑点2显示的两种颜色可以判定提取液中含有：①一般为5和4'-OH的黄酮或具有5-OH和4'-OH的3-OH取代黄酮醇；②一些5-OH双氢黄酮和B环无羟基的4'-OH查尔酮。

综合以上的颜色反应和荧光鉴别结果，可以发现95%甲醇提取液中含有的黄酮物质的种类主要为双氢黄酮、查尔酮和黄酮醇等。

黄酮类化合物多为结晶性固体，少数为无定形粉末。黄酮醇及其苷类多为灰黄至黄色；查尔酮为黄至橙黄色；双氢黄酮无交叉共轭体系，一般不显色，但在紫外灯下呈现有特征的颜色或荧光，氨水熏后颜色会发生变化。这一点在上述实验中已得到证实。

对山稔子95%的甲醇提取液中黄酮含量的测定和黄酮种类的鉴别，为从山稔子中分离纯化黄酮醇、双氢黄酮和查尔酮等打下了基础。

4.2.2 响应面法优化山稔叶总黄酮提取工艺

在提取温度、乙醇体积分数、液固比、提取时间4个单因素实验基础上，利用响应面分析法对回流法提取山稔叶总黄酮的最佳工艺进行的研究表明，最优提取条件为提取温度73℃、乙醇体积分数50%、液固比19∶1（mL/g）、提取时间124 min，总黄酮提取率为5.426%，与模型预测值基本相符。山稔叶总黄酮对DPPH自由基清除作用呈一定的量效关系，其半数抑制浓度为9.797 μg/mL。

山稔为桃金娘科植物，主要分布在中国、日本、泰国等亚洲国家或地区。传统医学认为，山稔叶味甘、涩，性平，可用于治疗痢疾、泄泻、极性肠胃炎、外伤出血等。现代药理研究表明，山稔叶提取物具有抗氧化、抑菌、消炎、保护胃肠消化系统、降血压、促进成骨细胞增长等功效。已有研究表明，山稔叶中含有黄酮类化合物，而黄酮类化合物具有广泛的生理和药理功能，是目前国内外重点研究和应用的天然植物功能性成分，被广泛应用于食品、保健品、医药、化妆品等领域。

黄酮类化合物的提取方法有很多，如水提法、有机溶剂提取法、超临界CO_2萃取法、微波法、超声波法、高速逆流色谱法（HSCCC）等。响应曲面法（Response Surface Methodology，RSM），是一种囊括了众多实验和统计技术的实验优化方法，它可以建立连续变量曲面模型，对实验的各个水平进行分析，确定最佳水平范围。目前，国内外对山稔叶药理活性方面的研究较多，但是有关山稔叶中总黄酮的提取鲜有报道。因此，本研究的方向为山稔叶总黄酮的提取工艺，采用乙醇回流法，用单因素实验对提取温度、乙醇体积分数、液固比、提取时间4个因素进行分析，并通过响应曲面法优化得到其最佳提取工艺，同时研究山稔叶总黄酮对DPPH自由基的清除能力，以期为山稔叶黄酮资源的开发与综合利用提供理论依据。

4.2.2.1 材料与仪器

山稔叶，采自广东省河源市；芦丁标准品，购自中国药品生物制品检定所；二苯基苦味酰基苯肼（DPPH），购自Sigma公司；亚硝酸钠、硝酸铝、氢氧化钠、乙醇、石油醚等均为分析纯。

DJ-10A 型电动植物粉碎机购自上海淀久中药机械制造有限公司；HH-4 型数显恒温水浴锅购自常州澳华仪器有限公司；GL-21M 型高速冷冻离心机购自上海市离心机械研究所有限公司；SFG-02B.600 型电热恒温鼓风干燥箱购自黄石市恒丰医疗器械有限公司；VIS-723N 可见光光度计购自北京瑞利分析仪器公司。

4.2.2.2 研究方法

（1）芦丁标准曲线的绘制。精确称取 0.0100 g 芦丁标准品，用乙醇溶解后定容至 100 mL，即得 0.1000 g/L 芦丁标准液。分别精确吸取芦丁标准液 0.0 mL、2.0 mL、4.0 mL、6.0 mL、8.0 mL、10.0 mL 于 6 支 25 mL 比色管中，用 75% 乙醇定容至 10 mL，加入 5% 亚硝酸钠溶液 0.7 mL，摇匀，静置 5 min 后，加入 10% 硝酸铝 0.7 mL，摇匀，静置 5 min，再加入 1 mol/L 氢氧化钠溶液 5 mL，并用 75% 乙醇定容至 25 mL，摇匀，静置 10 min 后，以空白芦丁为对照，在波长 510 nm 处测定吸光度值。以吸光度值对芦丁质量浓度作图，绘制芦丁标准曲线，结果如图 4-9 所示。经线性回归得到方程 $y=12.5x-0.001$（y：吸光度；x：浓度，mg/mL），$R^2=0.9997$。

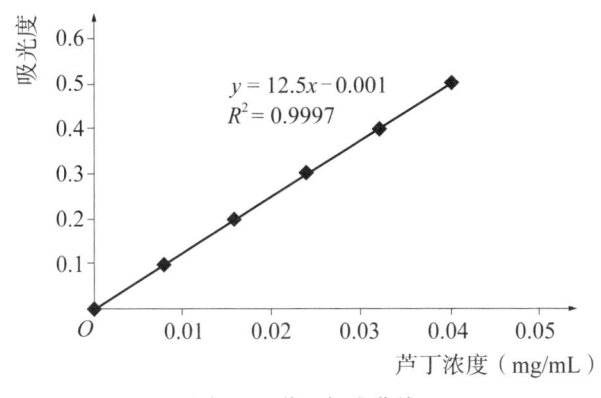

图 4-9 芦丁标准曲线

（2）材料预处理。将采摘的山稔叶晒干后，粉碎（40 目）。取山稔叶粉末于索氏提取器中，用石油醚作溶剂，回流提取 5 h，去除叶绿素等脂类物质，将预处理后的山稔叶粉末 50℃烘干，置于干燥器中保存。

（3）山稔叶总黄酮的提取。准确称取预处理的山稔叶粉末 1.00 g，置于 100 mL 圆底烧瓶中，加入提取剂进行回流提取，冷却，5000 r/min 离心 10 min，取上清液 1 mL，测定总黄酮含量。

（4）山稔叶总黄酮含量的测定。准确量取已制备好的山稔叶总黄酮提取液 1 mL。总黄酮的提取率计算公式如下：

$$总黄酮提取率 = \frac{c \times 25 \times V}{L \times 1000} \times 100\% \qquad 公式（4-1）$$

式中，c 为 1 mL 提取液定容后的芦丁质量分数，mg/mL；L 为从提取液中吸取的体积，mL；25 为 1 mL 提取液定容后的体积，mL；V 为提取总黄酮时用的乙醇体积，mL；1000 为山稔叶粉质量，mg。

（5）乙醇回流提取法单因素实验。

①提取温度。准确称取预处理的山稔叶粉末 1.00 g，按液固比 30∶1（mL/g）加入 75% 乙醇水溶液，分别在 40 ℃、50 ℃、60 ℃、70 ℃、80 ℃、90 ℃条件下，回流提取 60 min。

②乙醇体积分数。准确称取预处理的山稔叶粉末 1.00 g，按液固比 30∶1（mL/g）加入乙醇体积分数分别为 30%、40%、50%、60%、70%、80% 的乙醇水溶液，50 ℃回流提取 60 min。

③液固比。准确称取预处理的山稔叶粉末 1.00 g，分别按液固比 5∶1，10∶1，15∶1，20∶1，25∶1，30∶1（mL/g）加入 75% 乙醇水溶液，50 ℃回流提取 60 min。

④提取时间。准确称取预处理的山稔叶粉末 1.00 g，按液固比 30∶1（mL/g）加入 75% 乙醇水溶液，50 ℃分别回流提取 60 min、80 min、100 min、120 min、140 min、160 min。

（6）响应曲面实验。根据单因素实验结果，以提取温度、乙醇体积分数、液固比、提取时间 4 个因素作为响应变量，根据 Box-Behnken 中心组合设计建立四因素三水平数学模型，以山稔叶总黄酮的提取率为响应值，利用 Design Expert V8.0.5b 软件进行数据拟合，实验因素及水平见表 4-4。

表4-4　响应面实验的因素和水平设计表

水平	因素			
	A：提取温度（℃）	B：乙醇体积分数（%）	C：液固比（mL/g）	D：摄取时间（min）
−1	60	40	15∶1	100
0	70	50	20∶1	120
1	80	60	25∶1	140

(7)山稔叶总黄酮清除DPPH自由基活性测定。量取2.0 mL不同浓度(0,2,4,6,8,10,12,14,16,18,20,25,30 μg/mL)的总黄酮提取液,加入2.0 mL 200 μmol/L乙醇,室温放置30 min后,测定反应液在517 nm处的吸光度,并通过下式计算DPPH清除率。

$$清除率 = \frac{A_0 - A_1}{A_0} \times 100\% \qquad 公式(4-2)$$

式中:A_0为DPPH的吸光度,A_1为最终反应液的吸光度。

4.2.2.3 结果与分析

(1)乙醇回流提取法单因素实验结果。

①提取温度对山稔叶总黄酮提取率的影响。由图4-10可知,随着温度的增加,总黄酮提取率先升后降;温度在40~70℃之间时,黄酮提取率急剧上升,在70℃时达到最大值;温度继续增加时,黄酮提取率下降,并趋于平稳。这是因为在一定温度范围内,随着温度的升高,分子解附和扩散运动速度加快,从而有利于提高黄酮提取量。但是不能无限制地增大温度,太高的温度会对黄酮类化合物的稳定性有影响。因此,本实验选择提取温度为70℃。

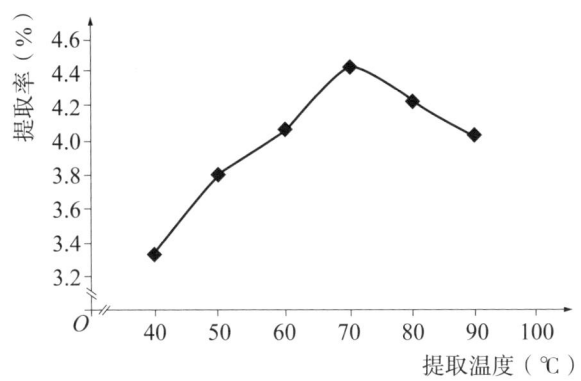

图4-10 提取温度对山稔叶总黄酮提取率的影响

②乙醇体积分数对山稔叶总黄酮提取率的影响。由图4-11可知,当乙醇体积分数为50%时,总黄酮提取率最大;乙醇体积分数大于50%时,提取率随浓度的增加而下降。这是由于黄酮类化合物是一大类极性范围很广的物质,在50%乙醇溶液中,醇溶性和水溶性的总黄酮都能最大程度地溶出。而当乙醇体积分数超过50%时,溶剂极性降低,从而减少了大极性黄酮类化合物的溶出,导致总黄酮的提取率下降。因此,本实验选择乙醇体积分数为50%。

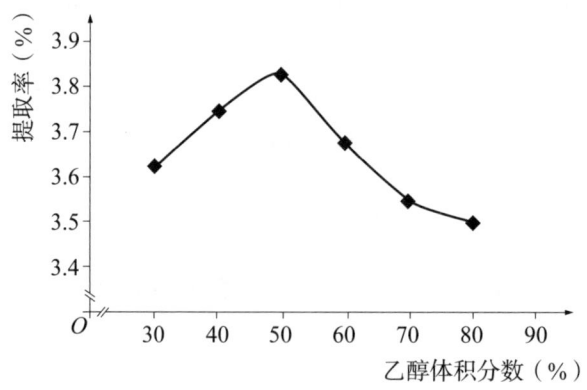

图4-11 乙醇体积分数对山稔叶总黄酮提取率的影响

③液固比对山稔叶总黄酮提取率的影响。由图4-12可知，当液固比在5∶1～20∶1范围内时，黄酮提取率随液固比的增大而上升，液固比为20∶1时，提取率最高。之后，黄酮提取率变化不大，这可能是由于物料与溶剂边界层浓度差减小，扩散达到平衡。因此，从节约溶剂的角度考虑，本实验选择液固比为20∶1。

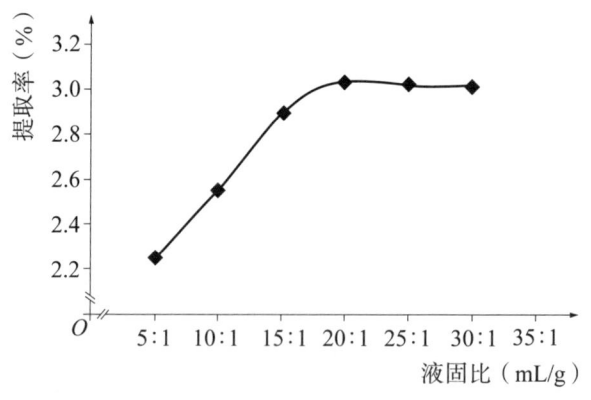

图4-12 液固比对山稔叶总黄酮提取率的影响

④提取时间对山稔叶总黄酮提取率的影响。由图4-13可知，随着提取时间的延长，山稔叶总黄酮提取率不断升高，但当提取时间超过120 min后提取率开始下降。这是因为刚开始时提取时间过短，总黄酮还未充分溶出；随着提取时间的延长，总黄酮溶出量逐渐增大，提取率逐渐升高；继续延长提取时间，未溶出的总黄酮量很少，其他杂质可能增多，导致提取率下降。因此，本实验选择提取时间为120 min。

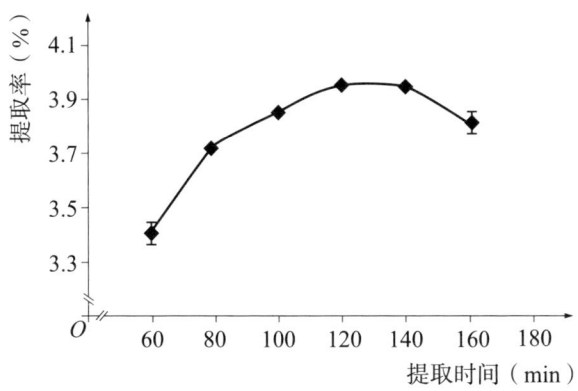

图4-13 提取时间对山稔叶总黄酮提取率的影响

（2）山稔叶总黄酮提取工艺响应面优化分析。

①二次响应面回归模型的建立与分析。选用中心复合模型，做四因素三水平共29个实验点（5个中心点）的响应面分析实验，设计及结果见表4-5。

表4-5 响应面实验设计及结果

组号	A	B	C	D	Y：提取率
1	−1	−1	0	0	3.455%
2	1	−1	0	0	4.576%
3	−1	1	0	0	3.341%
4	1	1	0	0	4.613%
5	0	0	−1	−1	4.387%
6	0	0	1	−1	4.032%
7	0	0	−1	1	4.561%
8	0	0	1	1	4.525%
9	−1	0	0	−1	3.400%
10	1	0	0	−1	4.321%
11	−1	0	0	1	3.738%
12	1	0	0	1	4.540%
13	0	−1	−1	0	4.470%
14	0	1	−1	0	4.565%
15	0	−1	1	0	4.482%

续表

组号	A	B	C	D	Y：提取率
16	0	1	1	0	4.082%
17	-1	0	0	-1	3.712%
18	1	0	-1	0	4.820%
19	-1	0	1	0	3.395%
20	1	0	1	0	4.612%
21	0	-1	0	-1	4.011%
22	0	1	0	-1	4.019%
23	0	-1	0	1	4.610%
24	0	1	0	1	4.560%
25	0	0	0	0	5.284%
26	0	0	0	0	5.262%
27	0	0	0	0	5.270%
28	0	0	0	0	5.337%
29	0	0	0	0	5.397%

经回归拟合后，得到以山稔叶总黄酮提取率 Y 为响应值的回归方程：$Y=5.31+0.54A-0.035B-0.12C+0.20D+0.038AB+0.027AC-0.030AD-0.12BC-0.015BD+0.080CD-0.79A^2-0.51B^2-0.40C^2-0.52D^2$

用Design Expert V8.0.5b软件对表4-5中的数据进行多元回归分析，其方差分析见表4-6。从表4-6可以看出，回归方程失拟检验$P>0.05$，差异不显著，说明未知因素对实验结果干扰很小；回归方程拟合检验$P<0.0001$，差异极显著，说明模型的预测值和实际值非常吻合，模型成立。同时回归方程相关系数$R^2=0.9856$，说明响应值的变化有98.56%来源于所选变量，即乙醇体积分数、液固比、提取时间和提取温度。因此，该回归方程可以较好地描述各因素与响应值之间的真实关系，可以用其确定最佳提取工艺条件。此外，各因素中一次项A、D及二次项A^2、B^2、C^2、D^2对黄酮的提取影响极显著（$P<0.001$），C（液固比）对黄酮提取的影响高度显著（$P<0.01$）；交互项BC对黄酮的提取影响显著（$P<0.05$）；而B、AB、AC、AD、BD、CD的影响差异不显著。

表4-6 回归模型参数检验

方差来源	平方和	自由度	均方	F	$P>F$	显著度
模型	9.95	14	0.71	68.51	<0.0001	***
A	3.46	1	3.46	333.30	<0.0001	***
B	0.015	1	0.015	1.44	0.2494	
C	0.16	1	0.16	15.46	0.0015	**
D	0.47	1	0.47	44.90	<0.0001	***
AB	5.700E-003	1	5.700E-003	0.55	0.4708	
AC	2.970E-003	1	2.970E-003	0.29	0.6010	
AD	3.540E-003	1	3.540E-003	0.34	0.5684	
BC	0.061	1	0.061	5.91	0.0291	
BD	8.410E-004	1	8.410E-004		0.7800	
CD	0.025	1	0.025	2.45	0.1396	
A^2	4.06	1	4.06	391.02	<0.0001	***
B^2	1.67	1	1.67	161.46	<0.0001	***
C^2	1.04	1	1.04	100.43	<0.0001	***
D^2	174	1	1.74	167.88	<0.0001	***
残差	0.15	14	0.010			
失拟项	0.13	10	0.013	4.11	0.0927	
绝对误差	0.013	4	3.220E-003			
总差离	10.09	28				

注："***"差异极显著($P<0.001$);"**"差异高度显著($P<0.01$);"*"差异显著($P<0.05$)。

②各因子交互作用对总黄酮得率影响的分析。RSM方法的图形是特定的响应面 Y 与对应的因素 A、B、C、D 构成的一个三维空间在二维平面上的等高图,每个响应面对其中两个因素进行分析,另外两个因素固定在零水平,从中可以直观地反映各因素对响应值的影响,从实验所得的响应面分析图上可以找到它们在提取过程中的相互作用。回归优化响应面图分别见图4-14至图4-19。

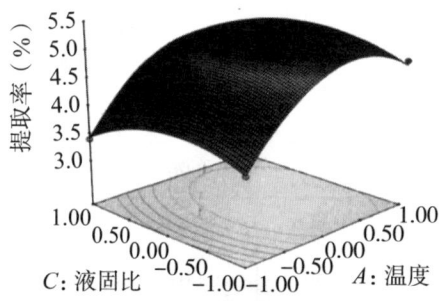

图4-14 提取温度和液固比对总黄酮提取率影响的等高线图和曲面图

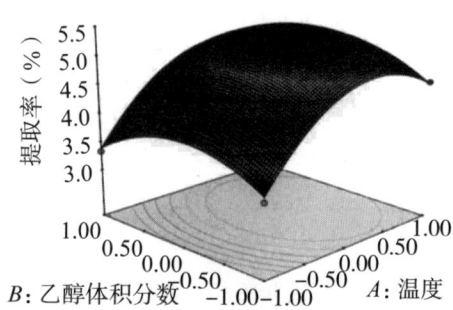

图4-15 提取温度和乙醇体积分数对总黄酮提取率影响的等高线图和曲面图

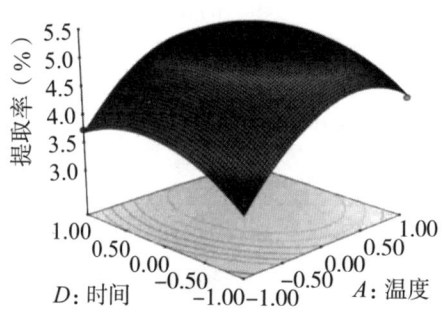

图4-16 提取温度和提取时间对总黄酮提取率影响的等高线图和曲面图

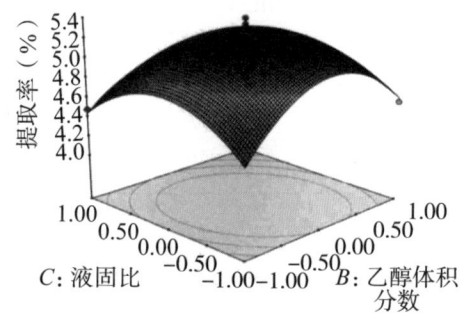

图4-17 乙醇体积分数和液固比对总黄酮提取率影响的等高线图和曲面图

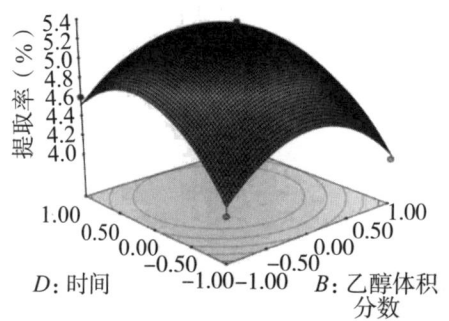

图4-18 乙醇体积分数和提取时间对总黄酮提取率影响的等高线图和曲面图

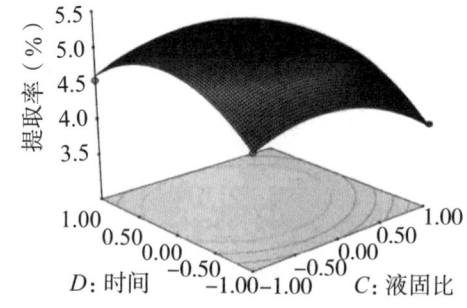

图4-19 液固比和提取时间对总黄酮提取率影响的等高线图和曲面图

图4-14至图4-19直观地反映了各因素对响应值的影响,由等高线图可以看出存在极值的条件应该在圆心处。比较六组图可知:提取温度A对桃金娘叶片总黄酮提取的影响最为显著,表现为曲线较陡;而提取时间D、液固比C与乙醇体积分数B次之,表现为曲线较为平滑,且随其数值的增加或减少,响应值变化较小。

③最优提取工艺及验证。通过Design Expert V8.0.5b软件分析得到的山稔叶总黄酮最佳提取工艺为提取温度73℃、乙醇体积分数50%、液固比19∶1（mL/g）、提取时间124 min，黄酮提取率理论值为5.443%。在此条件下，重复三次实验，山稔叶黄酮提取率为5.426%。与理论预测值相比，其相对误差约为0.31%，而且重复性也很好，说明优化结果可靠。

（3）山稔叶总黄酮对DPPH自由基的清除作用。由图4-20可以看出，山稔叶总黄酮对DPPH自由基具有明显的清除效果，且在一定范围内呈量效关系。当样品浓度为18 μg/mL时，清除率达到最大值73.48%。经GraphPad Prism V5.01软件计算，得到山稔叶总黄酮对DPPH自由基的IC_{50}（半数抑制浓度）为9.797 μg/mL，而VC为7.886 μg/mL时清除效果略优于山稔叶总黄酮。

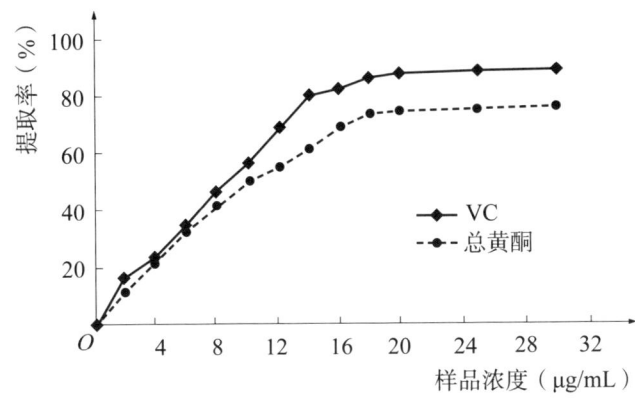

图4-20　山稔叶总黄酮及VC对DPPH自由基的清除作用

（4）结论。

①本研究在单因素实验的基础上，利用Design Expert V8.0.5b软件设计响应面实验优化山稔叶总黄酮回流提取工艺。通过方差分析可知，各因素对山稔叶总黄酮提取率的影响作用为：提取温度＞提取时间＞液固比＞乙醇体积分数。山稔叶总黄酮回流提取的最优工艺条件为：提取温度73℃、乙醇体积分数50%、液固比19∶1（mL/g）、提取时间124 min。在此条件下总黄酮的提取率（5.426%）与预测值基本相符。

②山稔叶总黄酮具有较强的DPPH自由基清除能力，在一定浓度范围内呈量效关系，其IC_{50}=9.797 μg/mL，与天然抗氧化剂VC（IC_{50}=7.886 μg/mL）相近。本研究为合理开发利用山稔叶资源提供了理论依据。

4.2.3 桃金娘叶总黄酮提取工艺优化及抑菌活性研究

本研究比较了浸提法、乙醇回流提取法及超声波辅助提取法对桃金娘叶总黄酮提取率的影响，结果得出乙醇回流提取法的提取效果最佳。在此基础上，本研究探讨时间、温度、料液比及乙醇浓度对总黄酮提取率的影响并优化提取工艺条件，结果表明，乙醇回流法对桃金娘叶总黄酮提取的最佳工艺条件组合为温度90℃、乙醇浓度40%、料液比1:20、时间3 h。本研究还对六种菌进行了抑菌实验，结果表明，桃金娘叶总黄酮提取液对三种供试菌有一定的抑菌效果，其抑制作用强弱顺序为：金黄色葡萄球菌＞枯草芽孢杆菌＞绿脓杆菌，且提取液对金黄色葡萄球菌、枯草芽孢杆菌、绿脓杆菌的最低抑菌浓度分别为：3.90625 μg/mL，7.8125 μg/mL，32.25 μg/mL。

（1）桃金娘叶的化学成分。桃金娘为桃金娘科桃金娘属植物，又名桃娘、山稔，在我国广泛分布。已有的研究发现，桃金娘叶中的化学成分十分复杂。例如，周学明等从桃金娘叶95%乙醇提取物中分离得到21种化合物，分别为：①生育酚、②新生育酚、③生育酚-对苯醌、④生育酚A、⑤（-）-α-tocospirone、⑥ rhodomyrtosone F、⑦ rhodomyrtosone C、⑧ watsonianone A、⑨ rhodomyrtone、⑩ 2,6-二羟基-苯甲酸苯甲酯、⑪肉桂酸甲酯、⑫柚皮素、⑬槲皮素、⑭杨梅素、⑮ 3,7,3'-三甲氧基-5,4',5'-三羟基黄酮、⑯ 5,7,3',5'-四羟基黄酮、⑰艾纳香素、⑱ 7,4'-二甲氧基二氢槲皮素、⑲ 4'-二甲氧基二氢槲皮素、⑳ 2,4,7,8,9,10-六羟基-3-甲氧基蒽-6-O-β-L-吡喃鼠李糖苷、㉑ 4,8,9,10-四羟基-2,3,7-三甲氧基蒽-6-O-β-D-吡喃葡萄糖苷。

（2）总黄酮的理化性质。黄酮类化合物在常温常压下为固体结晶，少数呈粉末状；其中部分黄酮类化合物因含有手性碳结构而具有旋光性；黄酮类物质由于其内部存在交叉共轭体系，在自然光下呈现淡黄色或黄色至橙黄色。

黄酮苷元不易溶于水而易溶于有机溶剂，如甲醇、乙醇、乙醚、乙酸乙酯等，以及稀碱溶液。黄酮苷则易溶于水、甲醇、乙醇、乙酸乙酯等溶剂，而与乙醚、三氯甲烷、苯等有机溶剂的亲和性较差。其化合物分子结构中具有弱酸性的酚羟基，因此黄酮苷可溶于稀碱溶液。除此以外，黄酮类化合物分子中存在的3-OH、5-OH以及2-OH可与乙酸镁、乙酸铅、二氯氧化锆或三氯化铝等化学物质发生络合反应。

（3）桃金娘叶提取物的研究进展。目前已有多项研究对桃金娘叶提取物的提取工艺及实际应用进行探究，包括抑菌活性以及对某些植物疾病和虫害的防治等。秦荣欢等采用大孔树脂吸附法提取桃金娘叶总黄酮，考察不同树脂种类、不同吸附条件对总黄酮吸附率及解吸率的影响，结果显示，在25℃下吸附12 h可以得到最高吸附率52.63%，在30℃下用95%乙醇处理12 h可以得到最高的解吸率。张圣等用浸提法获得桃金娘叶的乙酸乙酯提取物，并发现将其以一定配比与烟碱混合后，能够显著地提高螺旋粉虱的防治效果，桃金娘叶乙酸乙酯提取物与烟碱的浓度及配比经过调整后，田间虫口减退率最高可达92.78%。朱春福等用超声波辅助提取法得到桃金娘叶水提取物，发现其能抑制野生型拟南芥种子的萌发，经提取液处理后种子萌发率与对照组比较减少了100%。

（4）总黄酮的提取方法。黄酮类化合物的提取方法有很多，传统的提取方法是溶剂提取法，包括浸提法、渗漉法、煎煮法、回流提取法以及连续回流提取法。溶剂提取法的基本原理是相似相溶原理，即利用溶剂极性与目标成分极性相似的特点进行化学成分的提取。其中，回流提取法是用易挥发的有机化合物作为提取溶剂，将提取原料及提取溶剂置于回流装置中进行加热提取。经过连续的提取浓缩，产生的蒸汽可以通过提取装置顶部的冷凝器冷凝成液体，并作为新的提取溶剂返回到装置中继续提取目标产物，由此装置中可以保持较高的浓度差。同时返回到提取装置中的新溶剂又连续从上部通过提取原料后从下部流出，起到了一定的渗漉效果，提取出的目标产物还可以随着提取液进入浓缩器再进行加热浓缩，使得整个提取过程在封闭的装置内连续进行，形成反复提取的效果。

目前，随着现代科学技术的发展，研究人员不断发明出新型的仪器设备，提出了更高效的提取方法，包括超临界流体萃取法、微波辅助提取法、酶提取法、超声波辅助提取法等。

4.2.3.1 材料

（1）实验材料。桃金娘叶，购于广东省；大肠杆菌（*Escherichia coli*）、金黄色葡萄球菌（*Staphylococcus aureus*）、枯草芽孢杆菌（*Bacillus subtilis*）、绿脓杆菌（*Pseudomonas aeruginosa*）、白色念珠菌（*Candida albicans*）、黑曲霉（*Aspergillus niger*），购于广东省微生物菌种保藏中心。

（2）主要实验试剂。本实验所用的主要试剂列于表4-7。

表 4-7　实验试剂

试剂	生产商	级别
芦丁标准品	上海源叶生物科技有限公司	≥98%
肉汤培养基	广东环凯微生物科技有限公司	生物试剂
麦芽汁培养基	广东环凯微生物科技有限公司	生物试剂
刃天青（树脂天青）	上海麦克林生化科技有限公司	分析纯级

（3）主要实验仪器。本实验所用的主要仪器设备列于表4-8。

表 4-8　实验仪器及设备

仪器名称	型号	生产商
电子天平（d=0.0001g）	HZF-FA100	福州华志科学仪器有限公司
游标卡尺	0-150	温岭市华日量具厂
可见分光光度计	VIS-723N	北京北分瑞利分析仪器（集团）公司
超声波清洗机	KS-1000T	宁波海曙科生超声设备有限公司
灭菌锅	YXQ-LS-100S II	上海博迅实业有限公司
超净工作台	BHC-1300 II A2	苏净集团苏州安泰空气技术有限公司
生化培养箱	SHP-250	上海森信实验仪器有限公司
生化培养箱	SP-02Y	黄石市恒丰医疗器械有限公司
恒温摇床培养箱	THZ-100B	上海一恒科学仪器有限公司
冰箱	BCD-231WDCY	青岛海尔股份有限公司
旋转蒸发仪	RE-52A	上海亚荣生化仪器厂
96孔板	02036535	上海泰坦科技股份有限公司

4.2.3.2　研究方法

（1）芦丁标准曲线的制作。参考有关文献方法，称取芦丁标准品0.02 g，用70%乙醇溶液完全溶解后定容至100 mL即得到0.2 mg/mL芦丁标准溶液。精确吸取芦丁标准溶液0.0 mL、1.0 mL、2.0 mL、3.0 mL、4.0 mL、5.0 mL、6.0 mL于10 mL的容量瓶中，加入0.5 mL 5%的亚硝酸钠和0.5 mL 10%的硝酸铝，分别静置6 min后，再加入1 mol/L的氢氧化钠溶液2 mL，并用70%

的乙醇定容至 10 mL，静置 15 min。以 70% 的乙醇溶液作为空白样品，用可见分光光度计在 510 nm 处测定并记录吸光度值。以芦丁浓度（mg/mL）为横坐标、吸光度值为纵坐标，绘制芦丁标准曲线。

（2）提取方式的选择。

①实验材料处理。将桃金娘叶洗净，充分烘干后粉碎、过筛，于室温下备用。

②选择提取方式。

浸提法。称取桃金娘叶粉末 5 g，加入 60% 乙醇溶液 100 mL，室温下浸泡 5 h，抽滤后得提取液。

乙醇回流提取法。称取桃金娘叶粉末 5 g，加入 60% 乙醇溶液 100 mL，室温下浸泡 2 h，置于 70℃ 恒温水浴提取 3 h，抽滤后得提取液。

超声波辅助提取法。称取桃金娘叶粉末 5 g，加入 60% 乙醇溶液 100 mL，室温下浸泡 2 h，超声提取 1 h，取出后于室温下浸泡 2 h，抽滤后得提取液。

（3）桃金娘叶总黄酮提取工艺的优化。

①单因素实验。称取桃金娘粉末 5 g，加入一定体积一定浓度的乙醇溶液，于室温下浸泡 2 h 后，在一定水浴温度下回流提取一定时间，抽滤后得到总黄酮粗提取液。考察四个因素对桃金娘叶总黄酮提取率的影响，分别为提取温度、提取时间、料液比和乙醇浓度。每个因素设置五个水平，分别为水浴温度 60℃、70℃、80℃、90℃、100℃，回流提取时间 1 h、1.5 h、2 h、2.5 h、3 h，料液比 1 g∶10 mL，1 g∶15 mL，1 g∶20 mL，1 g∶25 mL，1 g∶30 mL，乙醇浓度 20%、40%、60%、80%、95%。以这些因素、水平作为提取工艺条件从桃金娘叶中提取总黄酮，并计算各提取率。

②正交试验。在单因素实验结果的基础上，选取乙醇浓度、料液比、提取温度、提取时间中提取率最高的一个水平及其相邻两边的水平进行四因素三水平的正交试验。用直观分析法对正交试验结果进行分析，比较各因素对总黄酮提取率影响程度的大小，得出各因素中总黄酮提取率最高的水平，由此得到桃金娘叶总黄酮乙醇回流提取法的最佳提取工艺条件组合。

③最佳提取工艺的复测。称取桃金娘叶粉末 5 g，在正交试验所得的桃金娘叶总黄酮的最佳提取工艺条件下回流提取得到粗提取液，计算其总黄酮提取率。

（4）总黄酮提取率的计算。吸取粗提取液于 25 mL 容量瓶中，按照芦丁标准曲线法用可见分光光度计在 510 nm 处测定吸光度值，代入标准曲线方程

中计算得到提取液总黄酮的质量浓度,并代入下式计算总黄酮提取率:

$$总黄酮提取率 = \frac{C \times V}{M} (\times N \times 10^{-3}) \times 100\% \qquad 公式(4-3)$$

式中:C 为总黄酮质量浓度(mg/mL);V 为桃金娘叶总黄酮提取液的体积(mL);N 为稀释倍数;M 为桃金娘叶的质量(mg)。

(5)桃金娘叶总黄酮提取物的抑菌活性研究。

①总黄酮提取物的准备。根据正交试验所得的桃金娘叶总黄酮最佳提取工艺条件回流提取得到总黄酮粗提取液。粗提取液经旋转蒸发仪干燥、浓缩成 1 g/mL 总黄酮提取物后,密封,于 4℃下保存,备用。

②菌种活化及菌悬液的制备。细菌培养采用营养肉汤培养基,真菌培养采用土豆汁培养基,白色念珠菌培养采用麦芽汁培养基。将供试的大肠杆菌、金黄色葡萄球菌、枯草芽孢杆菌、绿脓杆菌及白色念珠菌的甘油保存液倾倒在 100 mL 生理盐水中,并置于 37℃下摇床培养 24 h。取摇床培养后的菌液用稀释铺板法于 37℃下培养 24 h,然后在相应的培养基上平板画线培养 24 h;取平板上的单菌落接种至相应的斜面培养基上培养 24 h 后即完成菌种活化,活化后的菌种斜面置于 4℃下保存备用,做好标记。

取活化好的菌种斜面,取少量生理盐水冲洗菌苔,用比浊法配成 1.0×10^8 cfu/mL 的菌悬液,并用生理盐水稀释成 1.0×10^6 cfu/mL,备用。黑曲霉则直接使用实验室中有活性的菌悬液。

③总黄酮提取物抑菌活性的测定。对大肠杆菌、绿脓杆菌、枯草芽孢杆菌、白色念珠菌、金黄色葡萄球菌采用打孔法测定抑菌活性。主要操作过程如下:取直径为 90 mm 的培养皿,倒平板后用移液枪取 150 μL 的菌悬液,涂布均匀后每一平板用 8 mm 打孔器打四孔,每孔加入 40 μL 备用的 1 g/mL 桃金娘叶总黄酮提取液,对照组则每孔加入 40 μL 生理盐水,对每种菌各设置三个平行平板和一个对照平板。

对黑曲霉采用滤纸片法,取直径为 90 mm 的培养皿,倒平板后用移液枪取 40 μL 的菌悬液在平板中央进行单点接种。再于每一平板上均匀放置 4 个滤纸片,每个滤纸片加入 20 μL 的桃金娘叶总黄酮提取液,对照组每个滤纸片加入 20 μL 生理盐水,并设置三个平行平板和一个对照平板。

大肠杆菌、金黄色葡萄球菌、枯草芽孢杆菌、绿脓杆菌、白色念珠菌置于 37℃恒温培养箱内培养 24 h,黑曲霉于 30℃培养 48 h 后,用十字交叉法分别测量实验平板及对照平板上各抑菌圈的直径,并计算其平均值。

④总黄酮提取物的最低抑菌浓度（MIC）的测定。将桃金娘叶总黄酮粗提取物置于旋转蒸发仪上浓缩成 0.5 g/mL 的提取液，并用微量肉汤稀释法、以刃天青作为显色剂探究桃金娘叶总黄酮提取液的最低抑菌浓度。

具体操作如下：取无菌 96 孔板，在 1～12 孔内加入 100 μL 营养肉汤培养基，在第 1 孔中加入 100 μL 桃金娘总黄酮提取液，用移液枪充分吹打并双倍连续稀释至第 10 孔。孔板内 1～10 孔的提取液浓度范围为 250～0.48828125 μg/mL。在 1～11 孔中均加入 1.0×106 cfu/mL 供试菌悬液 100 μL，于适宜温度下培养 20 h 后，于每孔中加入 30 μL 已灭菌的 0.1% 刃天青溶液，继续恒温培养 4 h，观察并记录其颜色变化。其中第 11 孔为菌悬液阳性对照，第 12 孔为培养基阴性对照。各孔颜色由蓝变红即表示有菌生长，读出桃金娘叶总黄酮提取液的最低抑菌浓度。其中每一种菌做两组平行试验。

4.2.3.3 研究结果与分析

（1）标准曲线的测定。测定各浓度芦丁标准品在 510 nm 处的吸光度值并绘制标准曲线，如图 4-21 所示。由图 4-21 可得芦丁标准曲线方程：$y=1.5893x-0.0004$，$R^2=0.9982$。结果显示标准曲线拟合度良好。

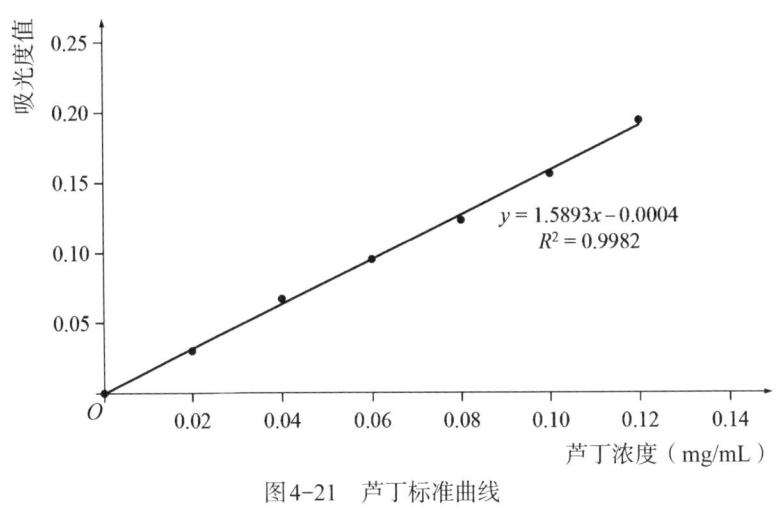

图 4-21　芦丁标准曲线

（2）提取方式的选择。分别将浸提法、乙醇回流提取法、超声波辅助提取法所得到的桃金娘叶总黄酮提取液用芦丁标准曲线法于 510 nm 处测定吸光度值，并计算总黄酮提取率。三种提取方式提取率的比较如图 4-22 所示。

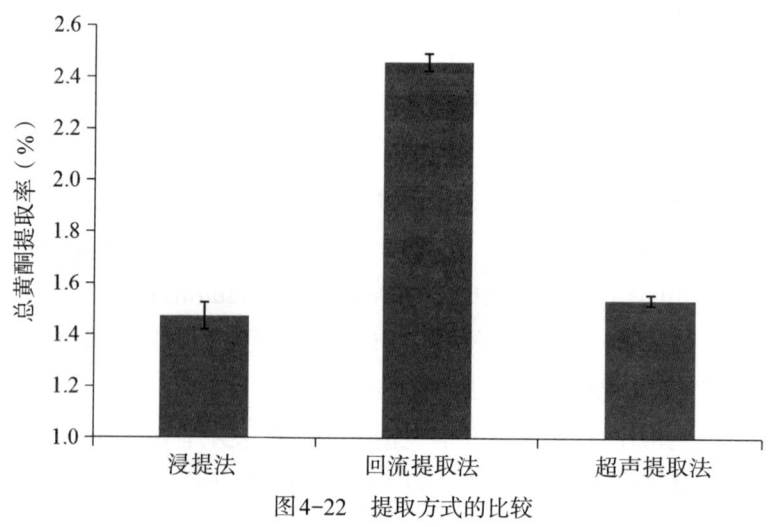

图4-22 提取方式的比较

由图4-22可知,超声波辅助提取法的总黄酮提取率与浸提法相比较稍有提高,提高了0.07%;而乙醇回流提取法的总黄酮提取率比浸提法的提取率高0.99%,比超声波辅助提取法的提取率高0.92%。因此,在这三种提取方式中,乙醇回流提取法的提取效果最佳。

这可能是因为超声波的处理会使得提取原料的细胞结构更为破碎,细胞内容物更易流出,因此提取效果比浸提法的更好。而加热则能够促进乙醇分子的运动,使得浸提的速度比常温下的更快,因此乙醇回流提取法可以得到更高的提取率。因此,在接下来的实验中对乙醇回流提取法进行提取工艺优化。

(3)单因素实验。

①提取时间对总黄酮提取率的影响。称取桃金娘叶粉末5 g,在提取温度为60℃、乙醇浓度为60%、料液比为1:20的条件下,分别提取1 h、1.5 h、2 h、2.5 h、3 h,抽滤后得到的粗提取液用标准曲线法于510 nm下测定吸光度值,并计算总黄酮提取率,考察提取时间对桃金娘叶总黄酮提取率的影响,结果如图4-23所示。

由图4-23可知,随着乙醇回流提取时间的延长,桃金娘叶总黄酮提取率先升高后下降。在提取时间为2.5 h时得到最高提取率,为2.17%。

这有可能是随着提取时间的延长,总黄酮在乙醇溶液中得以充分溶解,因此提取率逐渐升高,但提取超过2.5 h后又由于提取时间过长,而引起部分黄酮的氧化分解,导致提取率下降。

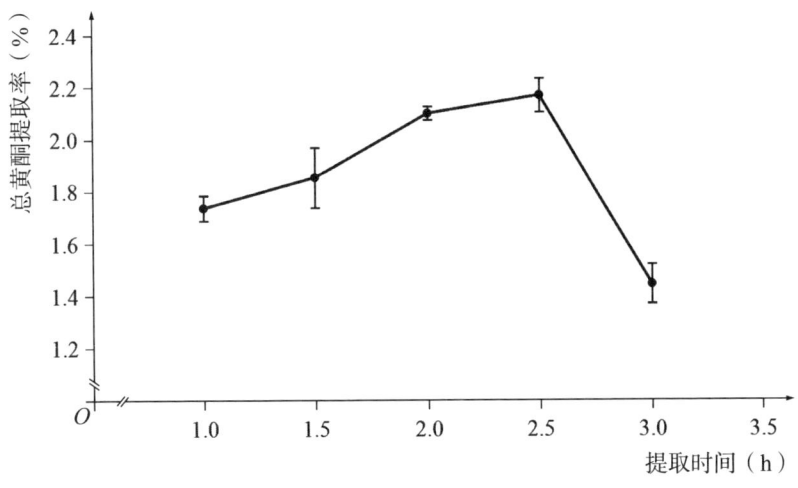

图4-23 提取时间对总黄酮提取率的影响

②提取温度对总黄酮提取率的影响。称取桃金娘叶粉末5 g，在乙醇浓度为60%、料液比为1∶20、回流提取时间为2.5 h的条件下，分别在水浴温度为60℃、70℃、80℃、90℃、100℃下进行乙醇回流提取，考察提取温度对桃金娘叶总黄酮提取率的影响，得到总黄酮提取率与提取温度的关系，如图4-24所示。

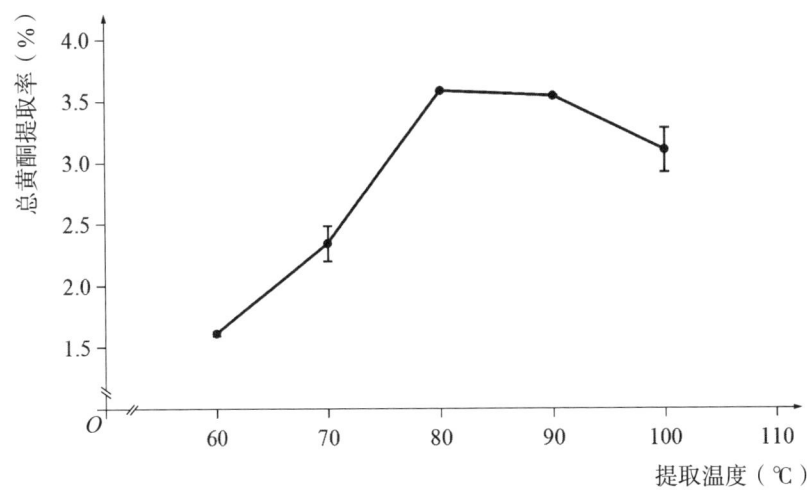

图4-24 提取温度对总黄酮提取率的影响

由图4-24可知，当回流提取温度低于80℃时，桃金娘叶总黄酮提取率随温度的升高而逐渐升高。这可能是由于水浴温度的升高而使溶剂的黏度减小，溶剂分子运动速度逐渐加快，提取溶剂的扩散系数增加，从而加快了浸提速度，因此提取率会逐渐升高。但当水浴温度高于80℃时，黄酮提取率反而有所下降，这可能是温度过高导致部分总黄酮失活，因此总黄酮提取率反而降低。在提取温度为80℃时可得到桃金娘叶总黄酮的最高提取率，为3.58%。

③料液比对总黄酮提取率的影响。称取桃金娘叶粉末5 g，在乙醇浓度为60%、回流提取温度为80℃、提取时间为2.5 h的条件下，分别以1∶10，1∶15，1∶20，1∶25，1∶30的料液比进行乙醇回流提取，考察料液比对桃金娘叶总黄酮提取率的影响，得到总黄酮提取率与料液比的关系，如图4-25所示。

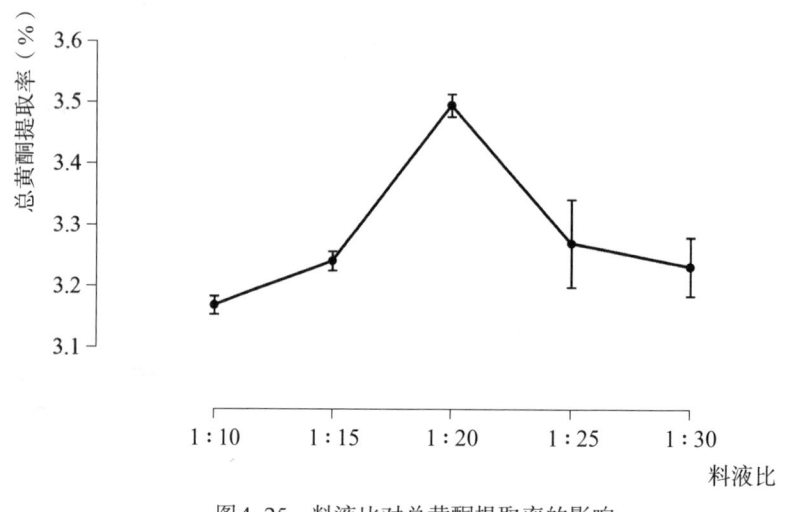

图4-25　料液比对总黄酮提取率的影响

由图4-25可知，桃金娘叶总黄酮提取率随着料液比的改变其变化量很小，在料液比为1∶20时提取率最高，为3.50%，而最高提取率与最低提取率之差仅为0.33%。在保证提取效果的前提下，为节约提取操作成本，应该尽量减少乙醇溶液的用量及降低蒸发浓缩负荷，因此选用料液比为1∶15，1∶20，1∶25这三个水平进行正交试验。

④乙醇浓度对总黄酮提取率的影响。称取桃金娘叶粉末5 g，在回流提取温度为80℃、料液比为1∶20、提取时间为2.5 h的条件下，分别以20%、40%、60%、80%、95%的乙醇溶液为提取溶剂进行回流提取，并考察乙醇浓度对总黄酮提取率的影响，得到总黄酮提取率与乙醇浓度的关系，如图4-26所示。

由图4-26可知，随着乙醇浓度的增大，总黄酮的提取率也逐渐升高，当乙醇浓度为60%时可得到总黄酮的最高提取率，为3.54%。但随着乙醇浓度继续增大，桃金娘叶总黄酮提取率又逐渐减小。这可能是由于不同浓度的乙醇溶液中，其相对杂质含量不同，极性也各不相同。而在乙醇浓度为60%时，提取溶剂与总黄酮的极性最为相似，因此总黄酮的提取效果最好。

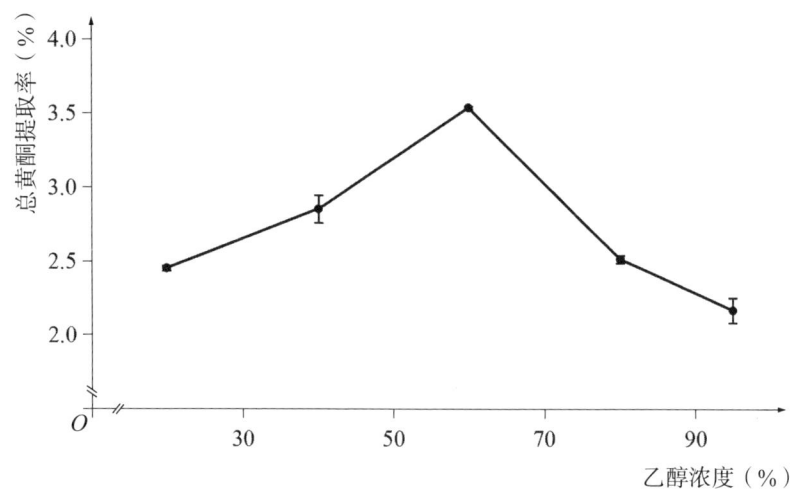

图4-26　乙醇浓度对总黄酮提取率的影响

（4）正交试验。由单因素实验结果中选取正交试验的各因素各水平，如表4-9所示；设计四因素三水平正交试验表，按照各试验号中的提取工艺条件进行乙醇回流提取实验，并测定各试验号所得提取液的总黄酮提取率，用直观分析法对提取率进行处理，如表4-10所示。

由表4-10中的正交试验极差分析可知，乙醇浓度、料液比、提取温度、提取时间对桃金娘叶总黄酮提取率均有不同程度的影响。其中乙醇浓度对桃金娘叶总黄酮提取率的影响最大，提取温度其次，料液比再次，而提取时间的影响则为最小。因此，各因素的影响大小顺序依次是$B>A>C>D$，即乙醇浓度>提取温度>料液比>提取时间。

由上述分析可知，桃金娘叶总黄酮乙醇回流提取法的最佳提取工艺组合是$A2+B2+C3+D1$，即提取温度90℃、乙醇浓度40%、料液比1:20、提取时间3 h。

采用最佳提取工艺组合作为提取条件进行验证实验并复测提取率，最终得到桃金娘叶总黄酮的提取率为4.32%。

表4-9 正交试验表

水平	A 提取温度（℃）	B 乙醇浓度（%）	C 料液比（g/mL）	D 提取时间（h）
1	70	40	1:15	2
2	80	60	1:20	2.5
3	90	80	1:25	3

表4-10 正交试验的直观分析结果

试验号	A 提取温度	B 乙醇浓度	C 料液比	D 提取时间	提取率（%）
1	2	3	3	3	1.97
2	2	1	1	1	2.96
3	2	2	2	2	3.26
4	3	3	1	2	2.27
5	3	1	2	3	4.42
6	3	2	3	1	2.75
7	1	3	2	1	1.39
8	1	1	3	2	2.11
9	1	2	1	3	2.09
k_1	2.731	1.875	2.274	2.826	
k_2	3.146	3.163	2.438	2.364	
k_3	1.859	2.699	3.024	2.546	
R	1.287	1.288	0.750	0.462	

（5）桃金娘叶总黄酮提取物的抑菌活性。

①抑菌活性的测定。对各菌实验平板的四个抑菌圈直径进行测量并计算抑菌圈直径平均值，结果如表4-11所示。

表4-11 桃金娘叶总黄酮提取物对各供试菌的抑菌效果

菌种	金黄色葡萄球菌	枯草芽孢杆菌	绿脓杆菌	大肠杆菌	白色念珠菌	黑曲霉
抑菌圈平均直径/cm	2.1579	1.3508	1.2398	–	–	–
标准差	0.0771	0.1058	0.1357	–	–	–

注："–"表示无抑菌圈出现。

由表4-11数据可知，浓度在1.0 g/mL时桃金娘叶总黄酮提取液对6种供试菌中的金黄色葡萄球菌、枯草芽孢杆菌、绿脓杆菌的生长有一定的抑制作用；而对大肠杆菌、白色念珠菌及黑曲霉的生长并没有抑制作用。其中，桃金娘叶总黄酮提取液对三种有抑制作用的供试菌的抑菌效果也不同，枯草芽孢杆菌的抑菌圈平均直径为1.3508 cm，金黄色葡萄球菌的抑菌圈平均直径为2.1579 cm，绿脓杆菌的抑菌圈平均直径为1.2398 cm，由此可知桃金娘叶总黄酮提取液对这三种供试菌种抑菌活性的强弱顺序为：金黄色葡萄球菌＞枯草芽孢杆菌＞绿脓杆菌。

桃金娘叶总黄酮提取液具有一定的抑菌作用，可能是因为黄酮类化合物属于酚类衍生物，这种物质能够破坏细胞壁和细胞膜结构的完整性，从而导致微生物细胞胞内成分的释放，引起细胞膜的电子传递、ATP活性等功能障碍，因此能够抑制微生物的生长，产生抑菌作用。

②桃金娘叶总黄酮提取液的最低抑菌浓度。对金黄色葡萄球菌、枯草芽孢杆菌及绿脓杆菌进行最低抑菌浓度的研究，加入0.1%刃天青溶液反应4 h后观察96孔板中各孔颜色，判断孔板内各孔中菌的生长情况并记录到表4-12。

表4-12 桃金娘叶总黄酮提取液对各供试菌的最低抑菌浓度

提取液浓度（μg/mL）	金黄色葡萄球菌	枯草芽孢杆菌	绿脓杆菌
250	–	–	–
125	–	–	–
62.5	–	–	–
32.25	–	–	–
15.625	–	–	++
7.8125	–	–	++

续表

提取液浓度（μg/mL）	金黄色葡萄球菌	枯草芽孢杆菌	绿脓杆菌
3.90625	-	+	+++
1.953123	+	++	+++
0.9765625	++	++	+++
0.48828125	+++	+++	+++
0	+++	+++	+++

注：颜色为蓝色，接近12孔（阴性对照）表示无菌生长（-）；颜色为红色，接近11孔（阳性对照）表示有少量菌生长（+）；颜色与11孔完全一致表示有大量菌生长（+++）。

由表4-12可知，桃金娘叶总黄酮提取液对金黄色葡萄球菌、枯草芽孢杆菌及绿脓杆菌的生长抑制作用随着提取液浓度的增大而增大：在提取液浓度为250 μg/mL、125 μg/mL、62.5 μg/mL、32.25 μg/mL时，各供试菌种均不能生长；在提取液浓度为1.953123 μg/mL时，金黄色葡萄球菌可少量生长；在提取液浓度为3.90625 μg/mL时，枯草芽孢杆菌可少量生长；在提取液浓度为15.625 μg/mL时，绿脓杆菌可少量生长。因此，桃金娘叶总黄酮提取液对金黄色葡萄球菌、枯草芽孢杆菌、绿脓杆菌的最低抑菌浓度分别为3.90625 μg/mL、7.8125 μg/mL、32.25 μg/mL，与3.5.1小节中桃金娘叶总黄酮提取液对三种菌的抑制作用强弱顺序基本相符。

4.2.3.4 讨论

（1）提取工艺的优化。

①在标准曲线的测定中，需要注意的是$NaNO_2$在空气中易被氧化，应该现配现用并密封保存。标准曲线的趋势线应使$R^2 > 0.9900$，从而确保良好的拟合度。

②在后续的实验中，用分光光度计测定总黄酮提取液的吸光度值时，应注意操作步骤及所用试剂浓度与测定标准曲线时的保持一致，并且应使用同一台可见分光光度计，避免仪器本身对实验结果造成的误差。在用乙醇回流提取法提取桃金娘叶总黄酮时也应使用同一套回流装置，包括恒温水浴锅和球形冷凝管。

③在对超声波辅助提取法得到的粗提取物进行抽滤时，由于桃金娘叶粉末经过超声波清洗机的处理后进一步被破碎，因此滤渣更为细腻，需要用单

层滤纸抽滤一次后再用双层滤纸抽滤一次，以充分过滤除去滤渣。

④将单因素实验结果与正交试验得到的最佳提取工艺条件相比较，可发现每一因素的总黄酮提取率最高的水平均有所不同。这是因为单因素实验的目的是了解各因素影响程度的大小及其作用显著的范围，从而可以更有针对性地进行正交试验。各因素之间是相互影响的，因此在单因素实验中提取率最高的水平不一定是最佳提取工艺的组合。

（2）抑菌活性研究。

在使用旋转蒸发仪浓缩粗提取液时应将蒸发仪的温度设置在乙醇的沸点即78℃左右，过高的温度有可能会引起粗提取液中部分活性物质变性失活，而过低的温度则无法蒸出溶剂达到浓缩的目的。

在进行抑菌实验时，先用滤纸片法测定桃金娘叶总黄酮提取液的抑菌活性，实验结果显示提取液仅对金黄色葡萄球菌有明显的抑菌作用，而对其他五个菌种的生长均无明显的抑制作用。改用打孔法对供试细菌进行抑菌实验后，结果显示桃金娘叶提取液对三种菌有一定的抑菌效果，其中包括金黄色葡萄球菌。这可能是因为滤纸片法实验过程中提取液很难完全渗透滤纸片并作用到培养基上，因此不能影响到微生物的生长。又因提取液对金黄色葡萄球菌的生长有较强的抑制作用，因此滤纸片法实验中提取液对金黄色葡萄球菌仍然有明显的抑菌效果。而改用打孔法进行实验后，提取液能够直接接触培养基并渗透其中，因此能够很好地体现出提取液的抑菌活性。这说明了不同的实验方法对实验结果的影响，即使对于同一个实验对象，选择不同的实验方法有可能会得到截然不同的结论。因此，实验中须注意检测方法的选择。

测定桃金娘叶总黄酮提取液的最低抑菌浓度，对提取液进行双倍连续稀释时应用移液枪充分吹打后再稀释下一孔，以保证后一孔的提取液浓度均为前一孔的一半，同时应十分注意无菌操作以及避免菌种之间的交叉感染。

加入的显色剂即刃天青溶液的浓度不能过低，否则会由于受提取液本身带有的棕色的掩盖而不能指示出菌的实际生长情况；而过高的浓度则会导致试剂被浪费。理论上加入刃天青溶液反应一段时间后孔板中各孔颜色由蓝色变为红色即表示有菌生长。但在实际实验中，菌的生长情况可以与11孔（阳性对照）及12孔（阴性对照）进行对比判断，尤其是要注意提取液浓度较高的几个孔受提取液所带有的棕色的影响，以及绿脓杆菌生长时分泌的绿色色素对各孔颜色的影响。

已有的研究表明。最低抑菌浓度的测定，除了加入显色剂进行判断外，也可使用酶标仪进行测定。陈默等利用酶标仪测定了香兰素对大肠杆菌、金黄色葡萄球菌、李斯特菌、沙门氏菌、宋内氏菌的最低抑菌浓度。刘宗楠利用酶标仪测定了绿茶粗提取物的最低抑菌浓度。

由于实验条件及时间所限，本研究仍然存在着一些不足之处：实验对桃金娘叶的乙醇回流提取进行工艺优化，但仅停留在实验室小试阶段，并未进行中试实验；在抑菌实验中，参考已有的研究对六种供试菌设置生理盐水的空白对照，但缺少了40%乙醇溶液的溶媒对照和其他抗菌药物的正对照，实验设计不够严谨；实验从桃金娘叶中提取总黄酮，得到粗提取液，但并未得到高纯度的总黄酮，可以结合柱层析法、超声波辅助提取法等多种提取方式，再经旋转蒸发仪浓缩，从而提高总黄酮纯度。由于时间限制，桃金娘叶总黄酮的提取分离及纯化还有待进一步的探究。

4.2.4 大孔树脂分离纯化山稔子总黄酮

本研究以山稔子为原料，研究了7种树脂对山稔子总黄酮的吸附和解吸性能，发现H-103树脂最适合山稔子总黄酮的纯化分离。通过对影响树脂吸附解吸的各种因素进行系统研究，结果表明，大孔树脂分离纯化山稔子总黄酮的适宜条件为：提取液上样浓度为5.9 mg/mL，吸附流速为2 mL/min，上柱pH值为5，洗脱剂为75%乙醇，洗脱速度为1 mL/min。

大孔吸附树脂（macroporous absorption resin）是一种新型非离子型高分子聚合物，一种以吸附作用和筛选作用相结合的分离材料，是在20世纪发展起来的一种有机高聚物吸附剂。它具有少有机溶剂、吸附容量大、吸附速度快、易于解吸、选择性好、再生简便等优点，目前广泛应用于环保、医药、化工、分析化学、临床鉴定等领域。

黄酮类化合物是在植物中分布非常广泛的一类天然产物，几乎存在于所有的绿色植物，常以游离态或与糖结合成苷的形式存在。黄酮类化合物的生理活性强且广，可以降低血脂，具有保肝作用，还具有抗炎作用，甚至还有一定程度的抗菌作用，具有很高的药用价值。许多中草药中含有黄酮类化合物，已经证明类黄酮是许多中草药的有效成分。目前有关采用大孔树脂分离纯化山稔子中总黄酮的研究尚未见报道。因而，对大孔树脂分离纯化山稔子中总黄酮这一工艺的研究，具有重要的现实意义。本研究的方向是大孔树脂对山稔子中总黄酮的吸附和洗脱特性，确定分离纯化山稔子总黄酮的最佳条件，为黄酮类化合物的开发利用提供合适的提取和精制条件。

4.2.4.1 材料

（1）原料与试剂。山稔子果实晒干，购于广州康采恩公司；芦丁，购自国药集团化学试剂有限公司；其他化学试剂均为分析纯。S-8、AB-8、D4020、D3520、NKA-9、H103 和 NKA-Ⅱ 大孔树脂，购自南开大学化工厂。

（2）仪器与设备。JZ7114 单相异步电动粉碎机（1400 r/min），购自巩义市英峪子华仪器厂；RE-52D 旋转蒸发仪，购自上海青浦沪西仪器厂；ZF 型紫外透射反射分析仪，购自上海伊利仪器制造有限公司；SpectrumLab 54 紫外可见光分光光度计，购自上海棱光技术有限公司。

4.2.4.2 方法

（1）山稔子提取液的制备。称取山稔子粉末 160 g，在 60℃下干燥 1 h，再用石油醚脱脂两天，然后采用 95% 甲醇用冷浸法浸取 2 天，过滤取得经溶剂提取法提取的粗黄酮溶液。

（2）山稔子提取液中总黄酮含量的测定。

①标准曲线的建立。精密称取在 105℃干燥 5 min 至恒重的芦丁对照品 11.8 mg，置 50 mL 容量瓶中，加适量甲醇，在水浴上微热溶解，置冷，用甲醇稀释至刻度，摇匀，得芦丁对照溶液（0.236 mg/mL）。精密吸取对照溶液 0 mL、1.0 mL、2.0 mL、3.0 mL、4.0 mL、5.0 mL、6.0 mL，分别置入 25 mL 容量瓶中，再分别加甲醇 6.0 mL、5.0 mL、4.0 mL、3.0 mL、2.0 mL、1.0 mL、0 mL，加 5% 亚硝酸钠溶液 1.0 mL，摇匀，静置 6 min；加 10% 硝酸铝溶液 1.0 mL，摇匀，再静置 6 min；加 1% 氢氧化钠试液 10 mL，再加 30% 乙醇至刻度，摇匀，静置 15 min，在 510 nm 处测定吸光度。

以吸光度为纵坐标，浓度为横坐标绘制标准曲线，列回归方程。

②山稔子提取液中黄酮含量的测定。吸取山稔子提取液 1 mL，按照标准曲线建立的方法测出其吸光度，根据标准曲线，求出提取液中总黄酮的含量。

（3）大孔树脂的预处理。大孔树脂用蒸馏水充分淋湿，除去破碎和粒度小的树脂，用 95% 的乙醇溶液浸泡过夜。弃去浸泡液，用蒸馏水水洗至无醇味，再分别用 5%（w/w）氢氧化钠溶液和 5%（v/v）盐酸溶液冲洗，以除去树脂中的杂质。最后用蒸馏水反复冲洗至中性，备用。装柱时，采用湿法装柱，以免带入气泡，使得树脂分布均匀。

（4）树脂的筛选。

①吸附率测定。取上述 7 种处理好的大孔吸附树脂各 5 g，分别置入 100 mL 具塞锥形瓶中，各精密加入 25 mL 供试品溶液，连续震荡吸附 24 h 后，测定残液中总黄酮的质量浓度。按下式计算各树脂室温下的吸附值（mg/g）和吸附率（%）。

$$吸附值 = \frac{吸附前溶液的质量浓度（mg/mL）-吸附后溶液的质量浓度（mg/mL）}{树脂质量} \times 溶液体积 \times 100\% \qquad 公式（4-4）$$

$$吸附率 = \frac{吸附前溶液的质量浓度（mg/mL）-吸附后溶液的质量浓度（mg/mL）}{吸附前溶液的质量浓度（mg/mL）} \times 溶液体积 \times 100\% \qquad 公式（4-5）$$

②解吸率测定。将吸附饱和的 7 种大孔树脂分别用水移入布氏漏斗中，抽滤除去残余药液，再用 200 mL 水分次洗涤，抽滤至干。再将大孔树脂置入 100 mL 具塞锥形瓶中，各精密加入 25 mL 体积分数为 95% 的乙醇，连续震荡解吸附 24 h 后测定解吸液中总黄酮的质量分数。按下式计算各树脂室温下的解吸率（%）：

$$解吸率 = \frac{解吸液质量浓度（mg/mL）\times 解吸液体积（mL）}{树脂质量（g）\times 吸附值（mg/g）} \times 100\% \qquad 公式（4-6）$$

（5）优化树脂吸附与解吸条件试验。通过探讨上样液体浓度、流速、pH 值、洗脱剂和洗脱速度对吸附和解吸效果的影响，并对树脂的洗脱曲线进行分析。

4.2.4.3 结果与分析

（1）标准曲线的建立与总黄酮含量的测定。标准曲线的回归方程为 $y = 2.3676x$，$R^2 = 0.9991$。对样液进行测定，测得样液的浓度为 5.9 mg/mL。

（2）树脂的静态吸附能力和解吸率试验。本实验选择 S-8、AB-8、D4020、D3520、NKA-9、H103、NKA-Ⅱ 等 7 种已预处理好的树脂进行静态吸附和解吸实验，结果见表 4-13。从表 4-13 可以看出，不同型号的大孔树脂对山稔子 95% 甲醇提取液中总黄酮的吸附解吸效果不同，H103 和 S-8 的吸附效果较好,但 S-8 的解吸效果较差,H103 的解吸效果较好。因而,确定采用 H103 为分离纯化山稔子 95% 甲醇提取液中总黄酮的首要树脂。

表4-13　不同树脂的吸附与解吸能力的测定

树脂型号	总黄酮吸附值(mg/g)	吸附率	解吸率
S-8	31.66972	89.41%	4.35%
AB-8	26.33078	74.34%	6.244%
D4020	26.8777	75.88%	6.41%
D3520	25.60156	72.28%	6.32%
NKA-9	25.15882	71.03%	6.75%
H103	27.60692	77.94%	8.16%
NKA-Ⅱ	24.40356	68.90%	5.22%

(3) H103 树脂纯化分离山稔子总黄酮的工艺参数的研究。本实验主要通过上样液体浓度、流速、pH 值、洗脱剂和洗脱速度等 5 个方面对树脂动态吸附特性进行研究,以便为大规模吸附分离提供操作参数。

① 上样液体浓度的影响。将山稔子 95% 甲醇提取液的浓缩液用甲醇稀释成不同的浓度,分别选取相对质量浓度为 2.6895 mg/mL、5.9 mg/mL、8.0 mg/mL、12.71 mg/mL、16.00 mg/mL 的样液,进行动态上样,以 1% $FeCl_3$ 乙醇液为指示剂,检查流出液,待流出液反应呈阳性时,停止上样,记录上柱量,计算总黄酮吸附量,结果见表 4-14。根据表 4-14 吸附率与吸附量情况,选择相对浓度为 5.9 mg/mL 为上样浓度。该浓度有较高的吸附率。

表4-14　山稔子提取液上样浓度考察结果

上样液体浓度(mg/mL)	吸附率	吸附量(mg/g)
2.69	73.97%	1.16
5.90	81.02%	2.95
8.00	71.38%	3.53
12.71	79.15%	5.53
16.00	80.46%	6.63

②吸附流速的影响。将浓度为 5.9 mg/mL 的山稔子样品液通过 H103 树脂柱，分别以 1 mL/min、2 mL/min、3 mL/min 的流速进行动态吸附。用 1% $FeCl_3$ 乙醇液检查流出液，待反应呈阳性时，停止上样。记录上柱量，计算总黄酮吸附量，结果见表 4-15。从表 4-15 可以看出，吸附流速 1 mL/min 和 2 mL/min 的吸附率和吸附量较高。在实际生产中，为了提高效率，故以 2 mL/min 的吸附流速较为理想。

表4-15　吸附流速的影响

流速（mL/min）	吸附率	吸附量（mg/g）
1	74.58%	2.83
2	76.27%	2.82
3	67.97%	2.06

③pH 值的影响。分别将山稔子样品液 pH 调成 3，4，5，以 5.9 mg/mL 的浓度、2 mL/min 的吸附流速通过 H103 树脂柱。用 1% $FeCl_3$ 乙醇液检查流出液，待反应呈阳性时，停止上样，记录上柱量，计算总黄酮吸附量，结果见表 4-16。在实验中发现，当 pH 大于 6 时，样液有沉淀产生，堵塞树脂柱，影响黄酮的吸附；当 pH 为 5 时，有较高的吸附率和吸附量。可能原因是黄酮类化合物呈弱酸性，在弱酸条件下，以游离分子形式存在，易于吸附，酸性太强，黄酮分子易形成"佯盐"使树脂的吸附能力减弱。因此，选取上样溶液的 pH 值为 5。

表4-16　pH的影响

pH值	3	4	5
吸附率	92.03%	91.36%	93.39%
吸附值（mg/g）	3.68	3.65	4.02

④解吸剂的影响。上柱液浓度为 5.9 mg/mL，上样体积为 30 mL，以 2 mL/min 为吸附流速上柱进行动态吸附，用水洗脱到 1% $FeCl_3$ 乙醇液无颜色变化，然后用相同体积不同浓度的乙醇作为解吸剂进行解吸。解吸剂浓度对解吸率的影响见表 4-17。从表 4-17 可以看出，乙醇浓度为 75% 时解吸率最高。因此，确定 75% 乙醇为解吸剂。

表4-17　解吸剂浓度对解吸率的影响

解吸剂浓度	40%	60%	75%	85%
解吸率	20.40%	30.69%	49.86%	31.54%

⑤解吸流速的影响。上柱液浓度为5.9 mg/mL，上样体积为30 mL，以2 mL/min为吸附流速上柱进行动态吸附，用水洗脱到1% $FeCl_3$乙醇液无颜色变化，然后用相同体积的75%乙醇作为解吸剂，采用不同的解吸速度进行解吸，结果见表4-18。

表4-18　解吸流速对解吸率的影响

流速（mL/min）	1	1.5	2	2.5	3
解吸率	79.28%	67.09%	60%	56.79%	58.78%

从表4-18中可以看出，1 mL/min的解吸流速最佳。

⑥解吸曲线。上柱液浓度为5.9 mg/mL、上样体积为30 mL，以2 mL/min为吸附流速上柱进行动态吸附，用水洗脱到1% $FeCl_3$乙醇液无颜色变化，然后用相同体积的75%乙醇作为解吸剂，以1 mL/min的解吸速度进行解吸。解吸时每5 mL解吸液的解吸曲线如图4-27所示，可以看出，大约用100 mL的75%乙醇基本可以把总黄酮洗脱下来。

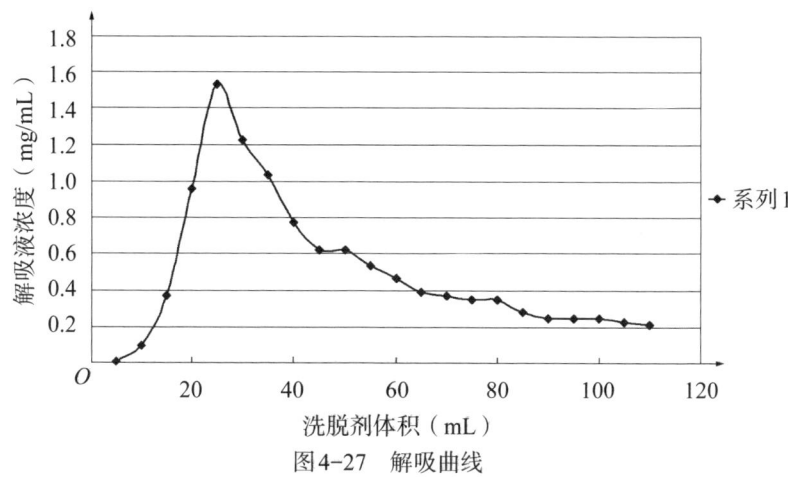

图4-27　解吸曲线

4.2.5 聚酰胺柱层析法分离、纯化山稔子黄酮

4.2.5.1 聚酰胺的柱层析简介

本研究的实验以山稔子为原料，采用聚酰胺对山稔子总黄酮进行分离纯化。通过对影响聚酰胺吸附的各种因素进行系统研究，并进行梯度洗脱，结果表明聚酰胺分离纯化山稔子总黄酮的适宜条件为：提取液上样浓度为 2 mg/mL，吸附流速为 2 mL/min，上样后用 200 mL 的水洗去杂质，分别用 30%，50%，70% 和 90% 乙醇作为洗脱剂，洗脱速度为 2 mL/min，经两次洗脱得较纯单体黄酮醇。

聚酰胺（Polyamide）是通过酰胺基聚合而成的一类高分子化合物。层析分离中常用的聚酰胺是由己内酰胺聚合而成的尼龙6以及由己二酸和己二胺聚合而成的尼龙66。聚酰胺分子中含有丰富的酰胺基团，可与酚类、醌类、硝基化合物等形成氢键而被吸附，与不能形成氢键的化合物分离。因此，利用聚酰胺作为层析柱填料，可使一定极性范围的某类物质得以分离精制。聚酰胺的分子式如图4-28所示。

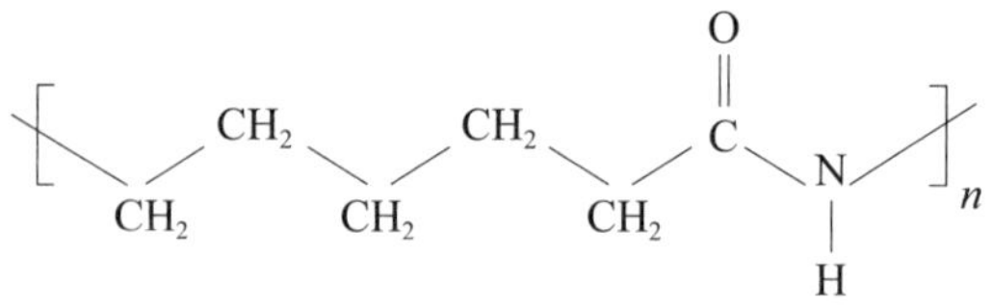

图4-28 聚酰胺分子式

对于黄酮类和多酚类化合物，因为其富含酚羟基，可通过分子中的酚羟基与聚酰胺分子中的酰胺基形成氢键缔合产生吸附。吸附的强度主要取决于这两种化合物中羟基的数目与位置，以及溶剂与化合物或溶剂与聚酰胺之间形成氢键的缔合能力大小。溶剂分子与聚酰胺或黄酮类化合物形成氢键缔合的能力越强，则聚酰胺对这两种化合物的吸附作用将越弱。聚酰胺层析柱即是利用此性质对各种植物中黄酮、茶多酚等进行吸附、洗脱而分离的，即所谓的"氢键吸附"学说。

黄酮类化合物从聚酰胺柱上洗脱时大体有下述规律：

（1）苷元相同，洗脱先后顺序一般是三糖苷、双糖苷、糖苷、苷元。

（2）母核上增加羟基，洗脱速度即相应减慢。当分子中羟基数目相同时，羟基位置对吸附也有影响。聚酰胺对处于羟基间位或对位的羟基吸附力大于邻位羟基，固洗脱顺序为具有邻位羟基的黄酮、具有对位（或间位）羟基的

黄酮。

（3）不同类型黄酮类化合物，先后流出顺序一般是异黄酮、二氢黄酮醇、黄酮、黄酮醇。

（4）分子中芳香核、共轭双键多者已被吸附，查尔酮往往比相应的二氢黄酮难于洗脱。

聚酰胺对各种黄酮类化合物均有较好的分离效果，且分离量比较大，适合于制备性分离。洗脱剂常用水－甲醇，也有用水－乙醇和甲醇－氯仿。聚酰胺柱层析分离黄酮类化合物具有独到之处，但它的死吸附较大，损失较大，故当样品较少时应慎重使用。另外，分离时常有低分子量酰胺的低聚物杂质混入，所以装柱时要用5%甲醇或10%盐酸预洗除去低聚物。

4.2.5.2 材料、试剂以及仪器设备

（1）材料。山稔子（*Fructus Rhodomyrti*）果实（晒干），购自广州康采恩公司。

（2）试剂。

实验用试剂如表4-19所示。

表4-19 实验用试剂

芸香叶苷（Rutin），含量95%	国药集团化学试剂有限公司
聚酰胺，粒度：30～60目	浙江省台州市路桥四甲生化塑料厂
亚硝酸钠分析纯	广州化学试剂厂
硝酸铝分析纯	广州化学试剂厂
氢氧化钠分析纯	广州化学试剂厂
甲醇分析纯	天津市富宇精细化工有限公司
无水乙醇分析纯	广州化学试剂厂
石油醚分析纯	天津市瑞金特化学品有限公司
三氯化铁分析纯	广州化学试剂厂
浓硫酸	广州化学试剂厂
浓盐酸	广州化学试剂厂
镁粉	广州化学试剂厂
柠檬酸	广州化学试剂厂

（3）仪器设备。

表4-20　仪器设备

JZ7114单相异步电动粉碎机，1400 r/min	巩义市英峪予华仪器厂
7 cm×7 cm塑料基层析聚酰胺薄板	台州市路桥四甲生塑料厂
RE-52D旋转蒸发仪	上海青浦泸西仪器厂
索氏提取器	上海青浦泸西仪器厂
HL-2恒流泵	上海泸西分析仪器厂
SpectrumLab54紫外可见光光度计	上海棱光技术有限公司
层析柱	上海伊利仪器制造有限公司
烘箱	天津市中环实验电炉有限公司

4.2.5.3　研究方法

（1）标准曲线的制定。黄酮类化合物与铝离子在碱性与亚硝酸根存在的条件下形成黄酮的铝络合物，形成稳定的黄色化合物。因为黄酮类化合物分子结构中，凡在 C_3 或 C_6 位上有羟基，都会与铝盐形成有颜色的配位化合物。在一定范围内黄色的深浅与黄酮含量呈一定的比例关系，以芦丁（对照品）作标准，于最大吸收波长处比色定量测定。具体实验方法如下：精密称取在105℃干燥5 min至恒重的芦丁对照品11.8 mg，置50 mL容量瓶中，加甲醇适量，在水浴上微热溶解，静置冷却，再用甲醇稀释至刻度，摇匀，得芦丁对照溶液（0.236 mg/mL）。精密吸取对照溶液0 mL、1.0 mL、2.0 mL、3.0 mL、4.0 mL、5.0 mL、6.0 mL，分别置入25 mL容量瓶中，再分别加甲醇6.0 mL、5.0 mL、4.0 mL、3.0 mL、2.0 mL、1.0 mL、0 mL，加5%亚硝酸钠溶液1.0 mL，摇匀，静置6 min；加10%硝酸铝溶液1.0 mL，摇匀，再静置6 min；加1%氢氧化钠试液10 mL，再加30%乙醇至刻度，摇匀，静置15 min。以相应试剂空白做参比，用紫外分光光度计在510 nm测定吸光度。

（2）山稔子提取液的制备。称取山稔子粉末160 g，在60℃下干燥1 h，用石油醚脱脂48 h。采用95%甲醇用冷浸法浸取2 d。过滤得溶剂提取的粗黄酮溶液，浓缩至膏状待用。

（3）聚酰胺柱层析黄酮的工艺研究。

①聚酰胺树脂的预处理。将聚酰胺树脂用95%乙醇浸泡24 h，后用蒸馏

水洗至无酒精味,再用4% NaOH 溶液浸泡 24 h,滤掉上层碱液,再以蒸馏水洗至中性,然后用4%柠檬酸浸泡 24 h,再用蒸馏水洗至中性,另取蒸馏水浸泡备用。

②上样浓度对吸附的影响。将浓度分别为 1 mg/mL、2 mg/mL、3 mg/mL、4 mg/mL、5 mg/mL 的山稔子样品液 150 mL 分别通过聚酰胺树脂层析柱(50 mL)进行动态吸附。收集样液,检测样液的浓度。

③上样流速对吸附的影响。将上述的山稔子样品液 150 mL 通过树脂,分别以 1 mL/min、2 mL/min、3 mL/min、4 mL/min、5 mL/min 的流速进行动态吸附。收集相同体积的流出液,检测流出液的浓度。

④水洗体积的确定。蒸馏水洗涤树脂柱既能起到很好的除杂作用,也能使黄酮类化合物与聚酰胺形成较强氢键,经水洗后的产品对于纯化有较好效果。水洗前产物按上述所确定的吸附条件,取山稔子样品液通过树脂进行动态吸附。用蒸馏水冲洗,用1% $FeCl_3$ 乙醇液检查流出液:当其为阴性,水洗溶液已经基本干净,检测不出黄酮类物质时,确定所用蒸馏水体积。

⑤洗脱剂条件的确定。按上述方法所得最佳条件上样处理,使用水-乙醇体系进行洗脱,依次用30%乙醇、50%乙醇、70%乙醇和90%乙醇各 50 mL 梯度洗脱。收集相同体积的流出液,检测流出液的浓度。

(4)聚酰胺柱层析法分离、纯化山稔子黄酮。按上述方法所得最佳条件上样处理,使用水-乙醇体系进行洗脱,依次用30%乙醇、50%乙醇、70%乙醇和90%乙醇梯度洗脱。收集不同的流份,每流份 50 mL,至颜色呈现变化时即换不同比例洗脱液,最后洗至无颜色为止。以 TBA(叔丁醇:冰乙酸:水 =3:2:1)为展开剂,对每个流份进行聚酰胺薄层层析,并将层析结果相同的流份进行浓缩、合并,通过颜色反应鉴别所分离的黄酮类化合物。重复上述方法,直到分离出单体为止。

4.2.5.4 结果和讨论

(1)标准曲线的建立及样液总黄酮含量的测定。标准曲线见图 4-29。以吸光度为纵坐标、浓度为横坐标绘制标准曲线,计算标准曲线,所得回归方程为 $y = 2.3676x$,方程的相关系数为 $R^2 = 0.9991$。对样液进行测定,测得样液的黄酮浓度为 5.9 mg/mL,浓缩浸膏中黄酮质量分数约为17%。

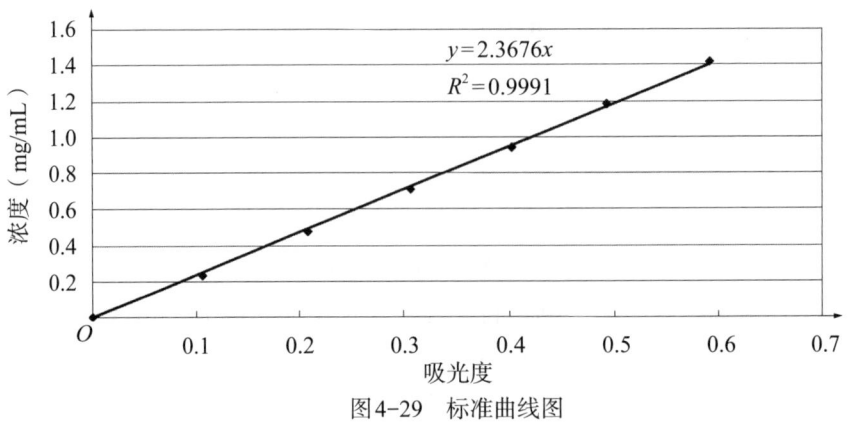

图4-29 标准曲线图

（2）上样浓度对吸附效果的影响。根据上述的研究方法，以不同的浓度、2 mL/min 流速分别上样 150 mL 进行吸附。测定吸附后流出液中总黄酮浓度，计算吸附量，结果如图4-30所示。随着上柱液浓度的增大，吸附量逐渐增大，在上柱液浓度增至 3 mg/mL 时吸附率达到最大值，浓度达到 3 mg/mL 后吸附率趋于下降。吸附率计算公式如下：

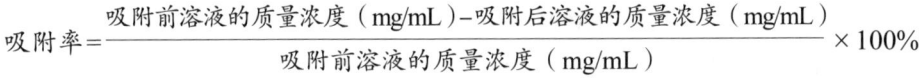

公式（4-7）

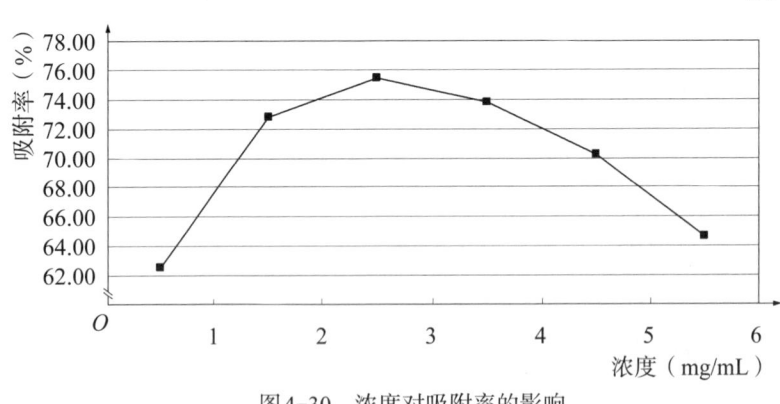

图4-30 浓度对吸附率的影响

聚酰胺吸附黄酮受到上柱浓度的影响。对于一定量树脂，上样液浓度较低时，聚酰胺的吸附未达到饱和状态，物质随上柱液流出的量较少，因此吸附率随着上样浓度增加而增加。如图4-30所示，浓度为 3 mg/mL 时，吸附率达到最大值。当浓度超过此值后，吸附率反而下降，原因是聚酰胺吸附接近饱和以及溶液具有一定的溶解度使得黄酮类物质随上柱液流出的量更多，导致吸附率降低。如果选择更高浓度上样，虽然可以使聚酰胺的吸附达到饱和状态，但是会造成提取液的浪费。因此，经综合考虑，宜选择上柱液浓度为3 mg/mL。

（3）上样流速对吸附的影响。根据上述的研究方法，以不同的流速、3 mg/mL 的浓度分别上样 150 mL 进行吸附。收集相同体积的流出液，检测流出液的总黄酮浓度。再计算其吸附率，其实验结果如图 4-31 所示。上样流速直接影响聚酰胺对黄酮的吸附效果，流速在 2 mL/min 时吸附率开始降低；当流速达到 4 mL/min 时吸附率趋于平缓，原因是流速过快，树脂与被吸附物质分子间来不及充分接触，样品没有被充分吸附到介质上且随着样液流出，导致洗脱性能差，以致黄酮吸附过程中物质的流失。速度过慢会造成吸附时间过长，降低纯化效率。综合吸附率和上样时间的考虑，选取 2 mL/min 的流速作为最佳流速。

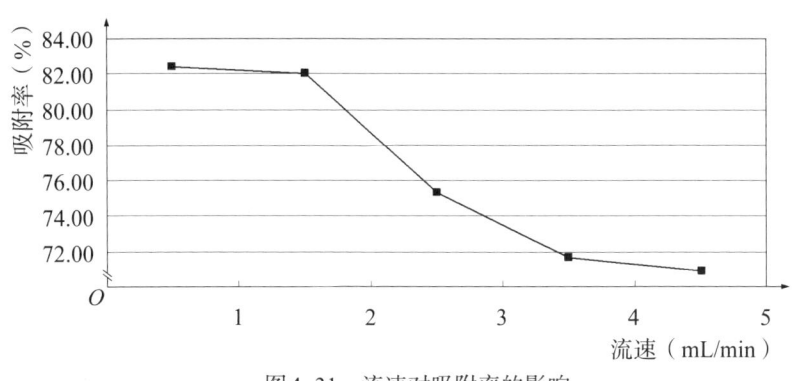

图 4-31　流速对吸附率的影响

（4）水洗体积的确定。上样后用蒸馏水洗涤掉不被聚酰胺吸附的杂质，并每隔一定体积用 1% $FeCl_3$ 乙醇液检查流出液。结果显示，当洗涤蒸馏水体积为 180～190 mL 时，反应呈阴性，证明此时洗涤流出液基本不含黄酮。

（5）洗脱剂条件的确定。对水洗过的聚酰胺柱进行梯度洗脱，每 10 mL 收集洗出液，检测其黄酮质量分数，其结果如图 4-32 所示。结果表明，乙醇质量分数较低时洗出液黄酮质量分数较低，随着乙醇浓度的提高，洗出液中黄酮质量分数会增加。其原因是洗脱液的极性随乙醇浓度的提升而增加，当乙醇浓度达到一定值的时候就会破坏聚酰胺与黄酮形成的氢键，使得黄酮从树脂柱上解离出来。

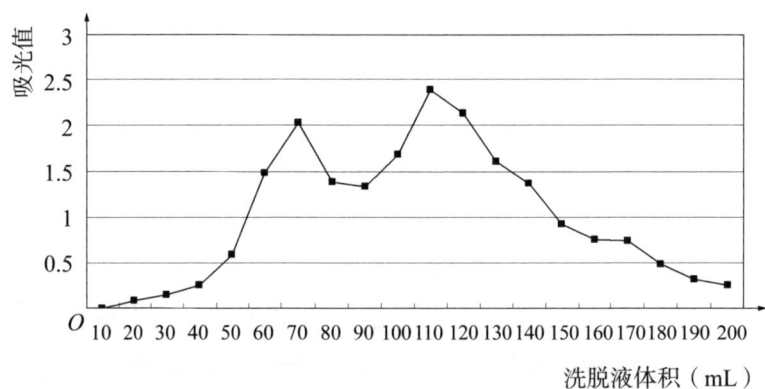

图4-32 梯度洗脱流出液OD值

洗脱液体积为10～50 mL时，为30%乙醇；洗脱液体积为60～100 mL时，为50%乙醇；洗脱液体积为110～150 mL时，为70%乙醇；洗脱液体积为160～200 mL时，为30%乙醇。

图4-32中显示出两个峰值分别为50%乙醇和70%乙醇，说明此两种浓度洗脱出来的物质可能极性不同。通过提高乙醇浓度可以使山稔子中的黄酮类物质实现分离，为使用水-乙醇体系纯化山稔子黄酮提供了依据。

（6）聚酰胺柱层析法分离、纯化山稔子黄酮。

①第一次聚酰胺柱层析。按条件上样，再分别以30%乙醇、50%乙醇、70%乙醇和90%乙醇洗脱收集不同的流份，每流份50 mL，至颜色呈现变化时即换不同比例洗脱液，最后洗至无颜色为止。共收集流出液12份，见表4-21。

表4-21 水-乙醇洗脱液各组分颜色

洗脱剂浓度	0	30%	50%	50%	70%	70%	70%	90%	90%
编号	1	2～3	4	5～6	7	8	9	10～11	12
颜色	无	浅黄	黄褐色	橙黄	黄褐色	橙黄	黄色	黄绿色	淡黄色

以TBA（叔丁醇∶冰乙酸∶水=3∶2∶1）为展开剂，对每个流份进行聚酰胺薄层层析。当展开剂到达离顶边约0.5 cm时取出薄层板，吹干后用氯化铁溶液作显色剂显色。各流份薄层层析结果见表4-22。

表4-22 第一次洗脱液聚酰胺薄层层析R_f值

编号	乙醇浓度	C值（cm）	A值（cm）	R_f值（A/C）
1	0%	—	—	—
2	30%	—	—	—

续表

编号	乙醇浓度	C值（cm）	A值（cm）	R_f值（A/C）
3	30%	5.30	4.60	0.868
4	50%	5.40	4.80	0.889
5	50%	5.70	4.70	0.825
6	50%	5.80	4.80	0.828
7	70%	5.80	2.50	0.431
8	70%	5.80	1.90	0.328
9	70%	5.50	2.20	0.400
10	90%	5.50	2.00	0.364
11	90%	5.60	2.10	0.375
12	90%	5.70	1.90	0.333

表4-22显示3～6号、7～12号洗脱液的R_f值较为接近，所以判定为相同组份，并分别收集它们的流出液合并，再浓缩，进行第二次聚酰胺柱层析。

②第二次聚酰胺柱层析。将上述3～6号洗脱液的浓缩液用甲醇溶解，再进行梯度洗脱，每50 mL收集流份，至颜色呈现变化时即换不同比例洗脱液，最后洗至无颜色为止。共收集流出液7份。

以TBA（叔丁醇∶冰乙酸∶水=3∶2∶1）为展开剂，对每个流份进行聚酰胺薄层层析。当展开剂到达离顶边约0.5 cm时取出薄层板，吹干后用氯化铁溶液作显色剂显色。各流份薄层层析结果见表4-23。

表4-23　第二次洗脱液聚酰胺薄层层析R_f值

编号	乙醇浓度	C值（cm）	A值（cm）	R_f值（A/C）
1	30%	5.50	4.20	0.76
2	30%	5.40	4.50	0.83
3	50%	5.30	4.30	0.81
4	50%	5.50	3.90	0.71
5	50%	5.30	2.30	0.43
6	70%	5.40	2.20	0.41
7	70%	5.30	2.00	0.38

从表4-23可以看出，低浓度乙醇洗脱液洗脱出来的黄酮的R_f值较大，原因是这些黄酮的极性较小，与聚酰胺形成氢键的能力较弱，容易被低浓度乙醇洗脱液洗脱出来，其在展开剂中也容易被展开。

（7）3个流份经薄层层析显色后只有一个点，对应点的TBA展开剂下的R_f十分接近，所以认为是同一类物质。将这2个流份合并，自然挥发溶剂，得析出物。将析出物溶解于甲醇中，并进行颜色反应，见表4-24。与氢氧化钠反应呈深黄说明样液含有黄酮醇；与浓硫酸反应呈从黄到橙（带荧光）的变化说明样液含有黄酮醇；与浓盐酸反应不变红说明样液不含有花青素或某些查尔酮、噢吨；与柠檬酸反应呈绿黄（带荧光）进一步说明沉淀主要为黄酮醇。

表4-24 沉淀中的黄酮体的颜色反应

化学物	NaOH溶液	盐酸-镁粉	柠檬酸	浓盐酸	浓硫酸
现象	深黄	红→紫红	绿黄	不变红	黄→橙

4.2.5.5 讨论

聚酰胺是由酰胺聚合而成的一类高分子物质，其吸附黄酮类化合物的原理是，由于其分子内部的许多酰胺基和羰基与黄酮类化合物形成氢键，其形成氢键的能力与溶剂有关，形成氢键的能力在水中最强，在有机溶剂中较弱，在碱性溶液中最弱；同时，聚酰胺的膨胀性又可以使被吸附的物质渗入其内部，从而使其具有较大的吸附容量。影响聚酰胺分离富集效果的因素有很多，如上柱样的浓度、上柱及洗脱时的流速等。本研究考察了不同条件下聚酰胺树脂动态吸附山稔子黄酮的情况，并对上样的聚酰胺树脂层析柱进行洗脱，以达到分离和纯化山稔子黄酮各个组分的目的。

由于聚酰胺对山稔子总黄酮具有较强的吸附能力，因而可以分离山稔子黄酮和其他物质，通过不同浓度的乙醇溶液的洗脱可以达到区分不同极性黄酮的目的。但是，聚酰胺和部分黄酮的氢键结合能力较强，水－乙醇体系较难将其洗脱出来，使得大量的黄酮类物质被吸附于聚酰胺中。

经聚酰胺洗脱后得到的较为纯的黄酮溶液，经过浓缩后可形成颗粒状物质析出；而未经洗脱或洗脱出来不纯的溶液均形成膏状流体，未见颗粒析出物。

4.2.6 硅胶柱层析法分离山稔子黄酮类化合物

本研究利用山稔子作为原料,采用硅胶柱层析法探索对山稔子总黄酮进行分离纯化的方法。通过对制成浸膏的山稔子总黄酮多次用不同极性系列的洗脱剂进行硅胶柱吸附层析,并用薄层层析、黄酮体的特征反应来鉴别层析柱洗脱下来的每个流份的黄酮类化合物。实验表明,山稔子总黄酮通过第一次洗脱剂为氯仿-甲醇(9∶1)、第二次洗脱剂为氯仿-甲醇(47∶3)的硅胶柱后,分离纯化得到黄酮醇。

4.2.6.1 概况

(1)黄酮类化合物的结构和分类。黄酮类化合物,又称生物类黄酮(bioflavonoids),早期是指具有2-苯基吡喃酮结构的一类黄色素,现指具有色酮环与苯环基本结构的一类化合物,是多酚类化合物中最大的一个亚类。黄酮类化合物是自然界中存在的酚类物质,属植物次级代谢产物,数量之多列天然酚性化合物之首,大多具有艳丽的色泽。生物类黄酮泛指2个苯环(A-与B-环)通过中央三碳链相互结合的一系列C_6-C_3-C_6化合物,主要是指以2-苯基色原酮为母核的化合物,其基本结构如图4-33所示。

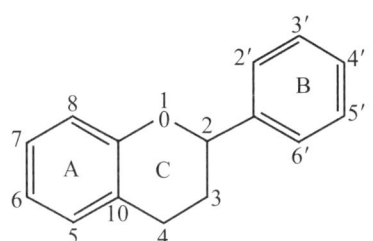

图4-33 生物类黄酮的基本结构

据估计,植物进行光合作用所产生的2%的碳水化合物被转化成生物类黄酮或与其紧密联系的物质。科学家至今已发现4000多种生物类黄酮物质。不同的植物合成不同的生物类黄酮物质,行使着不同的功能,如吸引授粉者,保护植物免受病虫害,在植物与微生物相互作用中作为信号分子,或者保护植物不受紫外辐射,等等。这些类黄酮物质根据其中央三碳链的氧化程度、B-环联接位置(2-或3-位)以及三碳链是否构成环状等特点,可分为8类:黄酮类、黄酮醇类、双氢黄酮类、双氢黄酮醇类、异黄酮类、双氢异黄酮类、查尔酮类、花色素类等,其相应的母体结构见图4-34。通常类黄酮化合物以O-糖苷的形式出现。在这种结构中,类黄酮化合物糖苷配基的1个或多个羟基通过酸不稳定的半缩醛与1个或多个糖分子相接。尽管在类黄酮化合物的糖苷配基上，任何位置的羟基都可以被糖基化，但事实上，在某些位置比其他位置发生率更高，例如在黄酮、异黄酮和二氢黄酮的7-OH，黄酮醇、二氢黄酮醇类的3-（和7-）OH，花色苷的3-（和5-），等等。

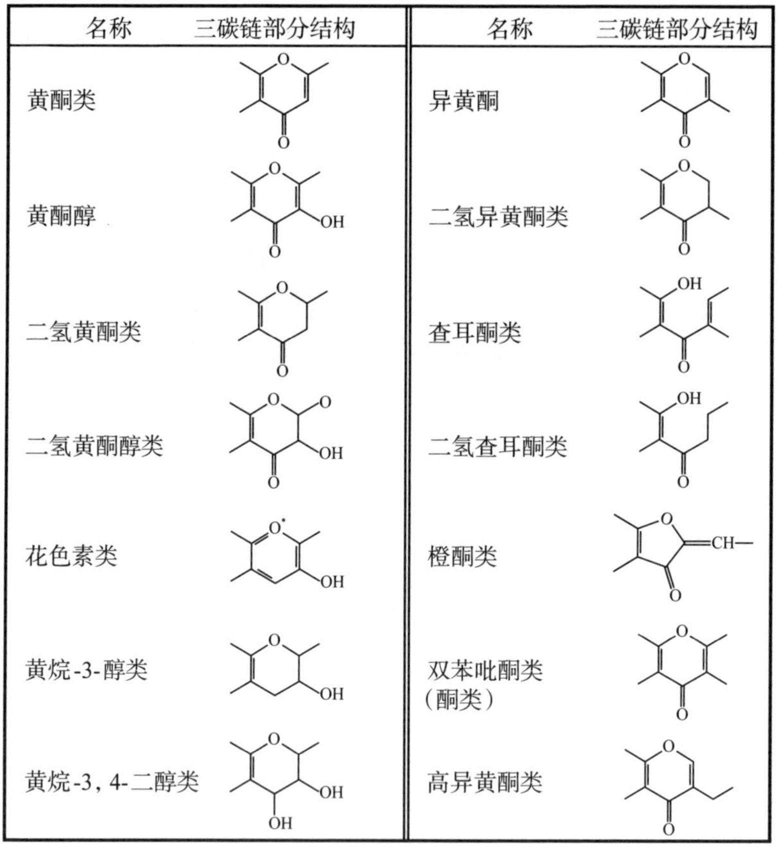

名称	三碳链部分结构	名称	三碳链部分结构
黄酮类		异黄酮	
黄酮醇		二氢异黄酮类	
二氢黄酮类		查耳酮类	
二氢黄酮醇类		二氢查耳酮类	
花色素类		橙酮类	
黄烷-3-醇类		双苯吡酮类（酮类）	
黄烷-3,4-二醇类		高异黄酮类	

图4-34 黄酮类化合物的母体结构类型

（2）黄酮类化合物的理化性质。

①性状。黄酮类化合物多为结晶性固体，少数为无定形粉末。一般情况下，黄酮、黄酮醇多显灰黄—黄色，查耳酮为黄—橙黄色，而二氢黄酮、二氢黄酮醇不显色，异黄酮类显微黄色，花色素及其甙元的颜色随pH不同而改变，一般显红（pH＜7）、紫（pH＝8.5）、蓝（pH＞8.5）。

②溶解性。黄酮类化合物的溶解度因结构及存在状态（甙元、单糖甙、双糖甙或三糖甙）不同而有很大差异。一般游离甙元难溶或不溶于水，易溶

于甲醇、乙醇、乙酸乙酯、乙醚等有机溶剂及稀碱水溶液中。其中黄酮、黄酮醇、查尔酮更难溶于水；而二氢黄酮及二氢黄酮醇等，较易溶于水；花色素及其甙元均易溶于水。黄酮甙一般易溶于水、甲醇、乙醇等强极性溶剂中。糖链越长，则水溶解度越大。

③酸性。黄酮类化合物因分子中多具有酚羟基，故显酸性，可溶于碱性水溶液、吡啶、甲酰胺及二甲基甲酰胺中。

④碱性。γ-吡喃环上的氧原子因有未共用电子对，故表现微弱的碱性，可与强无机酸、盐酸等生成盐。

⑤颜色反应。黄酮类化合物可与镁粉（或锌粉）、盐酸、三氯化铝、氢氧化钠等试剂产生颜色反应，可用于黄酮类化合物的鉴定。表4-25是几种黄酮类化合物的颜色特征反应。

表4-25 几种黄酮类化合物的显色反应

	黄酮	黄酮醇	双氢黄酮	查尔酮	异黄酮	噢呤（橙酮）
盐酸+镁粉	黄→红	红→紫红	红、紫、蓝	—	—	—
盐酸+锌粉	红	紫红	紫红	—	—	—
硼氢化钠	—	—	蓝→紫红	—	—	—
硼酸-柠檬酸	绿黄	绿黄*	—	黄	—	—
醋酸镁	黄*	黄*	蓝*	黄*	黄*	—
三氯化铝	黄	蓝绿	蓝绿	黄	黄	淡黄
氢氧化钠水溶液	黄	深黄	黄→橙（冷）深红→紫红（热）	橙→红	黄	红→紫红
浓硫酸	黄→橙*	黄→橙*	橙→紫红	橙、紫	黄	红→洋红

注："*"表示有荧光。

（3）黄酮类化合物在甲醇溶液中的UV光谱特征。

①黄酮及黄酮醇类。黄酮、黄酮醇等多数黄酮类化合物因分子中存在桂皮酰基及苯甲酰基组成的交叉共轭体系，故其甲醇溶液在200～400 nm的区域内存在两个主要的紫外吸收带，称为峰带Ⅰ（300～400 nm）及峰带Ⅱ（220～280 nm）。黄酮、黄酮醇可通过峰带Ⅰ的最大吸收峰波长予以鉴别，小

于350 nm者为黄酮，而大于350 nm者为黄酮醇。

②查耳酮及橙酮类。共同特征是峰带Ⅰ很强，为主峰，而峰带Ⅱ较弱，为次强峰。查耳酮中，峰带Ⅱ位于220~270 nm，峰带Ⅰ位于340~390 nm，有时分裂为Ⅰa(340~390 nm)及Ⅰb(300~320 nm)。

③异黄酮、二氢黄酮及二氢黄酮醇。除有由A环苯甲酰基系统引起的峰带Ⅱ吸收（主峰）外，因B环不与吡喃酮环上的碳基共轭（或共轭很弱），峰带Ⅰ很弱，常在主峰的长波方向处有一肩峰。根据主峰的位置可以区分异黄酮与二氢黄酮及二氢黄酮醇，前者在245~270 nm，后者在270~295 nm。

(3) 黄酮类化合物的分离纯化。黄酮苷类化合物多存在于植物的花、叶、果等组织中，一般可用丙酮、乙酸乙酯、乙醇、水或某些极性较大的混合溶剂进行提取，其中用得最多的是甲醇-水(1:1)或甲醇。一些多糖苷类则可以用沸水提取。常用的提取方法有煎煮法、冷浸法、回流、渗漉等经典方法。提取出来的黄酮类化合物仍然是一个混合物，不仅是含有其他杂质的粗品，而且是几种黄酮类成分的混合物，需进一步分离纯化。常用的分离纯化方法有柱层析法、重结晶法、铅盐沉淀法和高效液相色谱法等。硅胶柱层析法是一种常用的有效的柱层析法。

硅胶为白色均匀颗粒，主要成分为二氧化硅，用优质硅胶为原料加工制成。其主要特点是能通过对混合物质中的不同成分吸附保留时间的差异，达到分离提纯的目的。在一定条件下，硅胶与被分离物质之间产生作用，这种作用主要由物理作用和化学作用，物理作用来自硅胶表面与溶质分子之间的范德华力，化学作用主要是硅胶表面的硅羟基与待分离物质之间的氢键作用。硅胶层析法的分离原理是根据物质在硅胶上的不同吸附力进行分离，一般情况下极性较大的物质易被硅胶吸附，极性较弱的物质不易被硅胶吸附，整个层析过程即是吸附、解吸、再吸附、再解吸过程。硅胶可用于分离非极性黄酮体甙元，不仅可以分离黄酮苷，也可以分离各种黄酮苷元，如异黄酮、甲氧基黄酮及甲氧基黄酮醇。

4.2.6.2 材料、试剂以及仪器设备

(1) 材料来源。山稔子果实（晒干），购自广州康采恩公司。

(2) 试剂。实验所需试剂见表4-26。

表4-26 试剂

芸香叶苷，含量95%	国药集团化学试剂有限公司
硅胶粉，粒度：30～60目	
亚硝酸钠分析纯	广州化学试剂厂
硝酸铝分析纯	广州化学试剂厂
氢氧化钠分析纯	广州化学试剂厂
甲醇分析纯	广州化学试剂厂
无水乙醇分析纯	广州化学试剂厂
石油醚分析纯	天津市瑞金特化学品有限公司
三氯化铁分析纯	广州化学试剂厂

（3）仪器设备。实验所需仪器设备见表4-27。

表4-27 仪器设备

JZ7114单相异步电动粉碎机，1400 r/min	巩义市英峪予华仪器厂
2.5 cm×7.5 cm玻璃片基层析硅胶薄板（GF254）	台州市路桥四甲生塑料厂
RE-52 D旋转蒸发仪	上海青浦泸西仪器厂
索氏提取器	上海青浦泸西仪器厂
HL-2恒流泵	上海泸西分析仪器厂
UV-2450紫外可见光光度计	上海棱光技术有限公司
30 mm×500 mm层析柱	上海伊利仪器制造有限公司
烘箱	天津市中环实验电炉有限公司

4.2.6.3 方法

（1）黄酮粗提液浸膏的制备。山稔子果实用粉碎机进行粉碎，称取一定量的山稔子在60℃的温度下干燥一天，用90%的乙醇进行索式抽提，提取物浓缩成黏性浸膏，再将其溶于热水中，并用氯仿进行反复萃取分离。取氯仿层进行浓缩，得氯仿浓缩浸膏粗品。

（2）山稔子提取浸膏中总黄酮含量的测定。

①标准曲线的制定。黄酮类化合物与铝离子在碱性与亚硝酸根存在条件下形成黄酮的铝络合物，形成稳定的黄色化合物，因为黄酮类化合物分

子结构中,凡在 C_3 或 C_6 位上有羟基,都会与铝盐形成有颜色的配位化合物。在一定范围内黄色的深浅与黄酮含量呈一定的比例关系,以芦丁(对照品)作标准,于最大吸收波长处比色定量测定。具体实验方法如下:精密称取在 105℃ 干燥 5 min 至恒重的芦丁对照品 11.8 mg,置 50 mL 容量瓶中,加甲醇适量,在水浴上微热溶解,置冷,用甲醇稀释至刻度,摇匀,得芦丁对照溶液(0.236 mg/mL)。精密吸取对照溶液 0 mL、1.0 mL、2.0 mL、3.0 mL、4.0 mL、5.0 mL、6.0 mL,分别置入 25 mL 容量瓶中,再分别加甲醇 6.0 mL、5.0 mL、4.0 mL、3.0 mL、2.0 mL、1.0 mL、0 mL,加 5% 亚硝酸钠溶液 1.0 mL,摇匀,静置 6 min;加 10% 硝酸铝溶液 1.0 mL,摇匀,再静置 6 min;加 1% 氢氧化钠试液 10 mL,再加 30% 乙醇至刻度,摇匀,静置 15 min。以相应试剂空白做参比,用紫外分光光度计在 510 nm 测定吸光度。以吸光度为纵坐标,浓度为横坐标绘制标准曲线,列回归方程。

②山稔子中总黄酮含量的测定。将得到的浸膏称量 5 g,用甲醇充分溶解,并定容至 25 mL,然后取 0.2 mL 稀释到 10 mL,再从 10 mL 中取 1 mL 至 25 mL 容量瓶中,加甲醇至 6 mL(即 5.5 mL 甲醇),其余步骤同标准曲线,在 510 nm 处测定吸光度。根据吸光度的大小在标准曲线上找出其相应的总黄酮含量。

(3)山稔子黄酮类化合物的分离纯化。称取柱层析硅胶 120 g,于烘箱 110℃ 下活化 1 h,浓缩液用氯仿(尽可能使上样液浓度高)溶解后,湿法装柱(3×50 cm)。开始时用氯仿洗,至第一个出现颜色样品后换用氯仿-甲醇系统进行梯度洗脱(洗脱极性由小到大),洗脱速度 5 mL/min,收集不同的流份,每个流份 80 mL,至颜色改变时即换不同比例洗脱液,最后洗至无颜色为止。以 TBA(叔丁醇:冰乙酸:水=3:2:1)为展开剂,对每个流份进行薄层层析,并将层析结果相同的流份进行合并浓缩,通过颜色及荧光反应以及进行紫外扫描光谱鉴别所分离的黄酮类化合物。对于不同的流份浓缩得到的流份液,再用极性比更小的氯仿-甲醇系统进行进一步上样洗脱。重复上述方法,直到分离出单体为止。

4.2.6.4 结果与分析

(1)标准曲线的建立及样液总黄酮含量的测定。根据上述方法建立标准曲线，以吸光度为纵坐标，浓度为横坐标绘制标准曲线，计算得标准曲线的回归方程为 $y=0.4252x+0.0004$，方程的相关系数为 $R^2=0.9991$，其标准曲线图如图4-35所示。测得粗品浸膏里的总黄酮浓度为0.7112 mg/mL。

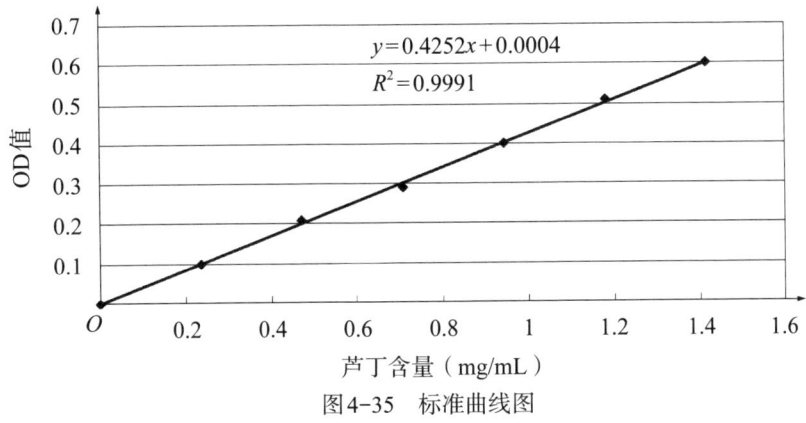

图4-35　标准曲线图

（2）黄酮粗提液的分离纯化。

①浸膏样品的第一次硅胶柱层析。根据上述方法进行黄酮粗提液浸膏黄酮类化合物的分离纯化，经氯仿-甲醇系统（氯仿与甲醇的比例依次为10∶0，9∶1，8∶2，7∶3，0∶10）梯度洗脱后得到11个流份，各流份颜色见表4-28。

表4-28　氯仿-甲醇洗脱液各流份颜色

流份号	1	2	3	4	5	6	7	8	9	10	11
洗脱剂	10∶0	10∶0	10∶0	9∶1	9∶1	9∶1	8∶2	8∶2	8∶2	7∶3	0∶10
颜色	褐黑色	棕绿色	棕黄色	褐黑色	褐黄色	黄色	褐黄色	深黄色	淡黄色	淡黄色	淡黄色

薄层层析操作如下：用点样毛细管将样液点于GF254薄层板（距离底边1 cm处），将粗提液点样2~5次（每次点样圆点直径为2~3 mm，点完样后用电吹风吹干溶剂），用TBA作展开剂展开，当展开剂到达离顶边约0.5 cm时取出薄层板，吹干后用单质碘作显色剂显色，然后在紫外、氨熏/紫外下观察其荧光反应（254 nm下激发，300 nm下观察荧光颜色），各流份薄层层析结果见表4-29。

表4-29　各流份薄层层析结果

		紫外 (荧光颜色)	紫外/氨熏 (荧光颜色)	C值(mm)	A值(mm)	R_f值(A/C)
1	点1	紫红色	黄色、棕色	59	56	0.949
2	点1	蓝色	黄色、棕色	59	56.5	0.957
3	点1	蓝色	黄色、棕黄色	59.5	55	0.924
4	点1	黄色	黄色、棕色	59	50	0.847
5	点1	黄色	黄色→淡绿色	60	54.5	0.908
6	点1	黄色	黄色→淡绿色	60	52	0.867
7	点1	黄色	黄色	—	—	—
8	点1	黄色	黄色	—	—	—
9	点1	黄色	黄色	—	—	—
10	点1	黄色	黄色	—	—	—
11	点1	黄色	黄色	—	—	—

由于1～3流份（用A样品表示）及4～6流份（用B样品表示）经薄层层析显色后只有一个点，对应点的TBA展开剂下的R_f十分接近以及紫外、紫外/氨熏下荧光颜色一致，所以初步认为是同一类物质，故将这两组流分合并、浓缩，待进一步地进行极性更小的氯仿-甲醇系统洗脱，进行分离纯化。同时取少量浓缩液加入甲醇使之溶解并按表4-30进行颜色及荧光反应鉴别实验。

表4-30　1～3流份（A）及4～6流份（B）中的黄酮体的颜色及荧光反应

反应		盐酸-镁粉	NaOH溶液	浓硫酸	柠檬酸	三氯化铝	紫外	紫外/氨熏
现象	A	不反应	不反应	黄色→深黄色	黄色→绿黄色	不反应	蓝色	棕黄色
	B	红色→紫红色	深黄色	橙色→紫红色	黄色	黄绿色	蓝色	黄色→绿色

根据表4-30颜色及荧光反应结果可以看出，1～3流份与黄酮体的颜色特征反应的现象有多个不明显，说明全氯仿洗脱下来的黄酮体含量不高，故这部分不再作进一步的分离和纯化。从4～6流份（B）颜色及荧光反应结果可以看出，与盐酸-镁粉反应呈红色→紫红色，说明样液含有黄酮醇；与氢氧

化钠反应呈深黄色说明样液含有黄酮醇；与浓硫酸反应呈橙色→紫红色说明样液含有双氢黄酮；与三氯化铝反应呈黄绿色说明样液含有黄酮醇；与柠檬酸反应呈黄色说明样液含有查尔酮；在紫外下显蓝色荧光，在紫外/氨熏下呈黄色→绿色说明样液含有黄酮、黄酮醇、双氢黄酮和查尔酮中的一种或几种。综上所述，可以鉴定4~6流份（B）中含有黄酮、黄酮醇、查尔酮和双氢黄酮。

由于其他流份的薄层层析得到的点数不一致，而且拖尾严重，紫外下荧光或者氨熏后紫外下荧光的颜色也不尽一致。这一现象说明这部分洗脱下来的流份样液未知成分多，故在此实验中不作进一步的分离和纯化。

②对4~6流份（B）进行第二次硅胶柱层析。把4~6流份（B）合并，浓缩后，作为第二次硅胶柱层析的上样样液。湿法上柱后，先用百分百的氯仿冲洗一遍硅胶柱，去除硅胶柱和样液的杂质。然后用极性更小的氯仿-甲醇系统（氯仿-甲醇比例依次为49:1，48:2，47:3，46:4，45:5）进行柱子洗脱，洗脱过后得到10个流份。每个流份用点样毛细管将样液点于GF254薄层板（距离底边1 cm处），将粗提液点样2~5次（每次点样圆点直径为2~3 mm，点样完毕后用电吹风吹干溶剂），用TBA作展开剂展开。当展开剂到达离顶边约0.5 cm时取出薄层板，吹干后用单质碘作显色剂显色，然后在紫外、氨熏/紫外下观察其荧光反应（254 nm下激发，300 nm下观察荧光颜色）。各流份薄层层析结果见表4-31。

表4-31 各流份薄层层析结果

流份号	洗脱剂	紫外（荧光颜色）	紫外/氨熏（荧光颜色）	C值（mm）	A值（mm）	R_f值（A/C）
1	49:1	蓝色	黄色→绿色	60	50.4	0.84
2	49:1	蓝色	黄色→绿色	60	49	0.8117
3	49:1	蓝色	黄色→绿色	61	50.5	0.828
4	48:2	蓝色	黄色→绿色	61	52	0.852
5	48:2	蓝色	黄色→绿色	60	47	0.782
6	47:3	蓝色	黄色→绿色	60	43	0.717
7	47:3	蓝色	黄色→绿色	60	42	0.7
8	46:4	蓝色	黄色→绿色	60	41	0.683
9	46:4	蓝色	黄色→绿色	61	40	0.656
10	45:5	蓝色	黄色→绿色	61	41.5	0.681

由于流份1~5经薄层层析显色后只有一个点，对应点的TBA展开剂下的 R_f 十分接近且紫外、紫外/氨熏下荧光颜色一致，所以初步认为是同一类物质。将这几个流份合并、浓缩，取少量浓缩液加入甲醇溶解，按表4-32进行颜色及荧光反应鉴别实验。

表4-32 流份1~5中的黄酮体的颜色及荧光反应

反应	盐酸-镁粉	NaOH溶液	浓硫酸	浓盐酸	柠檬酸	三氯化铝	紫外	紫外/氨熏
现象	黄色→红色	深黄色	橙色→紫红色	不变红	绿黄色	蓝绿色	蓝色	黄色→绿色

根据表4-32颜色及荧光反应结果可以看出，与盐酸-镁粉反应呈红色说明样液含有双氢黄酮；与氢氧化钠反应呈深黄色说明样液含有黄酮醇，与浓硫酸反应呈橙色→紫红色（带荧光）进一步说明样液含有双氢黄酮；与浓盐酸反应不变红说明样液不含有花青素或某些查尔酮、噢呼；与柠檬酸反应呈绿黄色（带荧光）说明样液含有黄酮醇；与三氯化铝反应呈蓝绿色说明样液含有双氢黄酮；在紫外下显蓝色荧光，在紫外/氨熏下呈黄色→绿色说明样液含有黄酮、黄酮醇、双氢黄酮和查尔酮中的一种或几种。综上所述，可以鉴定这几个流份混合后含有黄酮醇和双氢黄酮。将这几个流份合并、浓缩后再一次上硅胶柱进一步洗脱分离。

同理，由于流份6和7经薄层层析显色后只有一个点，对应点的TBA展开剂下的 R_f 十分接近以及在紫外、紫外/氨熏下荧光颜色一致，所以初步认为是同一类物质。将这两个流份合并、浓缩，取少量浓缩液加入甲醇溶解，按表4-33进行颜色及荧光反应鉴别实验。

表4-33 流份6~10中的黄酮体的颜色及荧光反应

反应	盐酸-镁粉	NaOH溶液	浓硫酸	浓盐酸	柠檬酸	三氯化铝	紫外	紫外/氨熏
现象	红色→紫红色	深黄色	黄色→橙色	不变红	绿黄色	黄绿色	蓝色	黄色→绿色

根据表4-33颜色及荧光反应结果可以看出，与盐酸-镁粉反应呈红色→紫红色说明样液含有黄酮醇；与氢氧化钠反应呈深黄色说明样液含有黄酮醇；与浓硫酸反应呈黄色→橙色（带荧光）说明样液含有黄酮醇；与浓盐酸反应不变红说明样液不含有花青素或某些查尔酮、噢呼；与柠檬酸反应呈绿黄色（带荧光）进一步说明样液含有黄酮醇；与三氯化铝反应呈黄绿色说明样液含有黄酮醇；在紫外下显蓝色荧光，在紫外/氨熏下呈黄色→绿色说明样液含有黄酮、黄酮醇、双氢黄酮和查尔酮中的一种或几种。综上所述，可以鉴定

流份6和7中含有黄酮醇。

4.2.6.5 讨论

（1）改进山稔子总黄酮的提取工艺条件。本研究的黄酮体浸膏样液是用90%的乙醇进行索式抽提，提取物浓缩成黏性浸膏，再将其溶于热水中，并用氯仿进行反复萃取分离制得，通过用芦丁对照品的标准曲线测得黄酮体浸膏样液的总黄酮浓度为0.7112 mg/mL。这种提取方法得到的黄酮体浸膏样液的浓度不高，对下一步上硅胶柱层析分离纯化会带来更多的杂质，对结果影响也大。粗提取黄酮类化合物可以用一些传统方法（如煎煮法、冷浸法、回流、渗漉等方法），也可以用一些新颖的方法（如超声波法、超临界CO_2萃取法等）。对于山稔子，黄儒强等对山稔子采用各种浓度的乙醇、甲醇、水、乙酸乙酯冷浸法提取黄酮测定其含量，确定95%甲醇水溶液为较理想溶剂，使总黄酮浓度达到0.926 mg/mL。根据黄儒强等用95%甲醇水溶液作浸取溶剂来优化山稔子总黄酮的提取工艺条件，则在进行硅胶柱层析时分离纯化黄酮类化合物的过程中也会得到优化。

（2）柱层析法对黄酮类化合物分离纯化的深入探讨。硅胶传统用于分离异黄酮、黄烷酮、二氢黄酮醇和高度甲基化（乙酰化）的黄酮以及黄酮醇。这种分离已有许多例证。若在洗脱剂中加入水，则硅胶的分离范围就包括极性更大的黄酮类化合物。事实上，用不同来源的硅胶吸附剂所观测到的各种层析特性中，有许多无疑是由硅胶中的水含量造成的。故在进行硅胶柱层析实验时，一般要对硅胶进行预处理，即活化。同时，在许多合格硅胶商品中含有金属杂质（金属离子），这些金属杂质导致很多极性的黄酮类化合物牢固地粘附在柱子上，增加了分离的难度。黄酮类化合物的分离纯化方法除了可用硅胶柱层析法外，还主要有聚酰胺柱层析法、葡聚糖柱层析法、纤维素柱层析法、氧化铝柱层析法等。聚酰胺柱层析法对各种黄酮苷类有较好的分离效果，其层析容量较大，适合于制备性分离，洗脱剂常用水－甲醇，也有用水－乙醇和甲醇－氯仿的。葡聚糖凝胶柱层析主要靠分子筛作用分离黄酮苷类。在洗脱时，一般按分子量的大小顺序洗出柱体。

4.3 山稔子生物碱提取纯化工艺的优化及其抑菌活性的探究

以山稔子生物碱得率为指标，在单因素实验的基础上，应用响应面法优化其提取工艺，应用柱层析法纯化粗生物碱并探究其抑菌活性。结果表明，山稔子生物碱的最佳提取工艺条件为：提取温度80℃，料液比1：40，乙醇浓度95%，提取时间1.8 h。在此条件下，山稔子生物碱得率为0.5275±0.0047。采用阳离子交换树脂D001纯化山稔子生物碱，上样液pH为4，浓度为0.68 mg/mL，上样量为0.5 BV。以蒸馏水除杂后用含5%氨水的70%乙醇溶液洗脱4 BV，纯化后山稔子生物碱纯度提高了5.29±0.09倍。山稔子生物碱对金黄色葡萄球菌、蜡样芽孢杆菌和福氏志贺菌具有较好的抑菌活性，最小抑菌浓度分别为0.098 mg/mL、0.391 mg/mL、6.25 mg/mL。

4.3.1 试验材料与方法

4.3.1.1 材料与仪器

山稔子干果：市售；盐酸小檗碱标准品：购自上海源叶生物技术有限公司；大孔树脂D101、AB-8、NKA-9，阳离子交换树脂D001、732：购自铭旺延轩生物技术有限公司；其他试剂均为分析纯。供试菌株：大肠杆菌（*Escherichia coli* ATCC 8739）、绿脓杆菌（*Pseudomonas aeruginosa*）、金黄色葡萄球菌（*Staphylococcus aureus* ATCC 6538）、蜡样芽孢杆菌［*Bacillus cereus* CMCC（B）63301］、福氏志贺菌（*Shigella flexneri subserotype* CMCC 51572）。

UV-5100 B型紫外可见分光光度计：购自上海元析仪器有限公司；RE 52-99旋转蒸发仪：购自上海亚荣生化仪器厂；SP-02 Y型生化培养箱：购自黄石市恒丰医疗器械有限公司；BHC-1300 Ⅱ A2型生物安全柜：购自苏净安泰。

4.3.1.2 研究方法

（1）山稔子生物碱的提取。将山稔子干果粉碎后过40目筛，加入二倍量的石油醚浸泡脱脂，烘干后备用。称取一定量的山稔子粉末，加入一定量的酸性乙醇，在一定温度下提取一定时间。过滤后减压浓缩滤液至浸膏，加入稀盐酸溶解浸膏后加入氨水调节pH为10，乙酸乙酯萃取浓缩干燥后得到山稔子粗生物碱。采用酸性染料比色法测定生物碱含量，参照已有的研究并进行一定的修改。精密称取8 mg盐酸小檗碱标准品，加入95%乙醇超声溶解并定容至25 mL。吸取盐酸小檗碱标准品溶液0 mL、1 mL、2 mL、3 mL、4 mL、5 mL至10 mL容量瓶中95%乙醇定容。吸取2.5 mL于试管中，加入1 mL的10%溴甲酚绿、1 mL的邻苯二甲酸氢钾缓冲液（pH=5.4）、5 mL氯仿，摇匀后静置1 h分层，取氯仿层于416 nm测定吸光度。以盐酸小檗碱浓度为横坐标、吸光度为纵坐标绘制盐酸小檗碱标准曲线,方程为 $y=3.6552x-0.0135$,$R^2=0.9999$。以标准曲线法测定山稔子粗生物碱含量,计算生物碱得率,公式如下:

$$生物碱得率 = \frac{cV}{m} \qquad 公式(4-8)$$

式中,c 为用标准曲线方程计算得出的生物碱浓度,mg/mL;V 为提取液体积,mL;m 为山稔子原料质量,mg。

(2)生物碱提取工艺的优化。

①单因素实验。以山稔子生物碱得率为指标,考察提取温度(40℃、50℃、60℃、70℃、80℃),固定料液比1:30,乙醇浓度70%,提取时间1 h;考察料液比(1:10,1:20,1:30,1:40,1:50),固定提取温度70℃,乙醇浓度70%,提取时间1 h,乙醇浓度(60%、70%、80%、90%、100%),固定料液比1:30,提取温度70℃,提取时间1 h;以及考察提取时间(0.5 h、1 h、1.5 h、2 h、2.5 h),固定料液比1:30,提取温度70℃,乙醇浓度90%。考察这4个因素对山稔子生物碱得率的影响。

②响应面优化。根据单因素实验结果,选取提取温度、料液比、乙醇浓度和提取时间为自变量,以生物碱得率为响应值,利用Box-Benhnken中心组合设计四因素三水平试验(表4-34),采用Design Expert V8.0.6进行数据分析并得出山稔子生物碱的最佳提取工艺。

表4-34 响应面分析因素及水平

水平	因素			
	提取温度(℃)	料液比(g:mL)	乙醇浓度(%)	提取时间(h)
-1	60	1:30	80	1
0	70	1:40	90	1.5
1	80	1:50	100	2

(3)生物碱纯化工艺的优化。

①上样液的准备。称取山稔子干粉100 g,按最佳提取工艺加热回流提取,减压浓缩至浸膏,稀酸溶解浸膏,加入氨水调节pH为10。乙酸乙酯萃取后浓缩干燥,95%乙醇溶解生物碱备用。

②树脂的选择。精密称取经过预处理的大孔树脂D101、AB-8、NKA-9以及阳离子交换树脂D001、732各10 g于锥形瓶中,加入50 mL山稔子生物

碱上样液，室温下以转速 150 r/min 振荡吸附 24 h。过滤后取滤液用标准曲线法计算得到吸附后生物碱浓度，计算各树脂的吸附量和吸附率。将吸附后的树脂加入少量去离子水冲洗，过滤后加入 70% 乙醇溶液（含 2% 氨水）50 mL，室温下以转速 150 r/min 振荡吸附 24 h。过滤后取滤液用标准曲线法计算得到解吸后生物碱浓度，计算各树脂的解吸率。各计算公式如下：

$$吸附量 = \frac{(吸附前浓度 - 吸附后浓度) \times 上样液体积}{树脂质量} \times 100\% \quad 公式（4-9）$$

$$吸附率 = \frac{吸附前浓度 - 吸附后浓度}{吸附前浓度} \times 100\% \quad 公式（4-10）$$

$$解吸率 = \frac{解吸液浓度 \times 洗脱液体积}{(吸附前浓度 - 吸附后浓度) \times 上样液体积} \times 100\% \quad 公式（4-11）$$

③上样液 pH 值考察。取相同浓度、pH 分别为 2，3，4，5 的上样液 30 mL，上样至相同柱床体积的阳离子交换树脂 D001 柱上，测定其吸附量和吸附率。

④上样液浓度考察。取生物碱浓度为 0.6883 mg/mL 的上样液，梯度稀释成浓度为 0.3442 mg/mL、0.1721 mg/mL、0.0860 mg/mL 的上样液，调节 pH 至 4，上样至相同柱床体积的阳离子交换树脂 D001 柱上，测定其吸附量和吸附率。

⑤上样量考察。称取阳离子交换树脂 D001 装柱，径高比为 1∶10，柱床体积约为 20 mL。取生物碱浓度为 0.68 mg/mL 的上样液以 1 mL/min 上样，每 5 mL 收集 1 流份，连续接取 10 流份，测定生物碱含量。以流出液体积为横坐标，各流份中生物碱浓度为纵坐标绘制泄漏曲线。

⑥洗脱液选择。

氨浓度考察。取生物碱浓度为 0.68 mg/mL 的上样液调节 pH 至 4，上样至相同柱床体积的阳离子交换树脂 D001 柱上，去离子水除杂后分别以含有 1%，2%，3%，4%，5% 氨水的 80% 乙醇溶液进行洗脱，收集洗脱液测定解吸率。

乙醇浓度考察。取生物碱浓度为 0.68 mg/mL 的上样液调节 pH 至 4，上样至相同柱床体积的阳离子交换树脂 D001 柱上，去离子水除杂后分别以含有 5% 氨水的 50%，60%，70%，80%，90% 乙醇溶液进行洗脱，收集洗脱液测定解吸率。

⑦洗脱液体积考察。称取阳离子交换树脂 D001 装柱，径高比 1∶10，柱床体积约为 20 mL。取生物碱浓度为 0.68 mg/mL 的上样液以 1 mL/min 上样，以含有 5% 氨水的 70% 乙醇溶液进行洗脱，每 5 mL 收集 1 流份，连续接取 20 流份。测定生物碱含量，以洗脱液体积为横坐标、各流份中生物碱浓度为纵坐标绘制洗脱曲线。

⑧验证实验。按优化后的条件上样并洗脱，计算其生物碱纯度，公式如下：

$$生物碱纯度 = \frac{洗脱液浓度 - 洗脱液体积}{干燥后的质量} \times 100\% \qquad 公式（4-12）$$

(4) 抑菌活性的探究。

①抑菌活性。取山稔子生物碱粗提液真空干燥后用 95% 乙醇配成浓度为 100 mg/mL、50 mg/mL 的药液备用。供试菌株为大肠杆菌、绿脓杆菌、金黄色葡萄球菌、蜡样芽孢杆菌、福氏志贺菌。

②最小抑菌浓度。采用二倍稀释法：取无菌 96 孔板，在 1~12 孔内加入 100 μL 营养肉汤培养基，在第 1 孔中加入 100 mg/mL 山稔子粗生物碱 100 μL，用移液枪充分吹打并双倍连续稀释至第 10 孔。孔板内 1~10 孔的生物碱浓度范围为 50~0.098 mg/mL。在 1~11 孔中加入 1.0×10^6 cfu/mL 供试菌悬液 100 μL，于 37℃下培养 20 h 后，于每孔中加入 30 μL 已灭菌的 0.1% 刃天青溶液，继续恒温培养 4 h，观察并记录其颜色变化。其中第 11 孔为菌悬液阳性对照，第 12 孔为培养基阴性对照。各孔颜色由蓝变粉即表示有菌生长，读出山稔子生物碱的最小抑菌浓度（MIC）。每组试验重复三次。

(5) 数据分析。所有实验均重复 3 次，结果以 $x \pm s$ 表示，采用 SPSS 19.0 进行数据统计，用 Origin 8.5 绘制图形。

4.3.2 结果与讨论

4.3.2.1 山稔子生物碱提取工艺的优化

(1) 单因素实验结果。

①提取温度的影响。提取温度对山稔子生物碱得率的影响如图 4-36 所示。随着提取温度的升高，山稔子生物碱得率先升高后降低，当提取温度达到 70℃时生物碱得率最高。过高的温度可能会破坏生物碱的结构或增加提取液中的杂质。

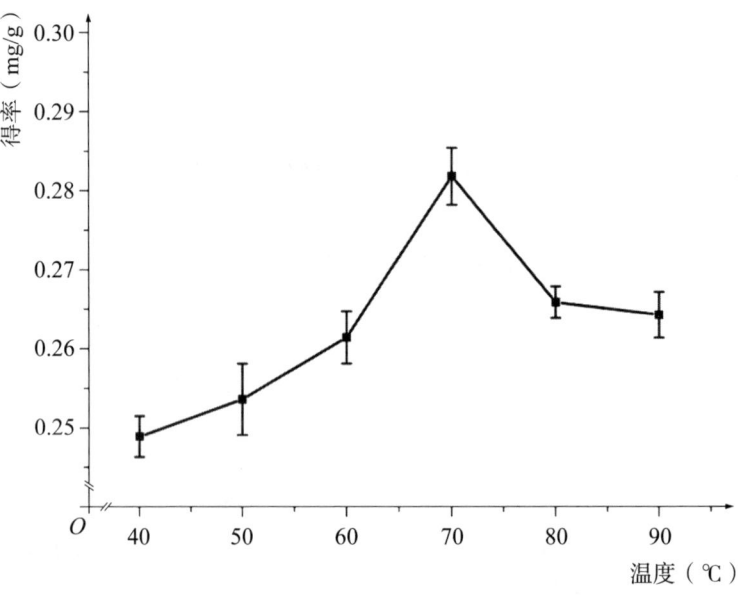

图4-36 提取温度对山稔子生物碱得率的影响

②料液比的影响。料液比对山稔子生物碱得率的影响如图4-37所示。随着料液比的增加，山稔子生物碱得率大大增加，当料液比达到1∶30时得率的增加趋于平缓。这是因为原料中的绝大部分生物碱已经被充分提取出来，增加乙醇溶液并不能明显增加生物碱的浸出。

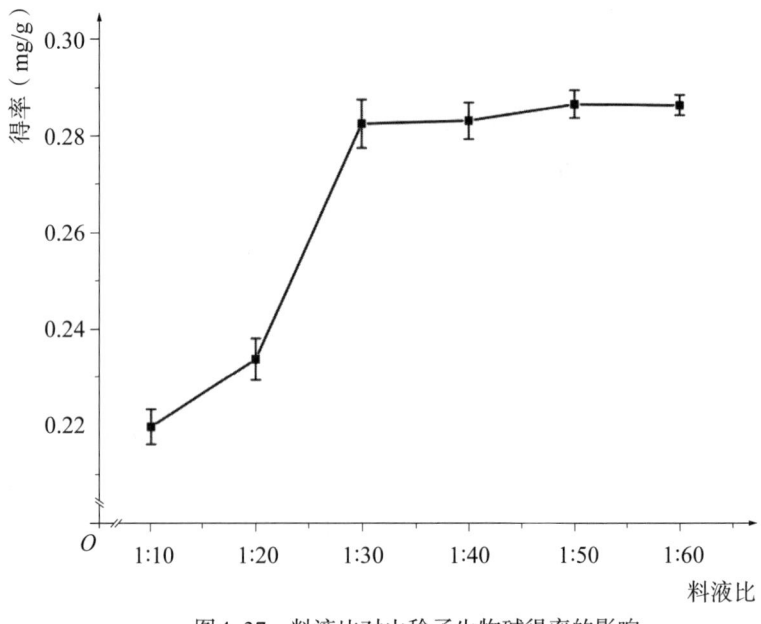

图4-37 料液比对山稔子生物碱得率的影响

③乙醇浓度的影响。乙醇浓度对山稔子生物碱得率的影响如图4-38所示。随着乙醇浓度的增加，山稔子生物碱得率逐渐升高。

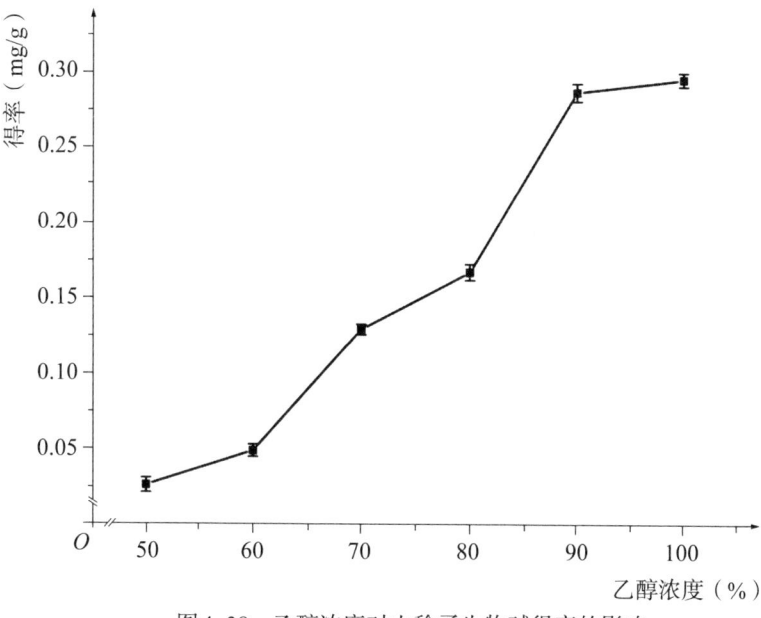

图4-38　乙醇浓度对山稔子生物碱得率的影响

④提取时间的影响。提取时间对山稔子生物碱得率的影响如图4-39所示。随着提取时间的增加，山稔子生物碱得率先升高后降低，当提取时间为2 h时得率最高，长时间的提取可能会导致提取液中杂质的浸出。

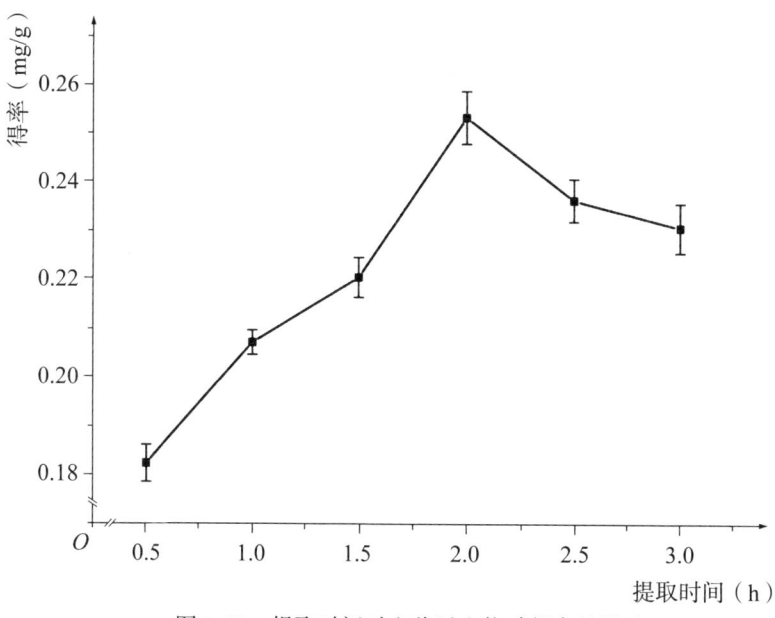

图4-39　提取时间对山稔子生物碱得率的影响

（2）响应面分析结果。根据单因素实验结果确定的各因素考察水平，进行 Box-Behnken 中心组合实验，采用 Design Expert V8.0.6 进行实验设计及数据处理，具体实验设计及数据处理结果见表4-35。

表4-35 响应面方案与结果

试验号	提取温度	料液比	乙醇浓度	提取时间	生物碱得率（mg/mL）
1	-1	-1	0	0	0.3379
2	1	-1	0	0	0.3762
3	-1	1	0	0	0.2903
4	1	1	0	0	0.3877
5	0	0	-1	-1	0.1824
6	0	0	1	-1	0.4527
7	0	0	-1	1	0.3105
8	0	0	1	1	0.4908
9	-1	0	0	-1	0.3015
10	1	0	0	-1	0.3154
11	-1	0	0	1	0.3349
12	1	0	0	1	0.4012
13	0	-1	-1	0	0.2514
14	0	1	-1	0	0.1686
15	0	-1	1	0	0.4424
16	0	1	1	0	0.4899
17	-1	0	-1	0	0.2273
18	1	0	-1	0	0.3335
19	-1	0	1	0	0.4488
20	1	0	1	0	0.5558
21	0	-1	0	-1	0.2864
22	0	1	0	-1	0.2452
23	0	-1	0	1	0.4174
24	0	1	0	1	0.3871
25	0	0	0	0	0.4087

续表

试验号	提取温度	料液比	乙醇浓度	提取时间	生物碱得率（mg/mL）
26	0	0	0	0	0.3804
27	0	0	0	0	0.3853
28	0	0	0	0	0.4063
29	0	0	0	0	0.3806

分析得到四个因素 A（提取温度）、B（料液比）、C（乙醇浓度）、D（提取时间）与山稔子生物碱得率之间的二次多项式模型方程：

生物碱得率 $= 0.39 + 0.036A - 0.012B + 0.12C + 0.047D + 0.015AB + 2 \times 10^{-4}AC + 0.013AD + 0.033BC + 2.725 \times 10^{-3}BD - 0.023CD - 8.608 \times 10^{-3}A^2 - 0.037B^2 - 3.158 \times 10^{-3}C^2 - 0.032D^2$

该回归模型的方差分析和显著性检验结果见表4-36。该模型 $P < 0.0001$，说明模型极显著；失拟项 $P=0.0878 > 0.05$，说明该模型拟合程度较好。

表4-36 回归模型的方差分析和显著性检验

方差来源	平方和	自由度	均方	F	P	显著性
Model	0.23	14	0.016	24.05	< 0.0001	**
A：提取温度	0.015	1	0.015	22.52	0.0003	
B：料液比	1.702 E-003	1	1.702 E-003	2.50	0.1363	
C：乙醇浓度	0.16	1	0.16	242.07	< 0.0001	**
D：提取时间	0.026	1	0.026	38.13	< 0.0001	**
AB	8.732 E-004	1	8.732 E-004	1.28	0.2766	
AC	1.600 E-007	1	1.600 E-007	2.349 E-004	0.9880	
AD	6.864 E-004	1	6.864 E-004	1.01	0.3325	
BC	4.245 E-003	1	4.245 E-003	6.23	0.0257	*
BD	2.970 E-005	1	2.970 E-005	0.044	0.8376	
CD	2.025 E-003	1	2.025 E-003	2.97	0.1067	

续表

方差来源	平方和	自由度	均方	F	P	显著性
A^2	4.807E-004	1	4.807E-004	0.71	0.4150	
B^2	9.053E-003	1	9.053E-003	13.29	0.0026	**
C^2	6.470E-005	1	6.470E-005	0.095	0.7625	
D^2	6.532E-003	1	6.532E-003	9.59	0.0079	**
残差	9.537E-003	14	6.812E-004			
失拟	8.717E-003	10	8.717E-004	4.25	0.0878	
纯误差	8.201E-004	4	2.050E-004			
总和	0.24	28				

该回归方程复相关系数 $R=0.9601>0.9$，说明该模型预测的生物碱得率与实际测得的生物碱得率的相关程度较高；校正决定系数 $R^2_{Adj}=0.9202$，说明该模型失误概率很低，92.02% 的预测结果能较好地反映实际情况，只有 7.98% 的预测结果可能存在失误。因此，该模型能较好地反映各因素与山稔子生物碱得率之间的关系，可以用于对山稔子生物碱得率的分析和预测。

由表 4-36 可知，该模型的一次项 C、D 的 $P<0.0001$，表明乙醇浓度和提取时间对生物碱得率的影响极显著。一次项 C、D 对生物碱得率影响极显著（$P<0.0001$），一次项 A、交互项 BC 以及二次项 B^2、D^2 对得率影响显著（$P<0.05$）。F 值越大说明因素对得率的影响越大，因此影响山稔子生物碱得率的 4 个因素影响程度为：乙醇浓度＞提取时间＞提取温度＞料液比。利用软件分析其交互效应，结果如图 4-40 所示。响应曲面的平缓程度可以反映响应值对该因素的敏感程度，坡度越陡说明越敏感，越平说明越不敏感。由图 4-40 及表 4-36 可知，山稔子生物碱得率对料液比和乙醇浓度二者的变化较为敏感。

根据响应面实验数据分析得出提取山稔子生物碱的最优条件为：提取温度为 80℃，料液比为 1∶44.8，乙醇浓度为 100%，提取时间为 1.805 h。模型预测在此条件下山稔子生物碱得率为 0.553354 mg/mL。考虑到实验操作的可行性和提取的成本，将最优提取条件调整为：提取温度 80℃，料液比 1∶40，乙醇浓度 95%，提取时间 1.8 h。按照此条件进行三次平行验证实验，得到的实际山稔子生物碱得率为 0.5275 mg/mL ± 0.0047 mg/mL，与模型预测值相近,说明该模型对优化山稔子生物碱提取工艺有较好的效果。

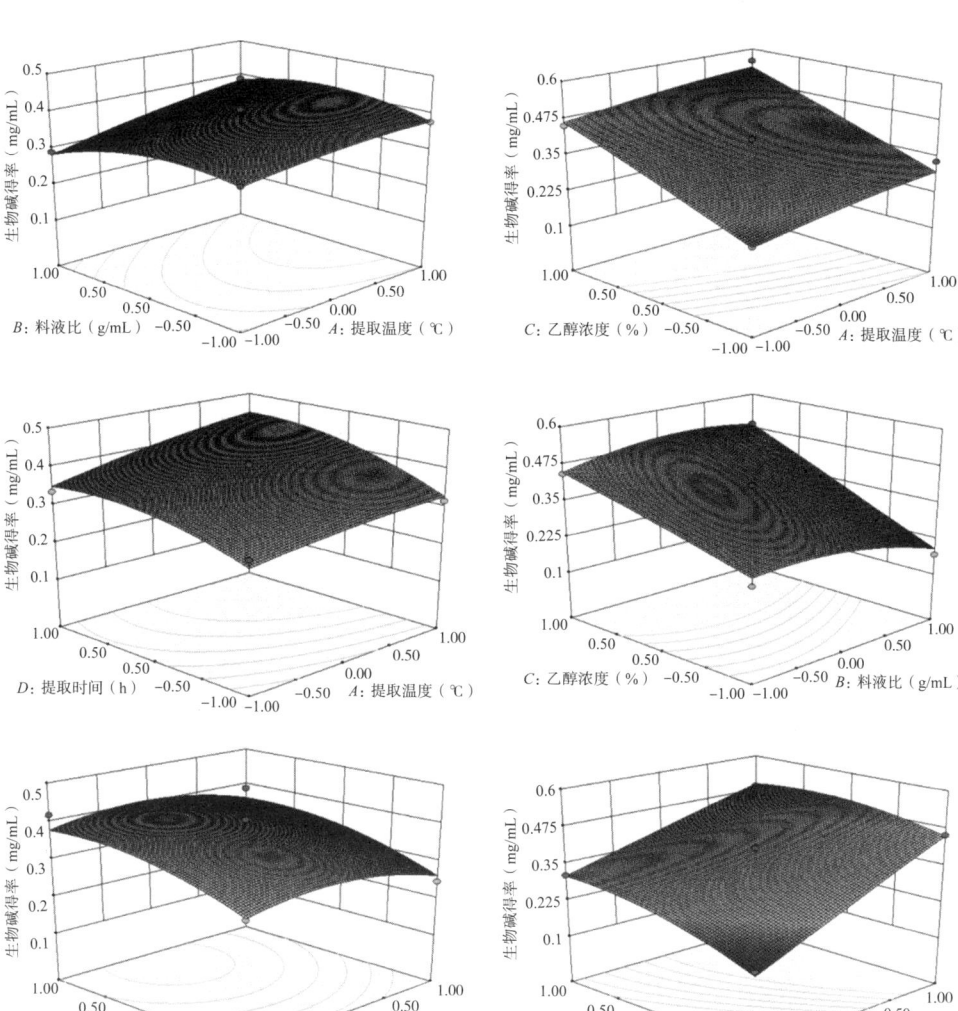

图4-40 生物碱得率的响应面曲面图

4.3.2.2 生物碱纯化工艺的优化

(1)树脂的选择。各树脂对山稔子生物碱的吸附量、吸附率和解吸率见表4-37。选择吸附率高、解吸率亦高的阳离子树脂D001进行山稔子生物碱的纯化。

表4-37 树脂的选择

树脂类型	树脂型号	吸附量（mg/g）	吸附率	解吸率
大孔树脂	D101	0.49	30.13%	11.39%
	AB-8	0.37	22.43%	29.48%
	NKA-9	0.50	30.29%	25.14%
阳离子交换树脂	D001	1.08	64.05%	75.00%
	732	0.57	38.95%	67.24%

（2）上样液pH值考察。结果见表4-38。由表可知，当上样液pH为4时，山稔子生物碱的吸附量和吸附率最高，因此选择上样液pH为4。

表4-38 上样液pH值考察

pH	吸附量（mg/g）	吸附率（%）
2	0.20 ± 0.08	33.83 ± 2.40
3	0.39 ± 0.04	67.06 ± 3.83
4	0.46 ± 0.05	79.53 ± 5.67
5	0.24 ± 0.05	41.54 ± 4.58

（3）上样液浓度考察。结果见表4-39。由表可知，当上样液浓度为0.6883 mg/mL时，山稔子生物碱的吸附量和吸附率最高，因此选择上样液浓度为0.68 mg/mL。

表4-39 上样液浓度考察

上样液浓度（mg/mL）	吸附量（mg/g）	吸附率（%）
0.6883	4.35 ± 0.06	50.59 ± 6.01
0.3442	1.67 ± 0.3	38.76 ± 2.33
0.1721	0.72 ± 0.06	33.47 ± 2.02
0.0860	0.15 ± 0.05	13.63 ± 3.87

（4）上样量考察。山稔子生物碱的泄漏曲线如图4-41所示，当流出液中生物碱浓度达到上样液的10%时，树脂的吸附达到饱和。因此山稔子生物碱的泄漏点浓度为0.068 mg/mL。由图可知当上样液达到15 mL时，流出液中生物碱浓度已超过泄漏点，因此选择上样量为10 mL，即0.5 BV。

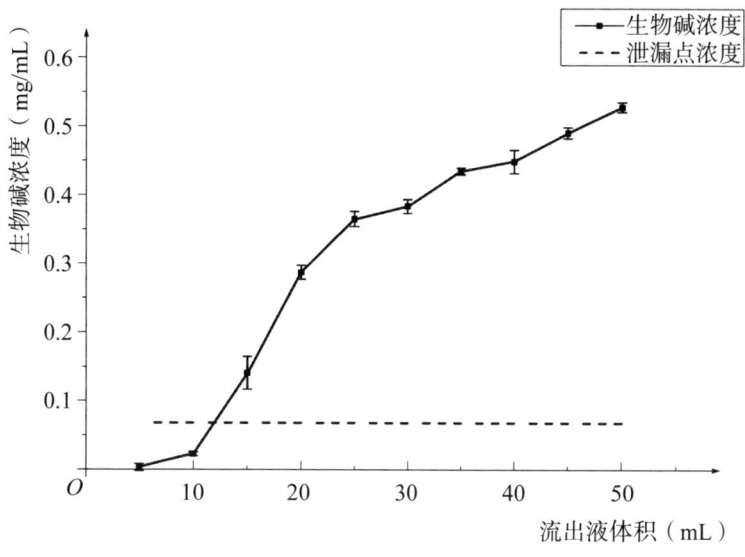

图 4-41　山稔子生物碱的泄漏曲线

（5）洗脱液选择。对吸附了山稔子生物碱的 D001 树脂用含有不同浓度氨的不同浓度乙醇溶液进行洗脱，结果见表 4-40。选择有最大解吸率的含 5% 氨水的 70% 乙醇溶液作为洗脱液。

表 4-40　洗脱液选择

氨浓度	解吸率（%）	乙醇浓度	解吸率（%）
1%	18.69 ± 4.52	50%	52.22 ± 1.58
2%	29.80 ± 3.22	60%	63.33 ± 2.56
3%	39.90 ± 3.20	70%	70.00 ± 2.42
4%	43.94 ± 3.67	80%	65.56 ± 3.59
5%	51.01 ± 2.98	90%	61.11 ± 2.90

（6）洗脱液体积考察。山稔子生物碱的洗脱曲线如图 4-42 所示。由图可知，当洗脱达到 80 mL 时，生物碱基本被洗脱出来，因此选择洗脱液体积为 80 mL，即 4 BV。

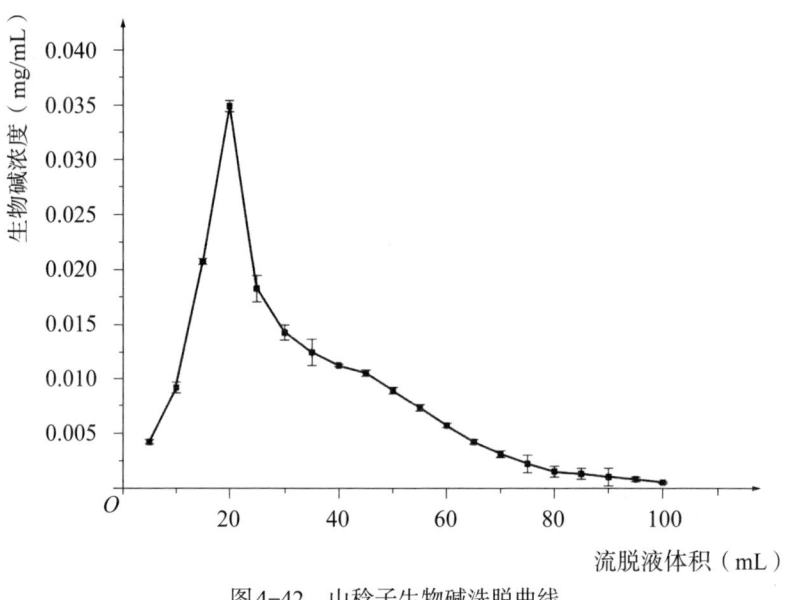

图 4-42　山稔子生物碱洗脱曲线

（7）验证实验。三次验证实验结果见表 4-41。结果显示，该纯化条件重现性好，经纯化后生物碱纯度提高了 6.29 倍。

表 4-41　验证实验结果

试验号	纯化前	1	2	3
纯度（%）	0.45 ± 0.18	2.79 ± 0.21	2.87 ± 0.16	2.83 ± 0.25

4.3.2.3　抑菌活性的研究

（1）抑菌圈直径。测量得山稔子生物碱对各菌的抑菌圈直径如表 4-42 和图 4-43 所示。由表 4-42 可知，山稔子生物碱对大肠杆菌、绿脓杆菌没有抑菌效果，对金黄色葡萄球菌、蜡样芽孢杆菌、福氏志贺菌均有一定的抑菌效果。其中，山稔子生物碱对蜡样芽孢杆菌、福氏志贺菌的抑菌效果为中度敏感，100 mg/mL 生物碱对金黄色葡萄球菌的抑菌效果为高度敏感（15.03 mm）。各菌对山稔子生物碱的敏感程度为：金黄色葡萄球菌＞蜡样芽孢杆菌＞福氏志贺菌。

表4-42 山稔子生物碱对供试菌的抑菌圈直径

供试菌种	抑菌圈直径/mm			
	对照	50 mg/mL	对照	100 mg/mL
金黄色葡萄球菌	-	12.93 ± 0.8	-	15.03 ± 0.6
蜡样芽孢杆菌	-	9.80 ± 0.5	-	11.48 ± 0.8
福氏志贺菌	-	9.07 ± 0.5	-	12.07 ± 0.7
大肠杆菌	-	-	-	-
绿脓杆菌	-	-	-	-

注：当抑菌圈直径 6 mm ≤ d < 8 mm，为低度敏感；8 mm ≤ d < 15 mm，为中度敏感；d ≥ 15 mm，为高度敏感。"-"表示没有抑菌圈。

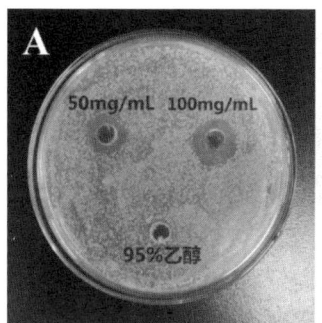
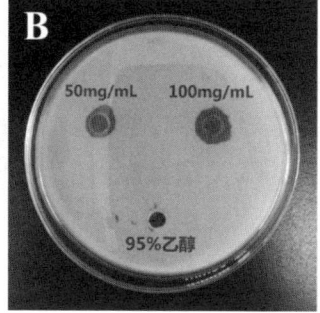
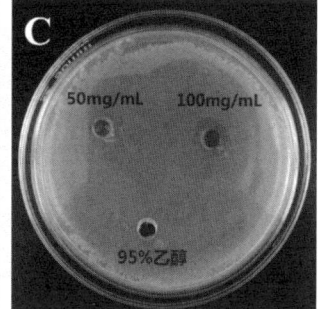

图4-43 山稔子生物碱对金黄色葡萄球菌（A）、蜡样芽孢杆菌（B）、福氏志贺菌（C）的抑菌效果

（2）最小抑菌浓度（MIC）。山稔子生物碱的最小抑菌浓度见表4-43。由表4-43可知，山稔子生物碱对金黄色葡萄球菌、蜡样芽孢杆菌、福氏志贺菌的MIC分别为 0.098 mg/mL、0.391 mg/mL、6.25 mg/mL，与抑菌圈结果相符。

表4-43 山稔子生物碱的最小抑菌浓度

供试菌种	浓度（mg/mL）									
	50	25	12.5	6.25	3.125	1.563	0.781	0.391	0.195	0.098
金黄色葡萄球菌	-	-	-	-	-	-	-	-	-	-
蜡样芽孢杆菌	-	-	-	-	-	-	-	-	+	+
福氏志贺菌	-	-	-	-	+	+	+	+	+	+

4.4 桃金娘多糖的研究

4.4.1 关于多糖的概述

自然界中发现的生物聚合物可以根据其来源分为六大类：多糖、多核苷酸、蛋白质、聚酯、木质素和聚异戊二烯。多糖是由数十个以上的单糖经糖苷键结合组成的高分子碳水化合物，包括糖及其衍生物的杂聚物。多糖的聚合度通常在 $10^3 \sim 10^4$ 之间。多糖结构复杂，是聚合程度不同的物质的混合物。

天然多糖很少单独存在，经常与其他化合物结合。植物中的多酚类化合物会自发地与植物中的多糖和蛋白质结合，形成多酚-多糖复合物、多酚-蛋白-多糖复合物等。已经证明，多酚与多糖的结合主要是由氢键和疏水相互作用介导的。多酚类化合物在多糖的整体生物活性中起着重要作用，从葡萄果渣水溶性多糖中分离的多酚-多糖结合物表达出强的抗氧化活性，分析发现主要是酚类清除自由基、氮氧化物、过氧化氢和螯合亚铁离子。Wang 的研究也表明，茶多酚粗多糖表现出较强的抗氧化功能，而纯化的多糖由于多酚的脱除而几乎无效。多糖与酚类结合有利于增加酚类物质的稳定性与生物利用度，葡萄果胶多糖通过疏水作用与花青素结合，复合物能有效提高花青素的热稳定性和颜色稳定性。多糖与酚类结合也具有协同增效作用，多酚-多糖偶联物比分离物具有更大的刺激胰高血糖素样肽-1（一种肠促胰岛素激素）释放潜力。此外，多糖还能与非糖物质如脂类或蛋白共价结合形成复合分子，主要包括肽聚糖、糖脂、蛋白聚糖、脂多糖、糖-核酸等糖复合物。

多糖属于第三大类生物聚合物（碳水化合物），不仅对结构支持、能量储存、润滑和细胞信号转导等细胞生物功能产生影响，也对免疫系统、血液凝固、受精和致病机理预防等发生作用。多糖已被证明具有许多生物学作用，包括抗氧化、抗菌、抗糖尿病、抗寄生虫、抗凝血、抗炎、抗癌、降血脂、免疫调节等。

4.4.1.1 多糖的分类

多糖是自然界中最常见的碳水化合物类型，分类方式多样。

①根据其糖苷键连接的单糖单元组成进行分类。杂多糖是由多种单糖组成的异聚糖。阿拉伯半乳聚糖是一种由阿拉伯糖和半乳糖单元组成的杂多糖。阿拉伯半乳聚糖可分为两种不同的种类，即阿拉伯半乳聚糖Ⅰ（AGⅠ）和阿拉伯半乳聚糖Ⅱ（AGⅡ）。AG-Ⅰ的结构由半乳糖残基组成，这些残基通过

β-1,3、β-1,4 和 β-1,6 链的各种组合连接。AG Ⅱ 多糖具有通过 β-1,3 键连接的半乳糖骨架，并含有阿拉伯糖或鼠李糖的末端残基。半纤维素是一类杂多糖，主要有以 1,4-β-D 木糖构成主链、以葡萄糖醛酸为支链的聚木糖类，和由葡萄糖基和甘露糖基以 1,4-β 型连接成主链的聚葡萄甘露糖类。半纤维素由于其多功能特性而被用于多领域，如稳定剂、增黏剂、凝胶材料、薄膜、涂料和黏合剂等。果胶是一种复杂的杂多糖，在食品和制药工业中常用作稳定剂，大大降低了成分分离或沉降的可能性。

同多糖则是由同一种单糖组成的同聚糖，如淀粉、纤维素和糖原。淀粉分为直链淀粉和支链淀粉，直链通过 α-1,4-糖苷键连接葡萄糖，而分支位点通过 α-1,6-糖苷键连接。纤维素是一种通过 β-1,4-糖苷键连接的重复葡萄糖单元组成的同多糖。纤维素在自然界中广泛存在，其应用也较为宽泛，在食品领域中发挥增稠、胶凝和增强质地等功能，在药品领域基于其生物相容性和控释特性用作药物递送系统的载体，在医学领域用于生物材料的开发。果聚糖是一种储存多糖，由通过 β-2,1-糖苷键连接的果糖单元组成。常见果聚糖有菊粉。

多糖还可以与脂质、肽和氨基酸等其他结构建立共价键，形成糖脂、糖肽及糖蛋白等大分子化合物。

②根据来源进行分类，多糖可分为植物多糖、动物多糖、微生物多糖。植物多糖主要包括纤维素、半纤维素、果胶、淀粉和果聚糖等；动物多糖主要有糖原、肝素、甲壳素、硫酸软骨素和透明质酸；微生物多糖主要是酵母胞外多糖、海藻多糖和真菌多糖等。

③多糖也可根据其在生物体内的功能或结构特征分类。在功能方面，在生物体中起结构支撑作用的结构多糖有纤维素和甲壳素等，储存能量的储存多糖有淀粉和糖原。在结构特征上，能形成凝胶的凝胶多糖包括海藻酸和黏多糖等。根据分支程度可分为支链多糖、直链多糖等。

④部分多糖还带有电荷，可根据电荷性质分类。带负电荷的多糖有果胶、肝素、透明质酸和藻酸盐等，带正电荷的有壳聚糖。

4.4.1.2 多糖的提取

在从原料中提取多糖前，需要根据原材料特性进行相应的前处理。首先对原料进行粉碎过筛，基于多糖在细胞壁内外的存在位置差异，选择相应的粉碎程度。对于含有较多脂肪的材料，粉碎后需进行脱脂处理。

从原料中提取多糖可以通过多种方法进行，其中常见的方法有热水提取法、酸或碱提取法、酶解法、超声提取法、双水相萃取法、超临界流体萃取法等。热水提取法是最传统、应用较普遍、安全易操作的方法，但提取时存在大量水溶性杂质共同浸出、费时、提取率不高等劣势。酸提取法有利于将含酸性基团的多糖提取出来。碱提取法能促进解除植物细胞壁分子间的化学和物理作用，并转化多糖与蛋白质间的结合方式，提高多糖的溶出。酸碱法需精确控制 pH 值以避免糖苷键断裂，破坏多糖结构。酶解法作用条件温和，能促进某类目标成分分解释放，多糖结构不易被破坏，易得到纯度高且活性高的混合多糖成分。超声提取法是利用超声波增强植物细胞壁膜的通透性，促进有效活性成分的分离释放，从而提高多糖的提取率，然而同时可能会对多糖链的断裂产生影响。超临界流体萃取法是利用超临界流体处于临界温度和临界压力以上时具有的极高的溶解度，能快速渗透到原料的内部萃取活性成分。该法能保持提取物较高的活性，且不对提取物产生污染。常用二氧化碳作为超临界流体萃取剂。联合使用多种提取技术，有利于获得更高得率与纯度的多糖。同时，新型绿色高效提取体系的研发仍是多糖研究的重点。

4.4.1.3 多糖的纯化

为获得高纯度的多糖，对多糖进行纯化是关键环节。溶剂提取多糖的同时，会有大量杂质共同浸出。根据水溶性多糖不溶于乙醇的原理，加入适宜浓度的乙醇可以沉淀水提液中的粗多糖。乙醇浓度的变化对沉淀多糖的分子量有显著性影响，不同醇沉组分的多糖分子量分布不同，并且醇沉浓度越大，低分子量多糖占比越大。醇沉的粗多糖中通常含有较多蛋白质与色素类杂质。

（1）脱除蛋白质。游离蛋白质的脱除常采用三氯乙酸法、Sevag 法、酶法及大孔树脂吸附技术。三氯乙酸能使蛋白质疏水性基团暴露，蛋白质溶解度降低引起沉淀。Sevage 法是将氯仿-正丁醇与粗多糖溶液混和使蛋白质变性产生沉淀。酶法通过酶将蛋白质水解达到脱蛋白目的。大孔树脂对不同极性成分具有选择性吸附作用，同时也具备分子筛作用。大孔树脂层析法据此原理常用于分离纯化多糖。目前有许多学者探索了许多新颖、绿色、高效的除蛋白技术，如反复冻融法（通过冻融处理引起缓冲环境的复杂变化来沉淀蛋白质）、双醛纤维素法（利用二醛纤维素与粗多糖中蛋白质结合形成席夫碱从而将蛋白质去除），此外还有磁性壳聚糖微球法、双功能单宁酸-FeⅢ络合物法、低共溶剂-磷酸氢二钾双水相体系法等近年来开发的新型方法。有研显示多糖的最适脱蛋白方法因其来源及理化性质的差异而有所不同。在实际应用中，应充分考虑蛋白的脱除率与多糖的保留率，进行合理选择。

（2）脱色。从植物中提取的多糖，可能由于含有酚类化合物而导致提取物呈现较深的颜色，同时多糖的提取过程也可能引入较多的色素使其呈现较深的颜色。色素的存在往往会影响多糖的纯度，同时也会干扰植物多糖含量的测定。植物多糖脱色的方法可根据所用原理的不同分为吸附脱色、氧化脱色、静电吸附脱色和新型脱色。

吸附脱色有活性炭脱色和大孔树脂吸附脱色。活性炭法能有效地去除多糖中的色素物质，也能够较好地避免多糖成分的水解。同时该方法无毒、无味，可重复使用，成本低，较适合于工业化应用。大孔树脂吸附法具有良好的选择性，依靠树脂骨架和被吸附分子间的范德华作用力的强弱来实现多糖的分离纯化，被广泛应用在植物多糖的脱色工艺中。

氧化脱色原理是过氧化氢在水中电离出过氧化氢根离子，并通过氧化作用破坏多糖的生色基团或色原分子，从而对多糖进行脱色。该方法已被广泛应用于多糖的脱色处理。但过氧化氢用量过多可能会破坏多糖的链状结构，从而导致多糖降解。静电吸附脱色中的聚酰胺吸附柱层析法环保便捷，但仅适于含酚羟基的化合物。

新型脱色法中，反胶束法对多糖的性质和活性不产生影响，但成本高，试剂有毒性。壳聚糖絮凝法对多糖破坏小，污染低。壳聚糖是一种阳离子聚酰胺，通过中和电荷和吸附架桥的两重作用原理絮凝脱色。氨基石墨烯法原理是氨基化的石墨烯含有丰富的 sp2 杂化碳的构成域，可在短时间内对多糖中的色素等物质产生很高的吸附作用。

（3）多糖的精制。在进一步的纯化操作中，凝胶柱层析法、大孔树脂层析法、超滤法、季铵盐络合法等较常使用。凝胶柱层析法常用填料是葡聚糖凝胶和琼脂糖凝胶，以不同浓度的盐溶液或缓冲液进行梯度洗脱，能将不同大小分子量的多糖分子分离，但不适合黏多糖的分离。超滤法是一种膜分离技术，以压力为推动力，运用膜分离原理将小分子溶质和溶剂除去，从而使大分子物质得到纯化。季铵盐及其氢氧化物是一类乳化剂，可与酸性糖形成不溶性沉淀；与中性多糖不能产生沉淀，但若溶液的 pH 增高或糖的酸度增高，也会与中性多糖形成沉淀。上述方法共同使用有利于获得更高纯度的成品，但同时也会有多糖损失率高等风险。

4.4.1.4 多糖的结构表征及构效关系

（1）结构表征。多糖的理化和结构特性，主要包括单糖组成、分子量和主链结构（构型、类型、糖苷键位置、单糖序列）以及构象特征。

单糖组成和比例的分析需要通过酸水解切割糖苷键，然后进行衍生化，再通过高效液相色谱（HPLC）、气相色谱（GC）、离子色谱（IC）或气相色谱-质谱（GC-MS）检测。分子量分布的最常检测方法是高效凝胶渗透色谱法和高效尺寸排阻色谱。尺寸排阻色谱（SEC）是基于分子尺寸不同的分析物在化学惰性的多孔固定相的孔隙中保留作用的差异实现分离的一种色谱技术，能用于快速分离和表征不同尺寸和结构的化合物混合物。多糖都不是纯化合物，所以获得的多糖分子量总是在一定的范围内，通过数均分子量和重均分子量等进行表示。

多糖骨架结构分析的核心是单糖序列和糖苷键的构型、类型和位置。通常，重点是研究多糖的主链及其分支连接位点、环类型（吡喃或呋喃）、连接序列、单糖残基的绝对构型（D- 或 L- 型）与每个糖苷键的异构方式等。主要通过下述各种化学反应和检测方法进行研究和鉴定：傅里叶变换红外（FT-IR）光谱、核磁共振（NMR）光谱、酸水解、高碘酸盐氧化分析、甲基化分析、史密斯降解等。

在微观高级结构上，水溶液中的多糖表现出多种链构象，包括聚集体、随机卷曲以及不同的螺旋形式（单螺旋、双螺旋和三螺旋）。多糖的构象检测方法，有高效液相色谱-静态光散射（HPLC-SLS）、高效液相色谱-动态光散射（高效液相色谱-DLS）、刚果红测试、差示扫描量热法（DSC）、原子力显微镜、圆二色性（CD）、荧光相关光谱、透射电子显微镜和扫描电子显微镜等。

（2）构效关系。多糖的结构特征包括分子量、糖苷键的类型、单糖组成和摩尔比、主链中的分支程度、空间构型、取代基的类型和数量等，与其生物活性密切相关。

一般认为，分子量相对较高的多糖通常比分子量较低的多糖具有更强的抗肿瘤活性。但是大分子量的多糖往往具有差的水溶性和复杂的结构，这使得它们难以穿过细胞膜发挥生物活性。例如，条斑紫菜多糖因分子量过大而不利于抑制胃癌细胞。羧甲基茯苓多糖经高温和纤维素酶水解处理获得降解的三种分子量大小不同的多糖HTCMP、HTEC-24 和 HTEC-48（分子量分别降低至 429.8 kDa、129.9 kDa 和 68.6 kDa），四种羧甲基茯苓多糖都表现出对 H22 荷瘤小鼠肿瘤生长有抑制作用，但降解后的 HTEC-24 的抑制效果最好。因此，合适的分子量对多糖的生物活性的发挥有促进作用。

多糖的官能团含量也与其生物活性有关。糖醛酸残基具有改变相应多糖缀合物的溶解性等理化特性的能力，能增强它们的生物活性。从桑椹中纯化出五种含有相同的单糖但摩尔比不同的多糖组分，其中糖醛酸含量最高（43.46%）的多糖表现出良好的胆固醇/胆汁酸结合能力。糖醛酸含量被认为是代表多糖组分降血脂作用的重要信号。

多糖的构象特征（球形、无规卷曲、双螺旋、三螺旋、蠕虫状、棒状）与其生物活性的关系可能比一级结构更大。有研究指出，具有三螺旋构象的多糖表现出更强的生物学活性，包括抗炎、抗糖尿病和免疫调节作用，其中一些多糖如香菇多糖和裂褶多糖已用于临床治疗。但也有研究提出不同观点：在不同亚临界水温条件下多糖链构象与免疫调节活性之间存在显著相关性，随着亚临界水温（100～160℃）的升高，链构象由三螺旋刚性链变为柔性链，最后变为无规卷曲。通过体外免疫活性实验结合构效关系分析表明，中度拉伸的链构象具有较高的免疫调节活性。

为了克服天然多糖存在的一些不足，对多糖进行结构修饰是拓展多糖应用前景的一大方法。一般来说，多糖修饰可分为两大类：①降解改性。对于分子量太大而无法顺利进入细胞的多糖，可通过降低多糖的分子量，提高其在水相中的溶解度，从而提高其活性。②接枝修饰。这种修饰方法主要用于某些活性较差的多糖，通过增加多糖的官能团和分子量可以提高其生物活性。多糖的降解改性方法可分为生物降解、物理降解和化学降解，最常见的是物理方法，包括超声波降解、微波降解和辐射降解。多糖最常见的接枝修饰是化学改性。常用的化学改性方法有硫酸化、羧甲基化、乙酰化、磷酸化、硒化、磺酰化、苯甲酰化、烷基化和络合，其中硫酸化和羧甲基化是最常用的。取代基团连接到羟基、羧基、氨基等在原多糖残基上的位置，以修饰多糖的分子结构表面。改性后，多糖的分子空间结构、分子量、取代基的种类、数量和位置等影响多糖性质的因素都会发生相应的变化。如果改性方法选择得当，多糖的功能就会朝着研究所期望的方向发展，即提高多糖的活性或使其具有新的生物活性。茯苓多糖具有多种生理活性，如免疫调节、抗肿瘤、抗氧化剂和抗炎作用。然而，茯苓多糖 90% 以上是碱溶性多糖，水溶性差，活性低，这大大限制了茯苓多糖在临床上的应用。研究人员对其进行羧甲基化，多糖羟基中的-H被ClCH$_2$COO-取代,从而改变其水溶性和生物活性。

4.4.1.5　多糖的应用

与其他合成聚合物相比,天然多糖有许多优势,如安全、稳定,具有亲水性、生物相容性、生物活性,易于功能化,具有生物黏附特性和可生物降解,并在许多领域得到应用。

在食品和饮料领域,多糖被广泛应用。例如,植物多糖可以作为天然甜味剂、增稠剂、稳定剂和乳化剂等,用于制作各种食品和饮料。这些多糖具有良好的口感和稳定性,可以提高产品的品质和保质期。

多糖也在化妆品、造纸、纺织和石油等领域得到应用。在化妆品中,多糖可以作为保湿剂、增稠剂和稳定剂;在造纸和纺织领域,多糖可以作为黏合剂、上浆剂和印花剂;在石油领域,多糖可以作为钻井液稳定剂、油田化学剂等,用于提高石油开采的效率和安全性。

在医学和健康领域,多糖具有多种作用,如调节免疫功能、降血糖、抑制肿瘤、延缓衰老和抗疲劳等。未来的肿瘤治疗可能受益于蘑菇多糖的使用,如奇佐菌多糖、香菇多糖、灰树花多糖、多糖-肽复合物和多糖-蛋白复合物,它们可以刺激免疫系统并具有抗癌作用。

此外,多糖在药物释放剂、血浆替代品、水凝胶、涂层、伤口敷料、薄膜等领域也有创造性的发展。多糖制成的生物多功能伤口敷料可作为抗微生物剂、伤口处自由基的清除剂,通过刺激促有丝分裂活性、血管生成以及胶原生成等多种途径促进伤口愈合。多糖还可以进行化学修饰,并根据特定用途进行定制。例如,制造药物载体,将具有亲水基团的多糖与具有疏水基团的药物结合,产生可以自组装且具有经改善的水溶性纳米结构的两亲性前药。

基于碳水化合物的药物已被证明在许多学科中取得了成功,但它们并没有像基于蛋白质或核酸的药物那样受到同等程度的关注,因为各种多糖还有许多未解决的问题和未发现的生物学特征。为了充分探索多糖的潜在应用和更好地理解多糖生物活性背后的精确机制,有必要进一步研究和表征多糖的结构活性关系。

4.4.1.6　桃金娘多糖的研究进展

桃金娘作为一种药食两用野生植物资源,既符合现代人类对健康饮食的需求,又具有较高的药用价值。中药多糖作为一种天然生物大分子,因其具有抗氧化、抗炎和免疫调节等显著的生物功能和药理特性而备受关注。

孙慧琳等通过正交试验优化桃金娘干果中多糖的水浸提条件，结果显示浸提温度对多糖得率的影响最大，多糖的最高得率为1.86%。在采用复合酶法（中性蛋白酶与纤维素酶）提取桃金娘果多糖时，酶解时间对多糖得率影响最大。赵广河采用柠檬酸盐缓冲液浸提法对桃金娘粗多糖进行提取，得率可达38.65%。而后其采用微波辅助柠檬酸盐缓冲液提取法提取桃金娘粗多糖，多糖得率为41.82%。多糖对羟基自由基和DPPH自由基均有一定的清除作用，但清除能力明显低于维生素C。

对多糖成分分析的研究鲜少。Amina提取的桃金娘水溶性果多糖由12.3%（w/w）中性糖（5%阿拉伯糖、3%半乳糖、2.2%葡萄糖、1.6%鼠李糖、0.3%甘露糖、0.1%木糖）和28.8%（w/w）糖醛酸（14.4%半乳糖醛酸和14.4%葡萄糖醛酸）组成。

桃金娘多糖具有保肝降酶和抗氧化的作用。陈旭等研究发现，桃金娘根多糖可抑制D-半乳糖胺诱导的急性肝损伤大鼠血清中谷丙转氨酶、谷草转氨酶、丙二醛活性，提高超氧化物歧化酶及谷胱甘肽-过氧化物酶含量。从桃金娘果分离得到CPⅠ和CPⅡ两种多糖，浓度为0.04 mg/mL时CPⅡ对DPPH自由基清除率达到了89.6%，清除能力接近维生素C。但是CPⅠ多糖几乎没有抗氧化能力。

桃金娘多糖还被证明具有免疫调节作用。冯林川等在饲养肉鸽时加入桃金娘果多糖，乳鸽体重、日增重、脾脏指数、法氏囊指数、血清PO活性显著高于对照组（$P < 0.05$）；多糖添加量为2%和3%的分组中鸽子血清溶菌酶活性显著高于对照组，试验表明，桃金娘多糖可提高乳鸽生长性能，增强机体非特异性免疫功能。在免疫抑制模型小鼠腹腔内连续七天注射不同浓度的桃金娘果多糖混悬液，小鼠的脏器指数（胸腺、脾脏）、血清中白细胞介素1β（IL-1β）、白细胞介素2（IL-2）、白细胞介素6（IL-6）、γ干扰素（IFN-γ）、溶菌酶（LZM）的含量和过氧化物酶（POD）活性均有不同程度的提高，100 μg/g BW对免疫抑制小鼠免疫功能的恢复效果最佳。在健康小鼠体内，桃金娘果多糖能够显著提高小鼠的脾脏指数、细胞因子IL-6、IL-1β、IFN-γ、IL-2、POD和LZM的含量，但浓度过高会引起小鼠胸腺萎缩。

4.4.2 实验材料、试剂与仪器

（1）实验材料。桃金娘根、果、叶，市售，经广东省农业科学院蚕业与农产品加工研究所刘学铭研究员鉴定，来自桃金娘科植物桃金娘。

抑菌实验所用大肠杆菌、金黄色葡萄球菌、白色念珠菌、绿脓杆菌、沙门氏菌和志贺氏菌等均购自广东省微生物菌种保藏中心。

（2）实验试剂。实验中所使用的主要试剂如表4-44所示，硫酸、苯酚、正丁醇、氯仿及其他化学试剂均为分析纯。

表4-44 实验试剂

试剂名称	生产厂家
葡萄糖标准品	上海源叶生物技术有限公司
牛血清白蛋白	上海源叶生物技术有限公司
糖醛酸标准品	上海源叶生物技术有限公司
没食子酸	广州化学试剂厂
营养肉汤培养基	广东环凯微生物科技有限公司
平板计数琼脂	广东环凯微生物科技有限公司
DPPH	Biotopped
抗坏血酸	阿拉丁
水杨酸	广州化学试剂厂
连苯三酚	广州化学试剂厂
ABTS	麦克林
刚果红	广州化学试剂厂
葡聚糖G-100	上海源叶生物技术有限公司
DEAE-Sepharose fast flow	上海源叶生物技术有限公司

单糖检测所使用单糖标准品见表4-45。

表4-45　单糖标准品

名称	英文名称	简称	CAS号	分子式
岩藻糖	Fucose	Fuc	2438-80-4	$C_6H_{12}O_5$
鼠李糖	Rhamnose	Rha	10030-85-0	$C_6H_{12}O_5$
阿拉伯糖	Arabinose	Ara	5328-37-0	$C_5H_{10}O_5$
半乳糖	Galactose	Gal	26566-61-0	$C_6H_{12}O_6$
葡萄糖	Glucose	Glc	50-99-7	$C_6H_{12}O_6$
木糖	Xylose	Xyl	58-86-6	$C_5H_{10}O_5$
甘露糖	Mannose	Man	3458-28-4	$C_6H_{12}O_6$
果糖	Fructose	Fru	57-48-7	$C_6H_{12}O_6$
核糖	Ribose	Rib	50-69-1	$C_5H_{10}O_5$
半乳糖醛酸	Galacturonic Acid	Gal-UA	14982-50-4	$C_6H_{10}O_7$
葡萄糖醛酸	Glucuronic Acid	Glc-UA	6556-12-3	$C_6H_{10}O_7$
甘露糖醛酸	Mannuronic Acid	Man-UA	6814-36-4	$C_6H_{10}O_7$
古罗糖醛酸	Guluronic Acid	Gul-UA	15769-56-9	$C_6H_{10}O_7$

注：标准品主要来自Sigma公司。

（3）实验仪器。本章实验中所使用的仪器见表4-46。

表4-46　实验仪器

实验仪器	型号	生产厂家
电子天平	ALC-210.4	德国赛多利斯集团
远红外封闭电炉	FL-2Y	上海力辰邦西仪器科技有限公司
数显恒温磁力搅拌电热套	LKTC-C	天津塞德利斯实验分析仪器制造厂
多功能酶标仪	EnSpire	珀金埃尔默仪器有限公司
旋转蒸发仪	RE52-99	上海亚荣生化仪器厂
高速离心机	Centrifuge 5418	eppendorf
生物安全柜	BSC-1304ⅡA2	苏净安泰
恒温培养摇床	THZ-103B	上海一恒科学仪器有限公司
离子色谱系统	ICS 5000+	Thermo Fisher Scientific

续表

实验仪器	型号	生产厂家
氮吹仪	A8910001	上海安谱实验科技股份有限公司
漩涡混合器	XH-T	新宝仪器
红外光谱仪	Nicolet 6700	Thermo Fisher Nicolet
傅里叶变换核磁共振谱仪	Bruker AVANCE NEO 600MHz NMR	德国Bruker
UV-Vis	G9894A	Aglient
场发射扫描电子显微镜	ZEISS Ultra 55	德国 Carl Zeiss
高效液相色谱仪	UltiMate3000	Thermo
示差检测器	OPTILAB T-rex	Wyatt
激光光散射检测器	DAWN HELEOS-Ⅱ	Wyatt

4.4.3 实验方法

4.4.3.1 材料预处理

将干燥的桃金娘果、叶和根分别粉碎，过60目筛（相当于0.25 mm），备用。

4.4.3.2 主要营养成分测定

（1）水分。以蒸馏法检测：依据GB5009.3—2016《食品安全国家标准 食品中水分的测定》第一法，各取桃金娘果、叶、根粉末2.000 g，在105℃烘箱中干燥4 h，放入干燥器内至常温，称重计算各部分水分质量分数。

（2）总糖。

①以苯酚硫酸法检测。将1.000 g桃金娘根、果、叶粉末分别加入盐酸水解1 h，使用碘－碘化钾试剂检测，无蓝色反应表明水解完全。取水解完全的水解液稀释至合适浓度后吸取1 mL，加入6%苯酚1 mL混匀，再沿壁缓慢加入5 mL硫酸，充分混匀再静置反应15 min，在490 nm下检测吸光度值。重复三次实验，结果符合精密度要求，计算总糖质量分数。

②标准曲线的绘制。分别取0 mL、1 mL、2 mL、4 mL、6 mL、10 mL葡萄糖标准溶液（1 g/L）置于各50 mL容量瓶中，用水稀释至刻度，摇匀。准确吸取上述标准溶液各1 mL（相当于葡萄糖含量分别为0 μg，20 μg，

40 μg，80 μg，120 μg，200 μg），加入 10 mL 比色管中，各管再加入苯酚溶液（6%）1 mL，最后加入浓硫酸 5 mL，摇匀后静止放置 15 min，冷却至室温，在 490 nm 波长下测定吸光度。以葡萄糖质量浓度为横坐标、吸光度值为纵坐标绘制葡萄糖标准曲线。

③测定提取物中多糖质量分数。取 1 mL 适宜浓度的多糖样品液，加入 1 mL 苯酚溶液（6%），最后加入 5 mL 浓硫酸，混匀静置 15 min，测定吸光度值。

（3）还原糖。以直接滴定法检测，由于根中含有大量淀粉，依据《食品安全国家标准　食品中还原糖的测定》（GB5009.7—2016）中的方法将 10.000 g 桃金娘根粉末在 45℃下水浴 1 h，5.000 g 桃金娘果和 5.000 g 叶分别直接加入 50 mL 水混匀，加入乙酸锌和亚铁氰化钾以除去蛋白质。以亚甲基蓝作为指示剂，在加热条件下滴定标定过的碱性酒石酸铜溶液。重复测定三次，取平均值，计算还原糖质量分数。

（4）蛋白质。以凯氏定氮法检测，依据《食品安全国家标准　食品中蛋白质的测定》（GB5009.5—2016），将 1.000 g 桃金娘根、果、叶粉末与空白组分别进行消化、蒸馏后滴定。重复三次实验，计算蛋白质含量。

（5）脂肪。以索氏抽提法检测，依据《食品安全国家标准　食品中脂肪的测定》（GB 5009.6—2016），将 5.000 g 桃金娘果、根、叶粉末分别用石油醚回流抽提 6 h，回收石油醚后干燥至恒重，称取重量，计算游离态脂肪含量。

（6）灰分。以直接灼烧法检测，依据《食品安全国家标准食品中灰分的测定》（GB5009.4—2016）第一法，各取 3.000 g 桃金娘根、叶、果粉末灼烧至无炭粒后，置于干燥器内放置至室温，称量。

4.4.3.3　桃金娘根、叶、果粗多糖的提取

（1）温度对多糖提取率的影响。采用热水浸提法测试温度对桃金娘根、果、叶三种粗多糖得率的影响。分别称量 0.500 g 桃金娘根、叶、果粉末加入试管，依据料液比 1:20 加入超纯水，在不同温度下（50℃、60℃、70℃、80℃及 90℃）水浴 4 h。4000 rpm 离心 10 min，取上清液浓缩，再加入三倍体积的 95% 乙醇搅匀，置于 4℃过夜进行醇沉。将沉淀物使用超纯水溶解，稀释至适宜浓度，采用前述苯酚硫酸法测定总糖质量分数。

（2）粗多糖的提取方法。综合实验结果与已有的研究，桃金娘多糖的提取方法如下：

水提法与酶辅助法提取。

根：称取 100.00 g 桃金娘根粉末，料液比 1∶20，90℃下加入 1%耐高温淀粉酶酶解 3 h，再在 55℃下加入 1%糖化酶酶解 2 h 至碘 – 碘化钾反应呈阴性，共提取一次。

叶：称取 100.00 g 桃金娘叶粉末，料液比 1∶20，90℃下热水浸提 3 h。共提取两次。

果：称取 100.00 g 桃金娘果粉末，料液比 1∶20，55℃下加入 1%木瓜蛋白酶，酶解 3 h。共提取两次。

将抽滤得到的提取液使用旋蒸仪减压浓缩，浓缩液冷却后加入 4 倍体积 95% 乙醇使溶液乙醇浓度为 76%，混匀置于 4℃下过夜，沉淀粗多糖。

通过 Sevag 法脱除蛋白质。将粗多糖沉淀溶于超纯水，加入糖溶液 1/4 体积的 Sevag 试剂（氯仿体积∶正丁醇体积=5∶1），剧烈摇晃 5 min 后静置。去除有机层与中间絮状白色沉淀。上层水相再次通过前述方法加入有机相试剂除蛋白，直至无明显蛋白质沉淀。重复 Sevage 法 10～15 次，直至变性蛋白质不再出现，再次加入 4 倍体积 95% 乙醇醇沉。

将沉淀的多糖重新用超纯水溶解，在 4℃下透析（3000 Da）72 h，去除溶液中残余的有机试剂及小分子杂质。透析后溶液浓缩冻干，得到冻干粗多糖。

（3）粗多糖的成分组成。

①总糖。采用苯酚硫酸法测定提取的多糖质量分数。

②糖醛酸。使用咔唑硫酸法测定糖醛酸质量分数。

标准品溶液：精确称取半乳糖醛酸标准品 10.000 mg，以超纯水溶解定容，配成 200 μg/mL 的对照品溶液，再分梯度浓度进行稀释。

硼砂 – 硫酸溶液：称取 0.2385 g 硼砂加入浓硫酸 50 mL，溶解备用。

咔唑溶液：称取咔唑 0.0625 g，溶于 50 mL 无水乙醇中，溶解备用。

分别吸取不同浓度梯度的标准品溶液 1 mL，缓慢加入 6 mL 硼砂 – 硫酸溶液，摇匀后沸水浴中煮沸 5 min。冷却至室温后再加入 0.2 mL 上述咔唑溶液，摇匀后在沸水浴中再次煮沸 10 min，冷却后在 540 nm 下测定吸收值。多糖的测定方法参照标准品溶液。

③总酚。采用福林酚染色法测定总酚含量。

标准曲线的制作：配制 1 mg/mL 的没食子酸溶液，分别稀释至 20 mg/L、40 mg/L、60 mg/L、80 mg/L、100 mg/L、200 mg/L 和 300 mg/L。取 0.2 mL 没食子酸（gallic acid，GA）溶液，加入 0.1 mL 福林酚试剂，摇匀后静置 5 min。

加入 0.3 mL 碳酸钠（0.2 g/mL），再加入 1 mL 去离子水，室温下避光反应 25 min。采用酶标仪测定在 765 nm 处吸光度值。以去离子水作为空白对照，绘制标准曲线。

样品总酚的测定：取 0.2 mL 样品溶液（1 mg/mL），加入 0.1 mL 福林酚，同上述步骤进行测定。以没食子酸为标准品，外标法定量，结果以 mg GAE/g 表示。

④蛋白质。以牛血清蛋白为标品，用考马斯亮蓝法测定多糖中的蛋白质含量。

考马斯亮蓝 G-250 的制备：称取 100 mg 考马斯亮蓝 G-250，溶于 50 mL 95% 的乙醇中后，再加入 100 mL 85% 的磷酸，用水稀释到 1 000 mL，过滤后避光储存于 4℃，备用。

标准蛋白质溶液的制备：称取 10 mg 牛血清白蛋白溶于 100 mL 蒸馏水中，制成 100 μg/mL 的贮备液，再按一定比例配制成浓度梯度（20 μg/mL、40 μg/mL、60 μg/mL、80 μg/mL、100 μg/mL）的蛋白质标准溶液。

标准曲线的绘制：精密量取 1.0 mL 不同浓度的蛋白质溶液，加入考马斯亮蓝溶液，摇匀，放置 5 min。用酶标仪测定 595 nm 处的吸光度值。以去离子水作为空白对照，绘制标准曲线。

样品液的测定：吸取 1 mL 样品液，加入 5 mL 考马斯亮蓝溶液，混匀放置 5 min。用酶标仪测定 595 nm 吸光度值。

⑤淀粉。通过碘-碘化钾试剂检测多糖中的淀粉：先配制 2% 碘化钾溶液，然后加入适量碘，使溶液呈淡棕黄色。取少量纯化多糖于点滴板上，加 3~5 滴稀碘液，观察颜色变化。

⑥还原糖。通过斐林试剂检测还原糖含量。

配制斐林试剂。试剂甲：称取 $CuSO_4 \cdot 5H_2O$ 6.90 g 溶于超纯水并稀释至 100 mL。试剂乙：称取氢氧化钠 25.00 g、酒石酸钾钠 27.40 g 溶于超纯水并稀释至 100 mL。

测量步骤如下：分别取试剂甲和试剂乙各 2 mL，混匀，加入 1 mg/mL 多糖的水溶液 1 mL，摇匀后置于沸水浴中加热 10 min，观察有无红色沉淀生成。

（4）紫外全波长扫描。将提取的多糖配制成适宜的浓度，利用紫外可见光分光光度计于 200~800 nm 范围内进行紫外光谱全扫描。

（5）红外光谱扫描。将 1 mg 多糖样品与 KBr 粉末混合，充分研磨并压成 1 mm 的颗粒，用于傅里叶变换红外光谱测量。使用红外光谱仪在 700~

4000 cm^{-1} 的频率范围内获得多糖样品的红外光谱。

4.4.3.4 桃金娘果粗多糖的精制、结构表征

（1）多糖的精制。

①琼脂糖凝胶柱层析。将操作前述步骤得到的桃金娘果粗多糖使用超纯水溶解后，上 DEAE-Sepharose Fast Flow 柱（琼脂糖凝胶柱），进行柱层析。依次使用超纯水、0.1 M～0.4 M 氯化钠梯度洗脱。在 2 mL/min 的洗脱速度下分管收集，每管 10 mL。分管测定总糖质量分数。层析柱再生时，先用 1 M 的氯化钠进行盐洗，再水洗，然后采用 1 M 氢氧化钠清洗，最后用超纯水清洗至中性。测定 DEAE 柱层析中各梯度溶液洗脱下的组分总糖质量分数，结果显示 0.2 M 氯化钠溶液和 0.3 M 氯化钠溶液洗脱的总糖质量分数高。对 0.2 M、0.3 M 氯化钠洗脱液进行浓缩便于进一步纯化。

②葡聚糖凝胶柱层析。将浓缩液通过葡聚糖 G-100 凝胶柱层析，使用超纯水洗脱。在 0.2 mL/min 的洗脱速度下分管收集，每管 5 mL。收集含量高、分布较集中的多糖，使用 3000 D 透析袋在 4℃环境下透析 72 h，最后浓缩冻干，获得精制桃金娘果多糖。得到的两种精制果多糖分别命名为 T_1（0.2 M 氯化钠洗脱）和 T_2（0.3 M 氯化钠洗脱）。

（2）紫外全波长扫描。配制浓度为 1 mg/mL 的多糖液，利用紫外可见光分光光度计于 200～800 nm 范围内进行紫外光谱全扫描。

（3）单糖组成。多糖经酸解后，采用 Thermo ICS 5000+ 离子色谱系统进样，利用电化学检测器对单糖组分进行分析检测。选择外标法定量，通过配制不同浓度的单糖标准品来绘制标准曲线。

①标准品的配制。分别准确称取一定质量的表 4-45 中的 13 种标准品后，用超纯水溶解配成 10 mg/mL 标准溶液母液，然后将 13 种标准品母液混合配制成最高浓度为 40 μg/mL 的标准品混标，配制成适宜的浓度梯度。

②样品前处理。称取适量多糖样品，加入 125 μL 72% 硫酸溶液酸解，30℃孵育 1 h。再加入 1.35 mL 水涡旋混匀，121℃加热 2 h。用 0.5 M 氢氧化钠调节至中性后，稀释适当倍数后，转入色谱瓶中待测。

采用 Dionex^{TM}CarboPac^{TM} PA20（150×3.0 mm，10 μm）液相色谱柱；进样量为 5 μL；流动相 A（H$_2$O），流动相 B（0.1 M NaOH），流动相 C（0.1 M NaOH，0.2 M NaAc），流速 0.5 mL/min；柱温为 30℃；洗脱梯度：0 min A 相/B 相/C 相（95:5:0，V/V），26 min A 相/B 相/C 相（85:5:10，V/V），

42 min A 相 /B 相 /C 相（85∶5∶10，V/V），42.1 min A 相 /B 相 /C 相（60∶0∶40 V/V），52 min A 相 /B 相 /C 相（60∶40∶0，V/V），52.1 min A 相 /B 相 /C 相（95∶5∶0，V/V），60 min A 相 /B 相 /C 相（95∶5∶0，V/V）。

（4）分子量。将多糖溶解在 0.1 M $NaNO_3$ 水溶液（含 0.02% NaN_3，w/w）中，浓度为 1 mg/mL，并通过孔径为 0.45 μm 的过滤器过滤后上样检测。

采用凝胶排阻色谱柱 Ohpak SB-805 HQ（300 mm × 8 mm）和 Ohpak SB-803 HQ（300 mm × 8 mm）串联。柱温 45℃，进样量 100 μL，流动相 A（0.02% NaN_3，0.1 M $NaNO_3$），流速 0.6 mL/min，洗脱梯度：等度 75 min。

色谱系统采用的是凝胶色谱 – 示差 – 多角度激光光散射系统。利用多角度激光光散射仪检测大分子的光散射信息，并根据马克·霍温克方程（Mark-Houwink Equation）计算出每个组分对应的绝对分子量。

（5）核磁共振谱。室温下将 20 mg 多糖样品完全溶解在 0.8 mL D_2O 中。^1H 和 ^{13}C NMR 光谱由傅里叶变换核磁共振谱仪分别在 600 MHz 和 151 MHz 频率下采集。

（6）刚果红实验。取 1 mL 多糖溶液（2 mg/mL）和等体积的 0.1 mmol/L 刚果红水溶液于试管中混匀，然后加入 2 mL 不同浓度的 NaOH 水溶液混匀使溶液中 NaOH 的浓度分别为 0 mol/L、0.1 mol/L、0.2 mol/L、0.3 mol/L、0.4 mol/L、0.5 mol/L。将溶液在室温下放置 30 min，用紫外可见分光光度计在 400～700 nm 波长处检测最大吸收波长。

（7）微观形态。使用扫描电子显微镜观察多糖的微观形态。样品喷铂后，在 20.0 kV 的高真空条件下放大观察图像。

4.4.3.5 数据处理与分析

采用 Excel 2016 和 SPSS 25.0 分析处理数据，试验数据以平均值 ± 标准差（mean ± S.D.）表示（n=3）。方差分析（ANOVA）采用沃勒 – 邓肯检验。$P < 0.05$ 时，认为有显著性差异。

4.4.4 结果与分析

4.4.4.1 主要营养成分

实验选取了桃金娘干燥的根、果和叶为原料，测得桃金娘各部分主要营养成分含量如表 4-47 所示。

表4-47　桃金娘基本成分（质量分数，%）

成分	果	叶	根
总糖	38.71 ± 0.35	17.42 ± 0.29	31.08 ± 0.31
还原糖	26.04 ± 0.28	12.50 ± 0.24	27.90 ± 0.23
脂肪	4.80 ± 2.86	5.20 ± 2.13	0.63 ± 0.42
蛋白质	1.84 ± 0.32	4.38 ± 0.28	0.66 ± 0.07
灰分	4.41 ± 0.19	3.62 ± 0.11	2.00 ± 0.14
水分	9.78 ± 0.11	8.80 ± 0.16	11.34 ± 0.15

桃金娘总糖质量分数丰富，果实和根中总糖质量分数均高于30%。在总糖中，还原糖质量分数最大，根中还原糖占总糖比重高至89%。在果实中，还原糖在总糖中质量分数达到67%，与张少敏测得结果接近。这是因为桃金娘的果实在浆果发育过程中，还原糖的质量分数随果实发育大幅增加。与根相比，在桃金娘果实和叶中，脂肪和蛋白质较丰富。这与植物种类、器官功能等相关。植物光合作用可直接促进细胞中蛋白质等多种化合物的产生，在其生长进程中茎、叶内不断有植物叶蛋白的合成供构建新的细胞组织和器官的需要。植物叶蛋白的大量合成可能是桃金娘叶中蛋白质含量高的主要原因。果中灰分含量高，与果中矿物质等含量丰富相关。

4.4.4.2　桃金娘根、叶、果粗多糖的提取

（1）温度对多糖提取率的影响。黄丽华等研究发现，温度对桃金娘果实多糖的提取影响最显著。但尚未有研究分析叶多糖与根多糖的提取率与温度变化是否有显著性关系。为探究温度对根、叶、果三类多糖提取率的影响，使用单因素法进行试验。

从图4-44可看出，50～90℃内三种粗多糖得率均随温度升高而增加。这是因为液体的表面张力和黏度随着温度的升高而增加，促进了细胞壁破裂，使多糖加速流出。此外，加热提高了分子运动速度，加速了多糖的扩散。因此，多糖的提取率会随着温度的升高而增加。但经数据分析发现，温度变化对桃金娘叶多糖得率无显著性影响。当温度升至70℃，桃金娘根与温度存在显著性差异（$P < 0.05$）。结合碘-碘化钾试验，测得在70～90℃获得的粗多糖溶液中反应呈现深蓝色，表明存在大量淀粉，因此推测该温度范围内多糖得率的上升是由于大量淀粉浸出。

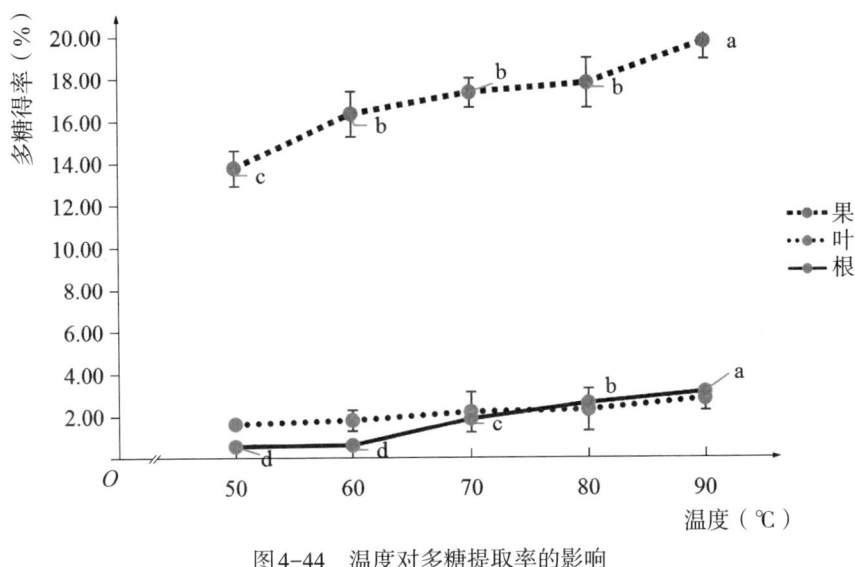

图4-44 温度对多糖提取率的影响

（2）粗多糖的提取与成分组成。冻干的桃金娘果粗多糖呈纤维状棕褐色固体，叶粗多糖呈纤维状金褐色固体，根粗多糖呈褐色蓬松粉末状固体。冻干后与原料质量相比，桃金娘果粗多糖得率为1.50%，叶粗多糖得率为0.27%，根粗多糖得率为0.08%。多糖得率较低，主要原因可能是Sevage法脱蛋白次数过多，损失了大量多糖。

碘-碘化钾试验均呈阴性，表明根、果、叶粗多糖中不含有淀粉，制得的多糖是非淀粉多糖。斐林试剂反应呈阴性，说明根、果、叶粗多糖中不含有可溶性的还原糖。

①总糖。绘制的葡萄糖标准曲线如图4-45所示，回归方程为$y = 0.0042x + 0.0534$，$R^2 = 0.9993$，具有良好的线性关系。通过苯酚硫酸法测得总糖含量如下：根粗多糖为41.06%，叶粗多糖为57.88%，果粗多糖为39.52%。

②糖醛酸。咔唑-硫酸法是测定糖醛酸含量的常用方法。糖醛酸在浓硫酸的作用下水解成带有—COOH的糠醛或糠醛衍生物，与咔唑试剂发生缩合反应生成紫红色化合物，其显色强度与糖醛酸含量成正比。以半乳糖醛酸为标准品制作标准曲线（如图4-46所示），获得回归方程$y = 0.0064x + 0.1205$，$R^2 = 0.995$。计算得糖醛酸含量如下：根粗多糖为45.30%，叶粗多糖为49.64%，果粗多糖为84.70%。果粗多糖中糖醛酸含量最高，与秦小明等测定的结果相近。

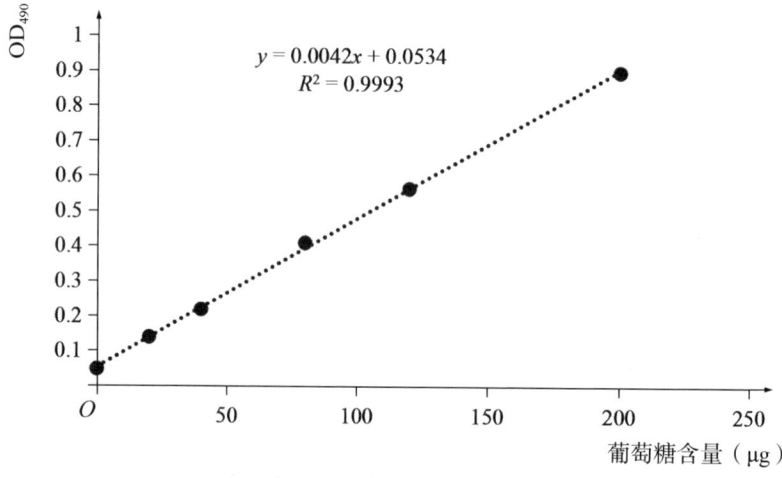

图4-45　葡萄糖标准曲线

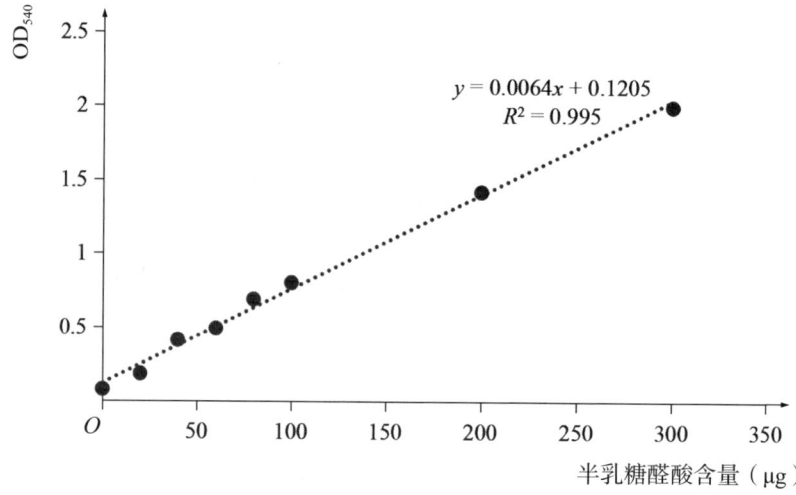

图4-46　糖醛酸标准曲线

③总酚。图4-47曲线是以没食子酸为标准品绘制的总酚标准曲线，回归方程为$y = 0.0071x + 0.1253$，$R^2 = 0.996$，线性关系良好。计算得根粗多糖总酚含量为896.80 mg GAE/g，叶粗多糖总酚含量为893.27 mg GAE/g，果粗多糖总酚含量为330.60 mg GAE/g。

④蛋白质。蛋白质标准曲线见图4-48。通过回归方程$y = 0.0036x + 0.0072$，$R^2 = 0.9903$，计算得根粗多糖中蛋白质含量为5.38%±0.21%，叶粗多糖为6.22%±0.14%，果粗多糖为5.70%±0.17%。果粗多糖中的蛋白质含量远低于隋亚君水提法提取的桃金娘干果多糖中19.0%～34.3%的蛋白质含量。推测原因是在多糖提取过程中，木瓜蛋白酶不仅作用于游离蛋白质，还与糖蛋白等结合蛋白中的蛋白质发生水解反应。

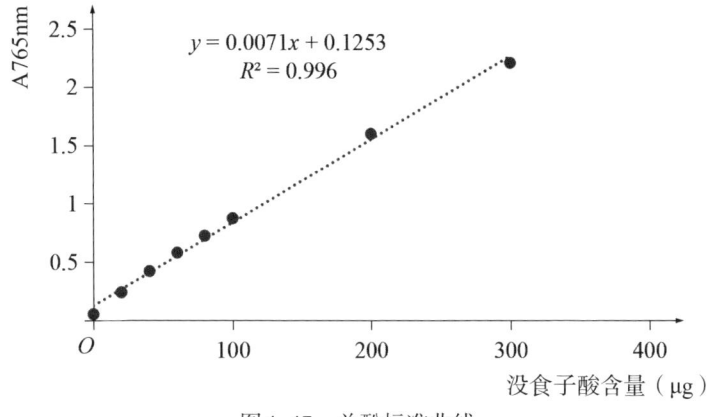

图4-47 总酚标准曲线

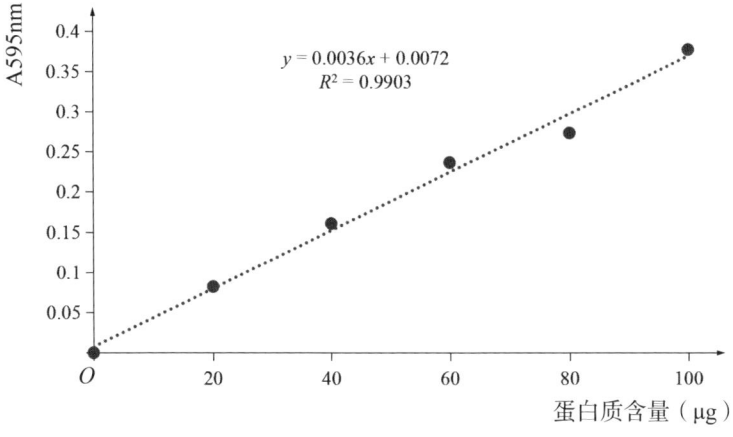

图4-48 蛋白质标准曲线

（3）全波长扫描。在图4-49全波长扫描中，可以看到在260 nm处没有吸收峰，说明提取的三种粗多糖中不含有核酸。酚类物质中的酚酸一般在260～330 nm范围内有特征吸收峰。三种粗多糖在273 nm处有吸收峰，说明存在多酚。在280 nm处有吸收，表明粗多糖有少量蛋白质未脱除干净，与3.2.2小节中马斯亮蓝检测结果一致。在520 nm附近没有吸收峰，显示色素已经去除。在200～220 nm处显示较强的吸收峰，这可能是因为存在不饱和羰基、羧基等。

（4）红外光谱扫描。通常使用傅里叶红外光谱图对多糖特征官能团进行鉴定分析。在图4-50的红外光谱中，可以发现根粗多糖和叶粗多糖峰形相似度较高，三者出峰位置相近，但吸收峰强度存在区别。在3200～3500 cm^{-1}范围内具有糖类的特征吸收峰，图中3300 cm^{-1}附近出现的宽峰是由O-H伸缩振动引起的，该峰宽且钝，说明羟基与分子之间以缔合的连接方式存在。2900 cm^{-1}附近出现的吸收峰则是C-H伸缩引起，包括CH、CH_2和CH_3，这个吸收峰常被 O-H 伸缩振动形成的宽峰所掩盖。这说明提取到的三种组分均为多糖类物质。

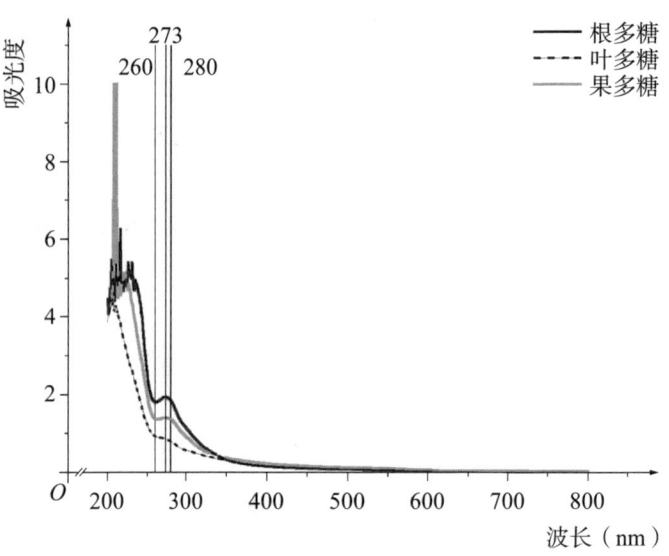

图4-49　紫外全波长扫描

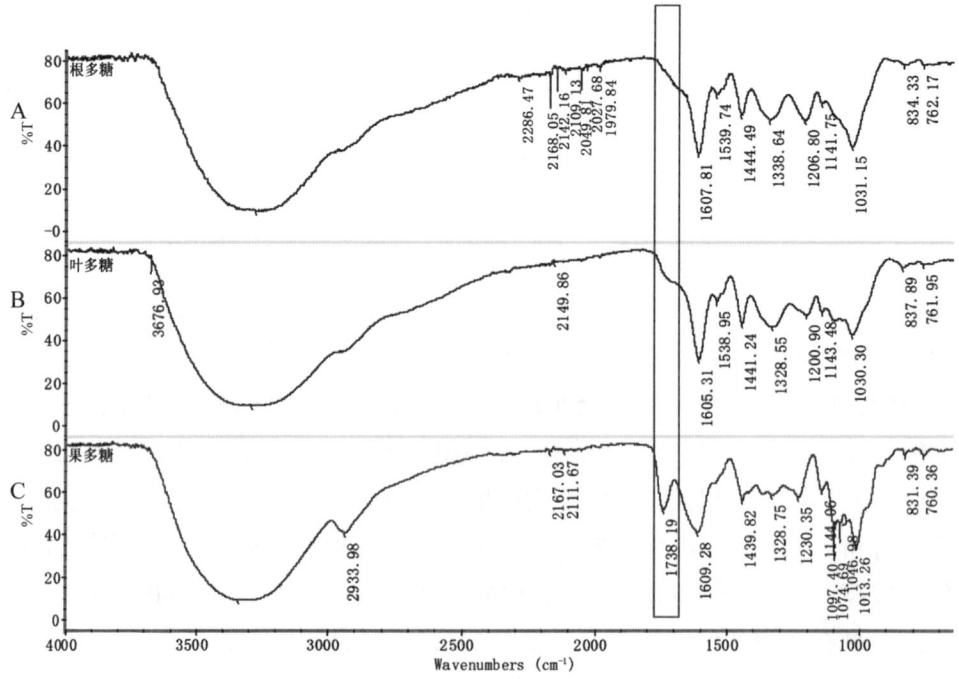

图4-50　根、叶、果粗多糖红外光谱
A—根粗多糖；B—叶粗多糖；C—果粗多糖

对比三个红外光谱的吸收峰发现，果粗多糖在 1738 cm^{-1} 处有一明显的吸收峰，是由糖醛酸上羧基形成的酯基（C=O）伸缩引起的，说明果粗多糖中的糖醛酸被酯化。甲基酯化程度（DM）是影响果胶功能特性的重要因素之一。一般来说，1800～1600 cm^{-1} 区的两个不同带分别对应于酯化基团和游离羧基团的区域，可用于测定果胶的 DM。根据酯化程度（羟基酯化的百分数）的不同，将酯化度大于 50% 的果胶称为高酯果胶，低于 50% 的称为低酯果胶。果粗多糖中酯化度计算为 90.30%，属于高酯果胶。

在 1607 cm^{-1} 处的吸收峰是醛基、羧基官能团中 C=O 的伸缩振动或不对称拉伸。光谱中出现在 1539 cm^{-1} 处的特征峰可以归于乙酰基的 C=O 拉伸。在 1444 cm^{-1} 及 1338 cm^{-1} 附近的吸收峰为多糖类特征吸收峰，是 C-H 变角振动或 O-H 的伸缩振动。1206 cm^{-1} 附近的吸收峰为酚羟基的伸缩振动。在 1141 cm^{-1}、1097 cm^{-1} 及 1031 cm^{-1} 附近出现的吸收峰是吡喃环伸缩振动的特征峰。在 834 cm^{-1} 附近出现峰表明三种粗多糖中存在的糖苷键主要为 α 构型。

4.4.4.3 桃金娘果粗多糖的精制、结构表征

（1）精制多糖的制备及纯度检测。由于三种粗多糖中果粗多糖得率最高，糖醛酸含量高，因此选取果粗多糖进行纯化。经过 DEAE 琼脂糖凝胶柱层析与葡聚糖 G-100 凝胶柱层析，收集到两个主要的多糖峰，透析冻干得到 T_1 和 T_2 两种精制多糖。T_1 呈白色松散絮状，得率为 7.06%；T_2 呈米白色连接成致密的片状，得率为 12.4%。经苯酚硫酸法检验，T_1、T_2 总糖含量分别为 45.58% 和 32.12%。

碘-碘化钾试验、考马斯亮蓝法及斐林试剂检测均呈阴性，表明精制多糖中不含有淀粉、蛋白质及还原糖。福林酚染色法未检测到多糖中含有酚类物质，表明精制的多糖不含有蛋白、总酚等，是纯的多糖。

（2）精制果多糖的结构表征。

①紫外全波长扫描。根据全波长扫描结果分析可知（见图 4-51），在 520 nm 处附近没有吸收峰，说明多糖中不含有色素类杂质。在 260 nm 和 280 nm 处无特征吸收峰，说明不含蛋白质类物质或者游离的核酸等杂质，为单纯多糖。

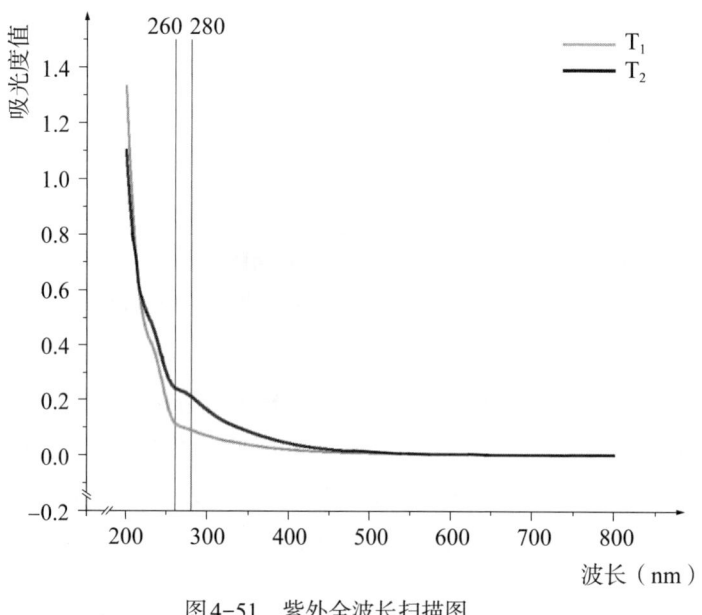

图4-51 紫外全波长扫描图

②单糖组成。利用软件 Chromeleon 处理色谱数据。图4-52 为单糖标准品离子色谱图和多糖样品离子色谱图,横坐标为检测的保留时间(min),纵坐标为离子检测的响应值(Response nC)。

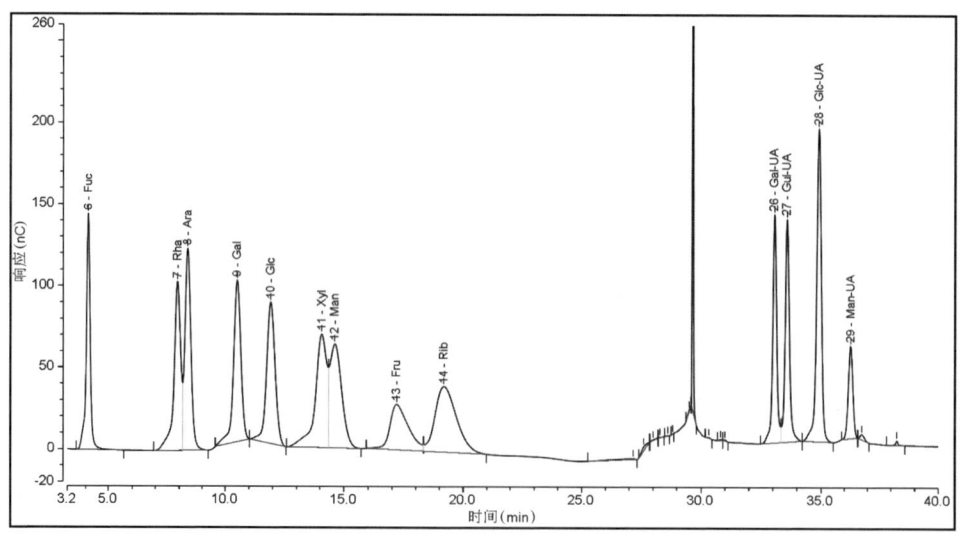

图4-52 紫外全波长扫描图

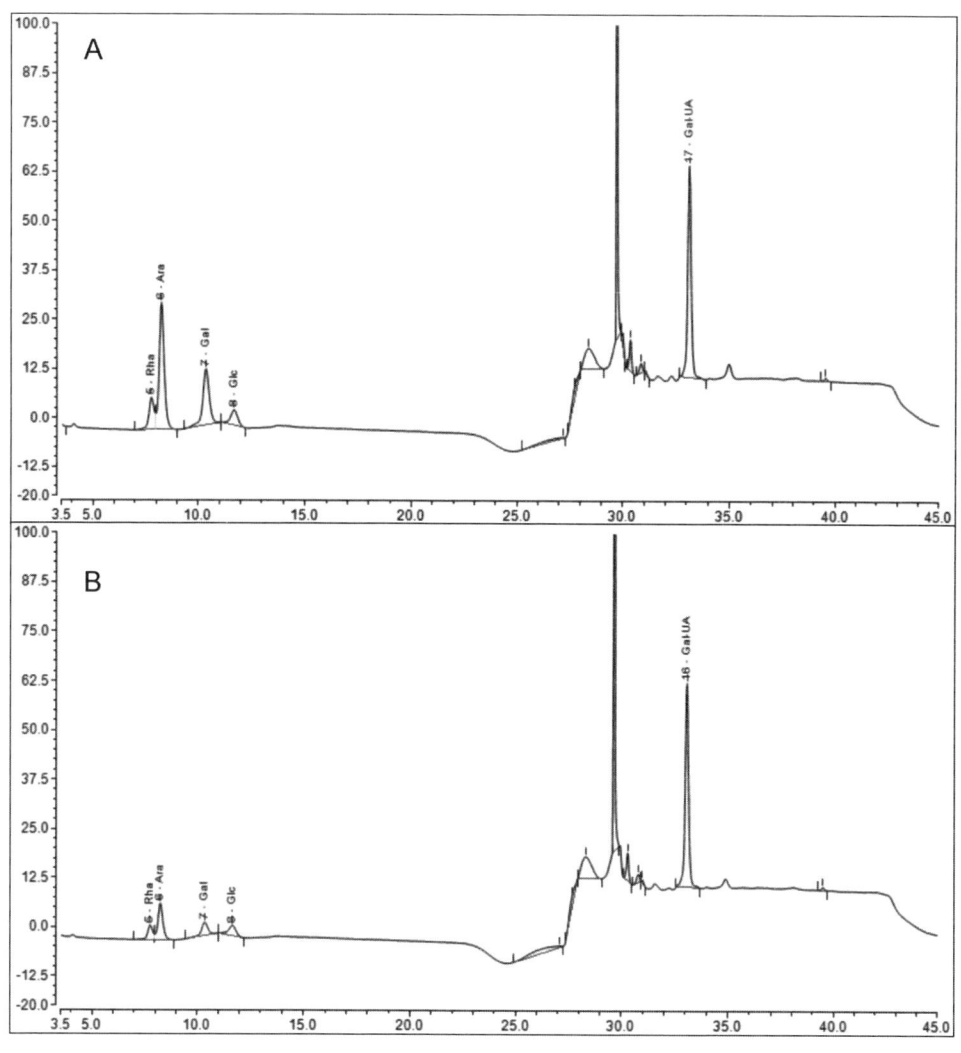

图 4-53 离子色谱
A—多糖 T_1；B—多糖 T_2

由表 4-48 可看出，在 13 种标准品单糖中（岩藻糖、鼠李糖、阿拉伯糖、半乳糖、葡萄糖、木糖、甘露糖、果糖、核糖、半乳糖醛酸、葡萄糖醛酸、甘露糖醛酸、古罗糖醛酸），两种多糖均只检测到 5 种单糖，半乳糖醛酸（Gal-UA）摩尔质量占比最高，其次是阿拉伯糖（Ara），鼠李糖（Rha）、半乳糖（Gal）和葡萄糖（Glc）含量较低。半乳糖醛酸是主要的单糖组成，含量接近 50%，两种多糖均为酸性杂多糖，推测 T_1 和 T_2 中果胶可能是主要的大分子成分。

表4-48　多糖的单糖组成摩尔比

单糖类型	T_1	T_2
Fuc	-	-
Rha	7.49%	4.97%
Ara	26.05%	11.32%
Gal	13.22%	4.64%
Glc	3.97%	4.43%
Xyl	-	-
Man	-	-
Fru	-	-
Rib	-	-
Gal-UA	49.28%	74.63%
Gul-UA	-	-
Glc-UA	-	-
Man-UA	-	-

注："-"表示未检测到该物质，原因可能是样品中该物质含量低于仪器检出限或样品中不含有该物质。

卢光强等使用果汁澄清剂获取的桃金娘果多糖中主要单糖组分是葡萄糖；Amina提取的桃金娘水溶性果多糖由6种中性糖与2种糖醛酸组成；使用碳酸氢铵溶液对DEAE-Cellulose（HCO_3^-型）层析柱进行洗脱，获得的纯化桃金娘多糖含有大量的半乳糖醛酸（50%以上）与5种中性单糖。与其他研究结果比较，本研究制得的桃金娘纯化果多糖单糖种类少，不含甘露糖与木糖，但均含有较高含量的半乳糖醛酸，说明T_1、T_2是两种新的多糖。

③分子量分布。光散射色谱图中，红线代表多角度激光光散射信号（即LS，单位是V），散射光强度与物质的分子尺寸、分子量大小成正比，红色信号强峰型显著代表该位置附近出峰的组分分子量较大；蓝线代表示差信号（即RI，单位是RIU），响应值取决于柱后流出液折射率的变化，与物质的类型、浓度和分子量均有关，一般蓝色信号峰面积越大，代表样品含量越高。其中37 min附近为流动相的溶剂峰。

在图4-54a中，示差信号RI（蓝线）在22~30 min内显示一个对称的尖峰，表示T_1含有一个多糖组分。在15~24 min之间，LS（红线）出现明显尖峰，且 RI 在 20～24 min 内出现拖尾现象，表示该部分摩尔质量较大，可能来自大分子聚集体。而在图 4-54b 中，示差信号 RI 在 22～30 min 内显示相连双峰，表示 T_2 可能含有两个多糖组分。

T_1 的数均分子量 M_n 为 15.02 kDa，T_2 的 M_n 为 36.96 kDa。T_1 的重均分子量 M_w 为 40.56 kDa，T_2 的 M_w 为 59.15 kDa。含量最多的组分片段的分子量，即峰值分子量 M_p，T_1 为 27.13 kDa，T_2 为 66.35 kDa。M_w/M_n 计算的 T_1 多分散性是 2.700，属于中等分布宽度样品；T_2 的多分散性是 1.601，多分散系数接近于 1，属于窄分布样品。上述结果说明 T_2 分子量更大，且 T_2 的分子量分布比 T_1 更集中。

分子构型图以摩尔质量（g/mol）为横坐标，以均方根半径（nm）为纵坐标，其斜率可以作为分子构型的参考。通常情况下，斜率为 1 表示分子为棒状，斜率为 0.5～0.6 表示无规则线团，斜率为 1/3 表示球形。在本次实验中，多糖 T_1 线性关系较差，无法拟合出斜率。T_2 的分子构型如图 4-55 所示，斜率为 0.18 ± 0.12，推测 T_2 在流动相溶液中呈球形构象。

④红外光谱。通过 FT-IR 光谱对 T_1 和 T_2 的官能团进行表征。从图 4-56 可以观察到，两个光谱出峰位置与峰形呈现高度相似性，说明两者多糖官能团相似。T_1 和 T_2 两种多糖的红外光谱，在 3268 cm^{-1} 与 3285 cm^{-1} 附近出现宽的吸收峰，这是由于糖残基中羟基的伸缩振动；在 2934 cm^{-1} 和 2937 cm^{-1} 附近出现一个小峰，与 C-H 不对称拉伸振动有关。这两个峰是典型的多糖吸收峰。

图中 1740 cm^{-1} 处没有观察到羧酸酯的明显吸收，表明多糖是非酯化多糖。Mawunyo 从马齿苋中分离纯化了一种线性非酯化的同型半乳糖醛聚糖，在植物中并不常见。

1593 cm^{-1} 处的尖峰来自 C=O 非对称伸缩振动，1409 cm^{-1} 处来自 C=O 对称拉伸振动，这两个峰是糖醛酸中质子化羧基的特征峰。1237 cm^{-1} 附近是硫酸根中的 S=O 吸收峰，多糖中均含有硫酸根基团。1200～1000 cm^{-1} 区被称为多糖的"指纹图谱"区。该区域中 1140 cm^{-1} 处的吸收峰来自非对称的 C-O-C 伸缩振动，1093 cm^{-1} 处的吸收峰来自糖环上的 C-O-C 伸缩振动，1012 cm^{-1} 处的吸收峰来自侧链 C-C-O 的伸缩振动。该区域内出现 3 个吸收峰表明存在吡喃糖。831 cm^{-1} 和 888 cm^{-1} 处的特征吸收归因于 T_1 和 T_2 中 α 和 β 构型的存在。770 cm^{-1} 处有明显的吸收峰，是 D-吡喃环对称拉伸振动的特征吸收。综上所述，可以推断 T_1 和 T_2 均是酸性多糖，主要含有 α-吡喃糖苷键。

⑤核磁共振。^1H NMR 谱图中质子主要存在于 3.5～5.5 ppm 的范围内，

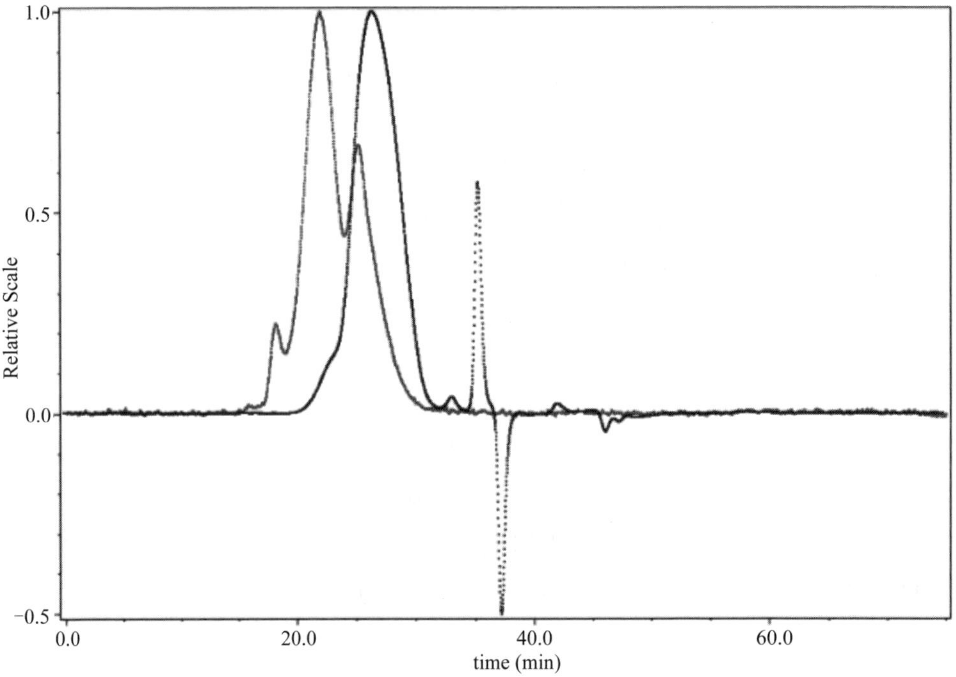

(a)

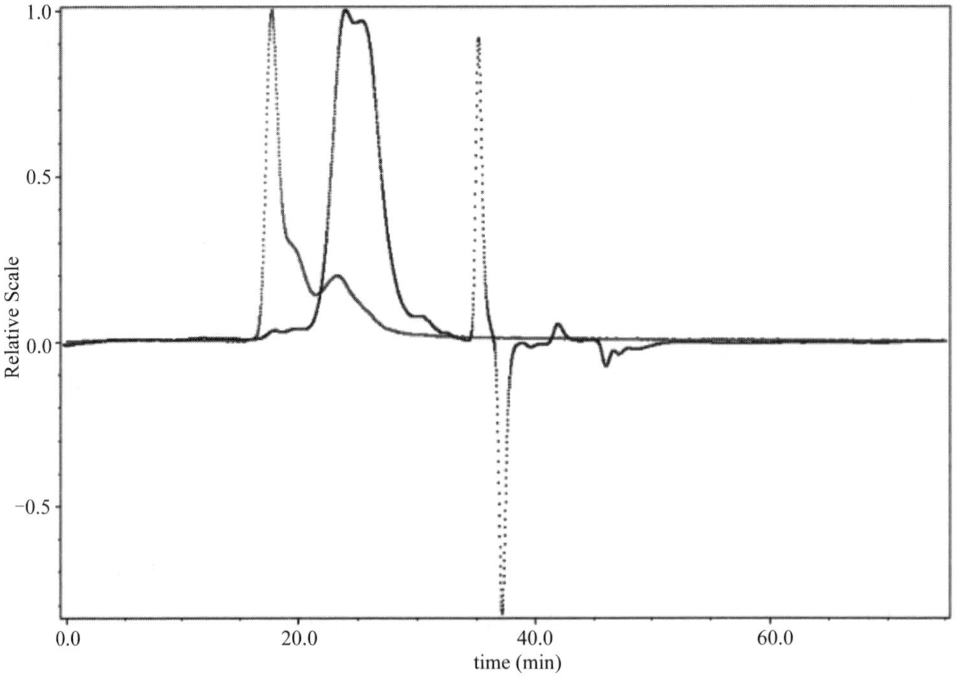

(b)

图4-54 光散射色谱

a—T_1；b—T_2

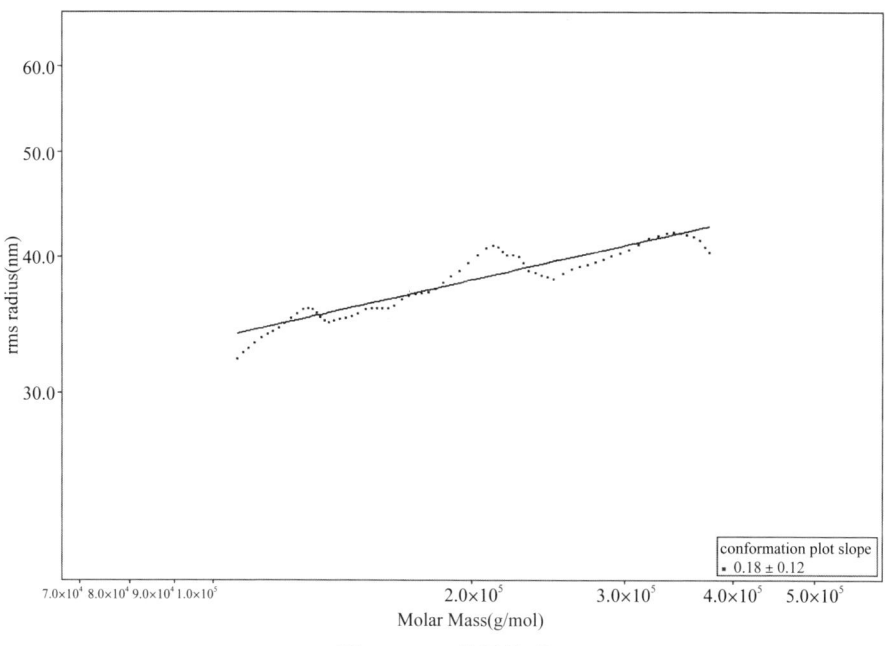

图4-55 T₂分子构型

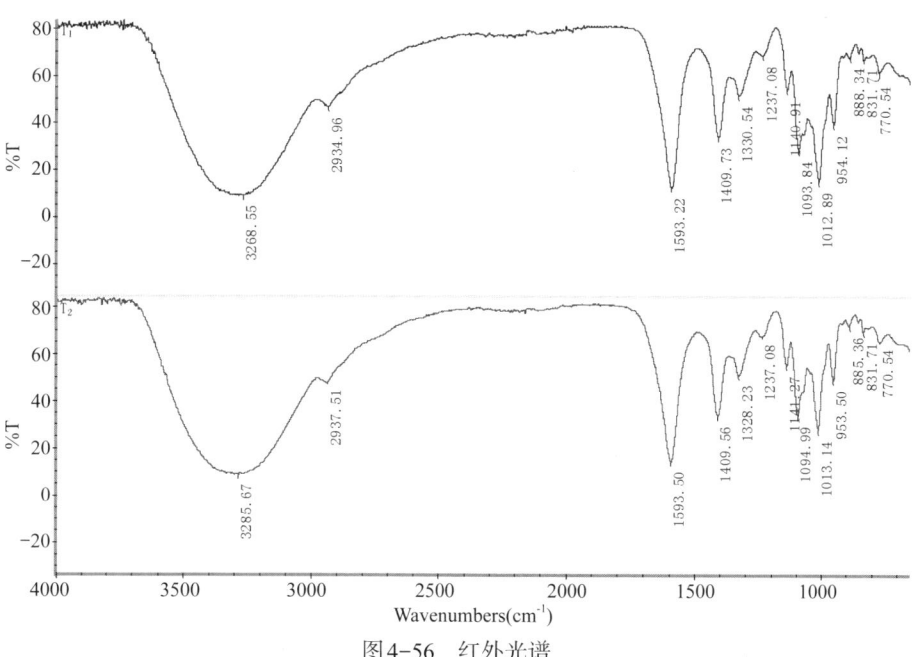

图4-56 红外光谱

但质子信号间的重叠与干扰影响分析。通常在 4.8~5.5 ppm 区域内对首碳上的特征信号进行分析，判断糖苷构型。4.90 ppm 是区分吡喃糖构型的质子信号的临界值，首碳上的质子位移大于 4.90 ppm 为 α- 型糖苷，小于 4.90 ppm 为 β- 型糖苷。但是这条规则不适用于一些含有类似质子偶联常数的单糖，如鼠李糖（Rha）。尽管不能判断鼠李糖的构型，但根据单糖分析结果，鼠李糖在精制多糖中含量占比较低，不影响主要构型判断。因此推测 T_1、T_2 主要存在 α- 型糖苷构型。结合单糖组成结果，4.98 ppm 对应半乳糖醛酸上的首碳质子。4.70 ppm 的强吸收峰归因于 D_2O。

在 ^{13}C NMR 谱图，α 构型异构碳的化学位移通常出现在 98~103 ppm 区域中，而 β 构型的谱图通常显示在 103~110 ppm 区域。从图 4-57 可以看出，T_1、T_2 在 98 ppm 均有较强的信号，说明两种多糖均是 α 构型为主，与氢谱结果一致。碳谱图中在 68~78 ppm 出现明显的信号，归因于 C_2-C_6 的化学位移。果胶通过核磁共振表征结构时，→4)-α-GalpA-(1→的异构质子信号范围为 4.89~5.25 ppm，相应的碳共振为 98.4~103.0 ppm。果胶中 →4)-α-GalpA-(1→残基的 C_6 特征信号被分配为 175.9~178.5 ppm。T_1 在 177 ppm 和 175 ppm 的信号归因于 α-GalAp 中未酯化羧基和甲基酯化羧基的羧基碳。T_2 在该范围内信号重叠，难以分析。

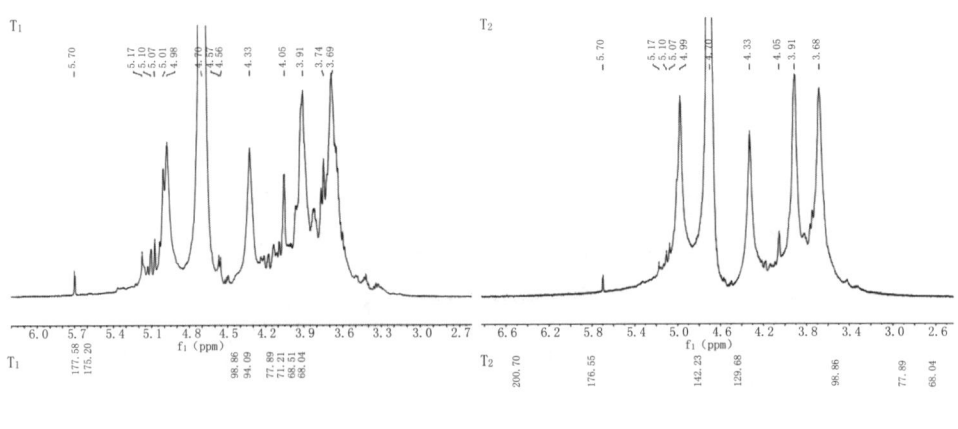

图 4-57　红外光谱

⑥刚果红实试。刚果红实验可初步确定香菇多糖是否具有三螺旋结构。刚果红是一种大分子组织学染色剂，能与含有三螺旋结构的多糖发生络合反应，复合体的最大吸收峰值将发生红移，随着氢氧化钠浓度的增大向更长的波长移动。但是随后这个最大吸收峰值又会迅速降低，因为在浓度相对较高的碱性溶液中三螺旋会发生变性。图 4-58 结果表明，当没有加入 NaOH 时，溶液的最大吸收峰值均为 497 nm，说明刚果红与多糖的简单混合不改变最大吸收峰值。当 NaOH 的浓度从 0 增加到 0.5 mol/L，刚果红-T_2 多糖复合物的最大吸收峰值呈现与单独的刚果红相似的下降趋势，这表明多糖 T_2 没有三螺旋构象。

但多糖 T_1 在 NaOH 的浓度从 0 增加到 0.1 mol/L 时，刚果红多糖复合物的最大吸收峰值出现增大，在浓度升至 0.2 mol/L 时峰值降低，而后再升再降，表明 T_1 的结构在碱浓度增大过程中发生了两次改变。刚果红与多糖的有序螺旋构象结合会导致最大吸收峰值红移，一些具有单螺旋、双螺旋甚至随机螺旋构象的多糖都可能在测试过程中诱导红移。一些研究者认为，两次红移现象的产生是由于随着碱浓度的增加，三螺旋构象首先解离成双螺旋，然后解离成无规则线圈，因此观察到两个相对稳定的区域，一个来自三螺旋，另一个来自双螺旋。综上所述，说明 T_1 可能存在三螺旋结构。

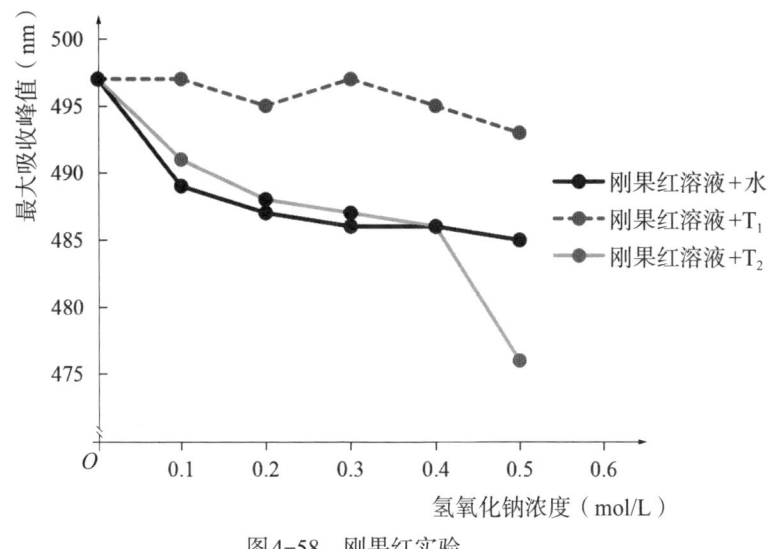

图 4-58　刚果红实验

⑦扫描电镜。桃金娘果多糖的微观结构特征见图 4-59。当在不同放大倍数（1000~20000 倍）下通过 SEM 分析时，两种多糖的微观结构显示差异。

如图4-59所示，T_1主要由不规则片状物组成，表面粗糙，大量不规则颗粒物包裹其中。T_2在电镜下呈薄膜状，表面相对光滑、均匀且结构致密。由于结构特征的差异，T_2比T_1更耐辐照，在20 kV高压下用电镜观察时结构不易被破坏或出现裂痕。观察T_1的扫描电镜图，表面粗糙且出现颗粒物，表明分子间相互作用导致多糖链的聚集，说明T_1内可能有大分子凝聚物，该凝聚物可能是刚果红试验中T_1出现红移现象的原因。

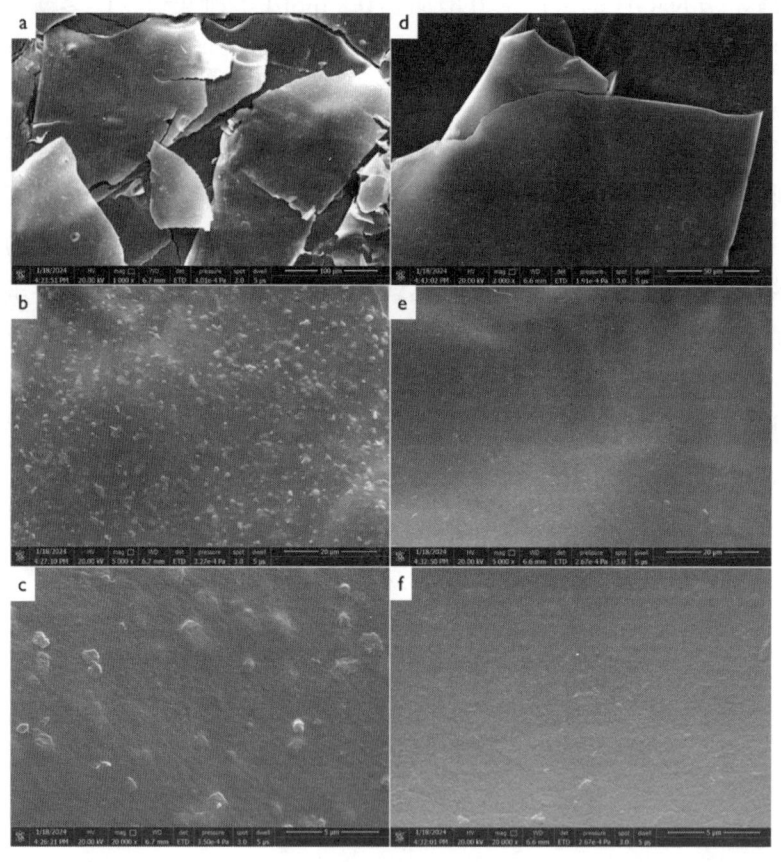

图4-59　扫描电镜图

a-T1, 1000×；b-T2, 2000×；c-T1, 5000×；d-T2, 5000×；e-T1, 20000×；f-T2, 20000×

4.4.5　讨论

4.4.5.1　根、果、叶粗多糖的提取

（1）提取方法。桃金娘根中由于存在淀粉，在高温提取时导致提取液黏稠，过滤步骤操作困难，因此提取时加入耐高温淀粉酶和糖化酶进行水解，

以制备非淀粉多糖。

通过对粗多糖的检验发现,桃金娘果多糖提取时大量蛋白质也被共同溶出,不利于后续的纯化操作,故而在提取时加入蛋白酶进行酶解。木瓜蛋白酶是一种含巯基(-SH)肽链内切酶,具有蛋白酶和酯酶的活性。在桃金娘多糖提取过程中加入木瓜蛋白酶可使桃金娘中的游离蛋白质发生水解,并进一步水解糖蛋白等结合蛋白,促进桃金娘多糖的溶出,同时也提高了桃金娘多糖的纯度,简化了桃金娘多糖的提取工艺。

(2)成分分析。桃金娘粗多糖组成成分见表4-49,显示桃金娘三种粗多糖中的总糖含量检测结果均较低。与此相同的是,隋亚君在121℃下高压提取的桃金娘果粗多糖测得总糖含量为48.60%,10℃冷水下抽提的总糖含量仅为32.10%。测得的结果中总糖含量均低于60%。白瑞斌等的研究也存在相似结果,团队提取的高纯度党参多糖中含有大量的半乳糖醛酸,但以葡萄糖作为对照品采用苯酚-硫酸法测得多糖含量仅为30.96%,与高效凝胶色谱法测定结果相差甚远。可能原因是以中性单糖为对照品测定酸性杂多糖中的总糖含量时,由于糖醛酸与中性糖的吸光系数不同,从而使得酸性多糖中糖含量的测定值低于其实际值。有趣的是,精制果多糖的单糖组成结果显示,中性糖含量占比与苯酚硫酸法测得纯化多糖中的总糖含量接近。这表明苯酚硫酸法不能准确检测到糖醛酸含量。综上,合理推测苯酚硫酸法不适用于检测含糖醛酸较多的多糖。

表4-49 桃金娘粗多糖组成成分

	根粗多糖	叶粗多糖	果粗多糖
总糖	41.06%	57.88%	39.52%
糖醛酸	45.30%	49.64%	84.70%
总酚	896.80 mg GAE/g	893.27 mg GAE/g	330.60 mg GAE/g

多酚根据存在形式可分为结合酚和游离酚,结合酚通过非共价相互作用或共价相互作用与植物多糖相连。本研究中,多糖在提取时经过3000 Da截留分子量的透析袋透析,游离酚被大量去除,因此多糖中的总酚为多酚。提取的根粗多糖和叶粗多糖中含有丰富的多酚,可能是高温提取过程中发生疏水相互作用促进了多糖与多酚之间的结合。经HPLC-ESI-qTOF-MS/MS鉴定,没食子酸和丁香素-3-Oβ-葡萄糖苷是桃金娘果实结合酚中的主要酚类化合物。但关于根和叶中结合酚的成分分析还有待探索。桃金娘粗多糖可能是

富含结合多酚的多糖。

4.4.5.2 精制果多糖的结构

表4-50 精制果多糖的单糖组分

单糖类型	T_1	T_2
Rha	7.49%	4.97%
Ara	26.05%	11.32%
Gal	13.22%	4.64%
Glc	3.97%	4.43%
GalA	49.28%	74.63%
HG	41.79%	69.66%
RG-Ⅰ	54.25%	25.9%
Rha/GalA	0.15	0.07
(Gal+Ara)/Rha	5.24	3.21
GalA/(Rha+Ara+Gal+Glc)	0.97	2.94

HG = GalA%- Rha%；RG-Ⅰ = 2 Rha% + Ara% + Gal%

果胶是细胞壁多糖的重要组成部分。高半乳糖醛酸是初生细胞壁中果胶的主要成分，在高尔基体中以甲酯化和乙酰化的形式合成，分泌到胞间连丝后通常被果胶甲基酯酶（PME）去甲基化，被果胶乙酰化酶（PAE）去乙酰化。果胶主要是一类以D-半乳糖醛酸（Galacturonic acid，Gal A）通过α-1,4-糖苷键连接组成的酸性杂多糖，其中 Gal A 残基的羧基可能被甲基酯化或在较小程度上被乙酰酯化，而一定量的中性糖可能以侧链的形式存在。果胶的中性糖主要是半乳糖、阿拉伯糖、鼠李糖和木糖，中性糖的种类和比例随果胶的产地不同而不同。根据其分子主链和支链结构的不同，将其分为4种类型：同型半乳糖醛酸聚糖（Homogalacturonan，HG）、Ⅰ型鼠李半乳糖醛酸聚糖（type Ⅰ Rhamnogalacturonan，RG-Ⅰ）、Ⅱ型鼠李半乳糖醛酸聚糖（type Ⅱ Rhamnogalacturonan，RG-Ⅱ）和木糖半乳糖醛酸聚糖（Xylogalacturonan，XG）。HG 由线性→4)-α-GalpA-(1→连接而成，其中甲基化修饰主要发生在C-6羧基部分，而乙酰化修饰发生在O-2或O-3原子上。RG-Ⅰ由重复单元（→4)-α-GalpA-(1→2)-α-Rhap-(1→）组成，具有连接到骨架（主要是Ara和Gal）的各种聚糖链，而RG-Ⅱ具有高度支化和复杂的结构,具有线性→4)-α-Galp-(1→的骨架。HG 是植物果胶中主要的结构,约占 65%,RG-Ⅰ在果胶中占 20%～35%,比 RG-Ⅰ结构更复杂的 RG-Ⅱ含量大约为 10%。人们普遍认为果胶是由线性的 HG 单元和 RG-Ⅰ、RG-Ⅱ或 XGA 等结构域通过共价键连接形成的一种多糖大分子。

Rha/GalA 和(Gal + Ara)/Rha 的摩尔比分别反映了果胶的支化程度和侧链长度/大小,而 GalA/(Rha + Ara + Gal + Glc)的摩尔比表示 HG 结构域的线性。根据表 4-50 的结果,与 T_1 相比,T_2 具有更低的支化程度,更短的侧链长度和具有更强线性的 HG 结构域。T_2(HG + RG-Ⅰ = 95.56%;RG-Ⅰ:HG = 0.37:1)比 T_1(HG + RG-Ⅰ = 96.04%;RG-Ⅰ:HG = 1.30:1)含有更多的半乳糖醛酸,HG 和 RG-I 结构域可能是 T_1、T_2 的主要成分。

有研究发现,在许多植物组织中,存在具有支链结构的 HG,也称为半乳糖醛酸-半乳糖醛酸聚糖(galacturono-galacturonans,GaGA)。结合 T_2 的球状分子构型,T_2 很可能是半乳糖醛酸-半乳糖醛酸聚糖。综上分析,T_1 可能是存在鼠李糖半乳糖醛酸与同型半乳糖醛结构域的高支度化多糖。与 T_1 相比,T_2 富含半乳糖醛酸-半乳糖醛酸聚糖结构域,可能是一种具有更集中的分子量分布、更短的侧链长度的非酯化大分子聚合物。具体结构还需通过甲基化、二级核磁共振谱图等方法进行解析。

4.5 山稔子多糖P1～P4的提取

4.5.1 总多糖含量的测定

以无水葡萄糖为标准品,采用苯酚-硫酸法测定总多糖含量。绘制标准曲线的操作步骤见表 4-51。测定样品时,量取样品溶液 1 mL,按标准曲线的操作步骤 3～5 处理,计算样品溶液中总多糖含量。

表 4-51 绘制葡萄糖标准曲线的操作步骤

步骤	加入试剂(mL)	试管1	试管2	试管3	试管4	试管5	试管6
1	0.1 mg/mL葡萄糖标准溶液	0	0.2	0.4	0.6	0.8	1.0
2	蒸馏水	1.0	0.8	0.6	0.4	0.2	0
3	6%苯酚溶液	0.5					
4	浓硫酸	2.5					
5	摇匀,室温下静置20 min,测490 nm波长处吸光度							

4.5.2 山稔子多糖P1~P4的分离纯化

(1) 多糖的提取。取提取皂苷后的滤渣(即滤渣Ⅰ)与蒸馏水以液固比10∶1于回流装置中煮沸4 h,抽滤后取滤渣,再加入蒸馏水以液固比5∶1煮沸4 h,抽滤后滤渣烘干备用(以下称为滤渣Ⅱ)。合并两次提取的滤液,减压浓缩至约100 mL。随后往浓缩液中缓慢加入4倍体积的95%乙醇,并不断用玻璃棒搅拌使多糖均匀沉淀,然后放入4℃冰箱静置12 h,取出后以转速5000 r/min离心15 min,取沉淀烘干,得山稔子粗多糖。称重后按公式(4-13)计算多糖得率,并按上述方法测定多糖含量,按公式(4-14)计算多糖含量。

$$多糖得率 = \frac{醇沉后烘干的多糖质量(g)}{制备所用原料的质量(g)} \times 100\% \qquad 公式(4-13)$$

$$多糖含量 = \frac{多糖浓度(mg/mL) \times 样品体积(mL)}{样品质量(mg)} \times 100\% \qquad 公式(4-14)$$

(2) 多糖的脱色。将山稔子粗多糖加一定量蒸馏水溶解,用NaOH溶液调节多糖溶液pH值至8.0,然后一边滴加30% H_2O_2溶液一边搅拌,直至颜色逐渐变浅,随后在50℃水浴下保温2 h。取脱色前后的多糖溶液,以转速5000 r/min离心10 min,取上清液在波长520 nm处测定吸光度,按公式4-15计算脱色率。

$$脱色率 = \frac{OD_0 - OD}{OD_0} \times 100\% \qquad 公式(4-15)$$

其中,OD_0和OD分别为脱色前和脱色后的吸光度。

(3) 多糖的脱蛋白。往脱色后的多糖溶液加入1/5体积的Sevag试剂(氯仿∶正丁醇=4∶1),振荡20 min后静置10 min,以转速4000 r/min离心10 min,弃去下层和中间层。反复该操作5次。然后取上层液进行旋转蒸发除去残留的Sevag试剂,得到脱蛋白后的山稔子多糖溶液,按照上述方法测定脱蛋白前后的蛋白质含量。

(4) DEAE-Sepharose fast flow柱层析。往脱色和脱蛋白后的多糖溶液缓慢加入4倍体积的95%乙醇,并不断用玻璃棒搅拌使多糖均匀沉淀,放入4℃冰箱中静置12 h,取出后以转速5000 r/min离心15 min,取沉淀烘干,得到初步纯化的山稔子多糖,备用。

DEAE-Sepharose fast flow柱层析对山稔子多糖分离纯化的具体操作如下:

①填料预处理。先置于抽滤漏斗中用蒸馏水冲洗,目的是洗涤出20%乙醇的保护液;然后用超声波除气泡(冲洗过程中产生的气泡),静置备用。

②装柱。将填料缓慢引流至层析柱(柱规格:1.5 cm×20 cm)中,柱床体积约为20 mL。先用蒸馏水冲洗1 h,再用1 mol/L NaCl溶液冲洗1 h,最后再用蒸馏水冲洗2 h,即可准备上样。

③上样。取多糖样品0.1 g,用蒸馏水2 mL溶解,配置成浓度为50 mg/mL的多糖溶液,过0.45 μm微孔滤膜后,以0.5 mL/min流速上样。

④梯度洗脱。依次用浓度为0 mol/L、0.1 mol/L、0.2 mol/L、0.3 mol/L、0.4 mol/L、0.5 mol/L、0.6 mol/L、0.7 mol/L、0.8 mol/L的NaCl溶液进行洗脱,每5 mL收集1管。按照上述方法测定每管的多糖含量,各组分洗脱至无多糖检出则视为收集完毕。以接收的管数为横坐标,以波长490 nm处的吸光值为纵坐标,绘制洗脱曲线。

⑤透析。分别收集洗脱下来的各组分,浓缩后转入透析袋(3000 Da)中于4℃透析48 h,减压浓缩后进行冷冻干燥,得到山稔子多糖的各纯化组分。

(5)多糖的分析。

①多糖含量的测定。按照上述方法测定。

②蛋白质含量的测定。以牛血清白蛋白为标准品,采用考马斯亮蓝染色法测定蛋白质含量。绘制标准曲线的操作步骤见表4-52。测定样品时,量取样品溶液1 mL,按标准曲线的操作步骤3、4处理,计算样品溶液中蛋白质含量。

表4-52 绘制牛血清白蛋白标准曲线的操作步骤

步骤	加入试剂(mL)	试管1	试管2	试管3	试管4	试管5	试管6	试管7
1	0.1 mg/mL蛋白标准溶液	0	0.1	0.2	0.3	0.4	0.5	0.6
2	蒸馏水	1.0	0.9	0.8	0.7	0.6	0.5	0.4
3	考马斯亮蓝试剂	5						
4	摇匀,30℃水浴5 min,冷却至室温,测595 nm波长处吸光度							

③硫酸根含量的测定。以硫酸钾为标准品,采用硫酸钡比浊法测定硫酸根含量。绘制标准曲线的操作步骤见表4-53。测定样品时,称取样品10 mg,加入1 mol/L盐酸溶液5 mL,于100℃水浴水解8 h,冷却后吸取样品溶液0.2 mL,按标准曲线的操作步骤3~6处理,计算样品中硫酸根含量。

表4-53 绘制硫酸根标准曲线的操作步骤

步骤	加入试剂（mL）	试管1	试管2	试管3	试管4	试管5	试管6	试管7
1	1 mg/mL硫酸钾标准溶液（SO_4^{2-}浓度为0.60 mg/mL）	0	0.04	0.08	0.10	0.12	0.16	0.20
2	1 mol/L盐酸溶液	0.20	0.16	0.12	0.10	0.08	0.04	0
3	三氯乙酸	3.8							
4	$BaCl_2$-明胶溶液	1							
5	混匀，室温下静置15 min，测360 nm波长处吸光度A_1							
6	以0.5%明胶溶液1 mL代替$BaCl_2$-明胶溶液，以上述同样操作步骤1~4测吸光度A_2							

④糖醛酸含量的测定。以半乳糖醛酸为标准品，采用硫酸-咔唑比色法测定糖醛酸含量。绘制标准曲线的操作步骤见表4-54。测定样品时，量取0.5 mg/mL多糖溶液1 mL，按标准曲线的操作步骤3、4处理，计算样品溶液中糖醛酸含量。

表4-54 绘制糖醛酸标准曲线的操作步骤

步骤	加入试剂（mL）	试管1	试管2	试管3	试管4	试管5	试管6	试管7	试管8
1	0.1 mg/mL半乳糖醛酸标准溶液	0	0.1	0.2	0.3	0.5	0.6	0.7	1.0
2	蒸馏水	1.0	0.9	0.8	0.7	0.5	0.4	0.3	0
3	冰水浴								
4	四硼酸钠-硫酸溶液	5							
5	摇匀，沸水浴20 min，冰水浴冷却至室温								
6	0.15%咔唑溶液	0.2							
7	摇匀，室温下静置2 h，测523 nm波长处吸光度								

⑤分子量分布的测定。采用凝胶渗透色谱法（GPC）测定分子量。用0.02 mol/L磷酸缓冲液配制2.0 mg/mL的多糖溶液，用0.22 μm无菌滤膜过滤，取滤液备用。色谱条件如下：柱温35℃，流速0.6 mL/min，流动相0.02 mol/L磷酸盐缓冲液，进样量20 μL。

⑥单糖组成的检测：参考Li等的方法处理多糖样品备用，以核糖、鼠

李糖、阿拉伯糖、木糖、甘露糖、葡萄糖、半乳糖作为标准对照,采用气相色谱法(GC)测定单糖组成。色谱条件如下:进样量 1 μL,进样口温度 250℃,恒压模式 20 PSI,分流比 10∶1,流动相氦气,流速 1 mL/min。程序升温:初始柱温 100℃,保持 0.5 min;以 20℃/min 升至 140℃,保持 5 min;以 3℃/min 的速度升至 160℃;以 10℃/min 的速度升至 250℃,保持 5 min。

⑦红外光谱的检测:称取多糖样品 2 mg,置于研钵中与干燥后的溴化钾研磨混匀,压成片后用傅里叶变换红外光谱仪,在波长 400~4000 cm^{-1} 范围内扫描。

4.5.3 山稔子多糖P1~P4的纯化结果

(1)山稔子多糖的提取结果。多糖不溶于醇类溶液。用 80% 乙醇提取山稔子皂苷后,其滤渣中会残留多糖物质。实验结果显示,以提取皂苷后的滤渣(滤渣Ⅰ)为原料,通过水提醇沉所获得的山稔子多糖得率为 8.81%±0.49%,其中的多糖含量为 69.42%±1.32%。由此可知,以滤渣Ⅰ为原料既可以制备得到多糖含量较高的粗多糖,也可以合理并充分地利用山稔子资源。

(2)山稔子多糖的纯化结果。

① H_2O_2 脱色效果。H_2O_2 脱色的基本原理是多糖中的有色物质会被 H_2O_2 的强氧化性破坏。有研究表明,利用 H_2O_2 脱色,不仅脱色率高,而且多糖的分子量不会因此受到影响。山稔子粗多糖经 30% H_2O_2 脱色后,测得脱色率为 83.64%±3.83%,脱色效果明显,如图 4-60 所示。

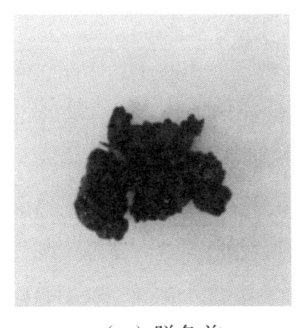
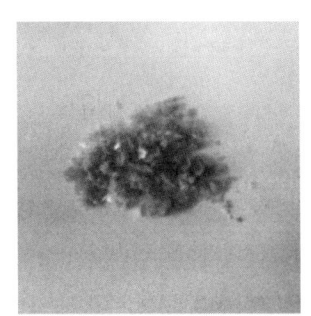

(a)脱色前　　　(b)脱色后

图4-60　山稔子粗多糖脱色前后的对比

②Sevag法脱蛋白效果。多糖溶液中游离蛋白质在加入 Sevag 试剂并剧烈振荡后,溶解度会降低从而析出形成沉淀,经离心可达到与多糖分离的目的。

实验测得山稔子多糖溶液脱蛋白前的蛋白质含量为 0.300 mg/mL ± 0.073 mg/mL，脱蛋白后的蛋白质含量为 0.112 mg/mL ± 0.046 mg/mL，比脱蛋白前减少了 62.67%，说明 Sevag 法脱蛋白具有较好的效果。

③ DEAE-Sepharose fast flow 洗脱结果。由图 4-61 山稔子多糖 DEAE-Sepharose fast flow 洗脱曲线图可知，分别在 0 mol/L、0.1 mol/L、0.2 mol/L、0.3 mol/L 的 NaCl 溶液洗脱区段，分离出 4 个山稔子多糖的纯化组分，分别命名为 P1、P2、P3、P4，其中 0.2 mol/L NaCl 溶液的洗脱组分 P3 得率最高，为 20.73%，其次是 0.3 mol/L、0.1 mol/L、0 mol/L NaCl 溶液的洗脱组分 P4、P2、P1，得率依次为 15.69%、15.31%、8.85%。由于 DEAE-Sepharose fast flow 填料属于离子交换树脂，当洗脱液的离子强度较低时，洗脱出的多糖属于弱酸性多糖。由实验结果可知，采用蒸馏水洗脱收集得到的 P1 属于中性多糖，而低浓度 NaCl 溶液洗脱收集得到的 P2、P3、P4 则属于弱酸性多糖。

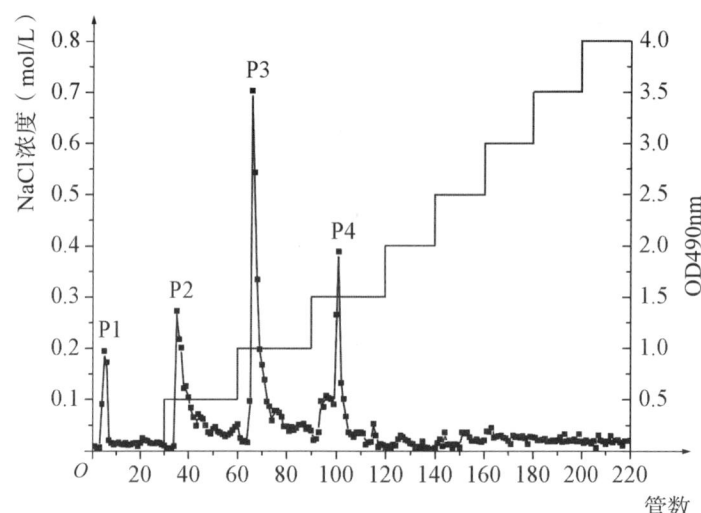

图 4-61　山稔子多糖 DEAE-Sepharose fast flow 洗脱曲线图

4.5.4　山稔子多糖 P1～P4 纯化组分的分析结果

（1）多糖、蛋白质、硫酸根、糖醛酸含量。牛血清白蛋白的标准曲线如图 4-62 a 所示，求得回归方程为 $y = 0.5121x + 0.0025$（$R^2 = 0.9988$），具有良好的线性。硫酸根的标准曲线如图 4-62b 所示，求得回归方程为 $y = 0.9679x - 0.0021$（$R^2 = 0.9984$），具有良好的线性。半乳糖醛酸的标准曲线如图 4-62c 所示，求得回归方程为 $y = 2.1465x + 0.0005$（$R^2 = 0.9976$），具有良好的线性。

山稔子粗多糖和纯化组分的化学组成含量如图4-63所示。从图4-63a看多糖含量，发现除P4外，其他纯化组分的多糖含量均比粗多糖有所增加，其中P1的多糖含量最多（80.4%±1.75%），其次是P3（77.51%±1.03%），说明DEAE-Sepharose fast flow柱层析能有效地富集山稔子多糖，达到纯化效果。从图4-63b看蛋白质含量，与粗多糖对比，各纯化组分的蛋白质含量均有所减少，这与3.5.2.2小节的结果一致，再次证实Sevag法脱蛋白的作用效果。

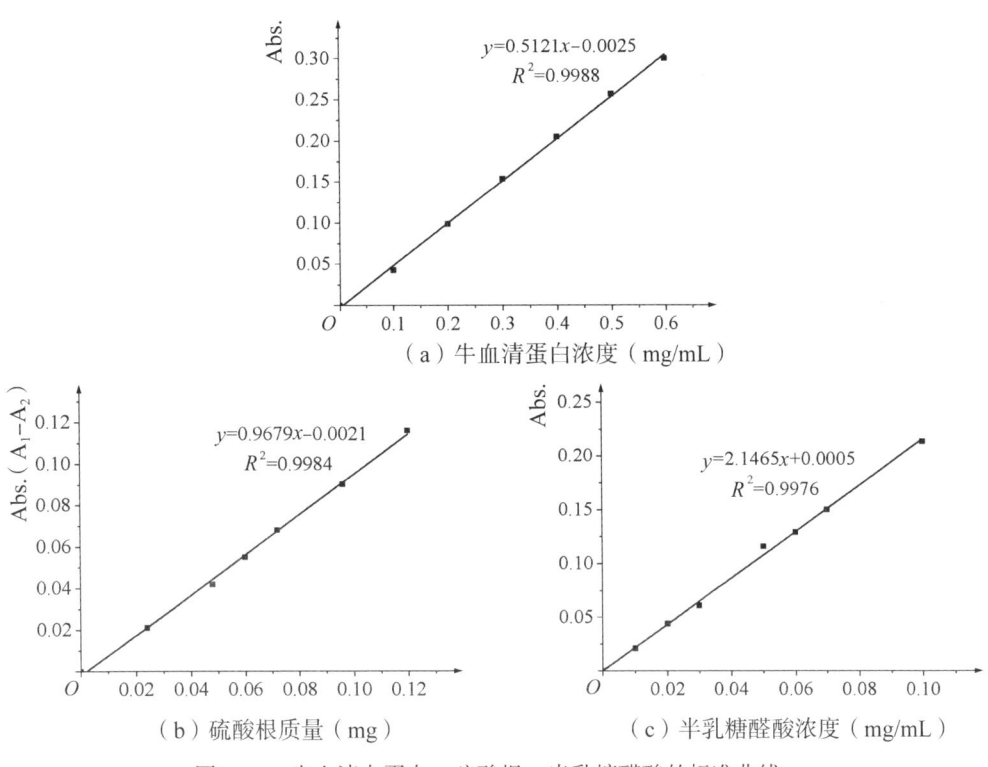

图4-62 牛血清白蛋白、硫酸根、半乳糖醛酸的标准曲线

据有关研究，多糖的生物活性与其含有的硫酸根和糖醛酸含量有关，如有研究表明不含硫酸根的海藻多糖的免疫活性显著低于含有硫酸根的海藻多糖；茶叶多糖具有较好的生物活性，与其含大量的糖醛酸有关。从图4-63c看硫酸根含量，粗多糖和各纯化组分均含有一定量的硫酸根，其中粗多糖和纯化组分P1中的硫酸根含量相对最多，分别为4.17%±0.39%和2.99%±0.62%。从图4-63d看糖醛酸含量，在四个纯化组分中，糖醛酸含量与洗脱液中盐浓度呈正相关，P1的糖醛酸含量很少，说明酸性很低，而P2、P3、P4的糖醛酸含量相对较多，说明酸性比P1稍高。这进一步验证了3.5.2.3小节所得出的P1属于中性多糖，P2、P3、P4属于弱酸性多糖的结果。

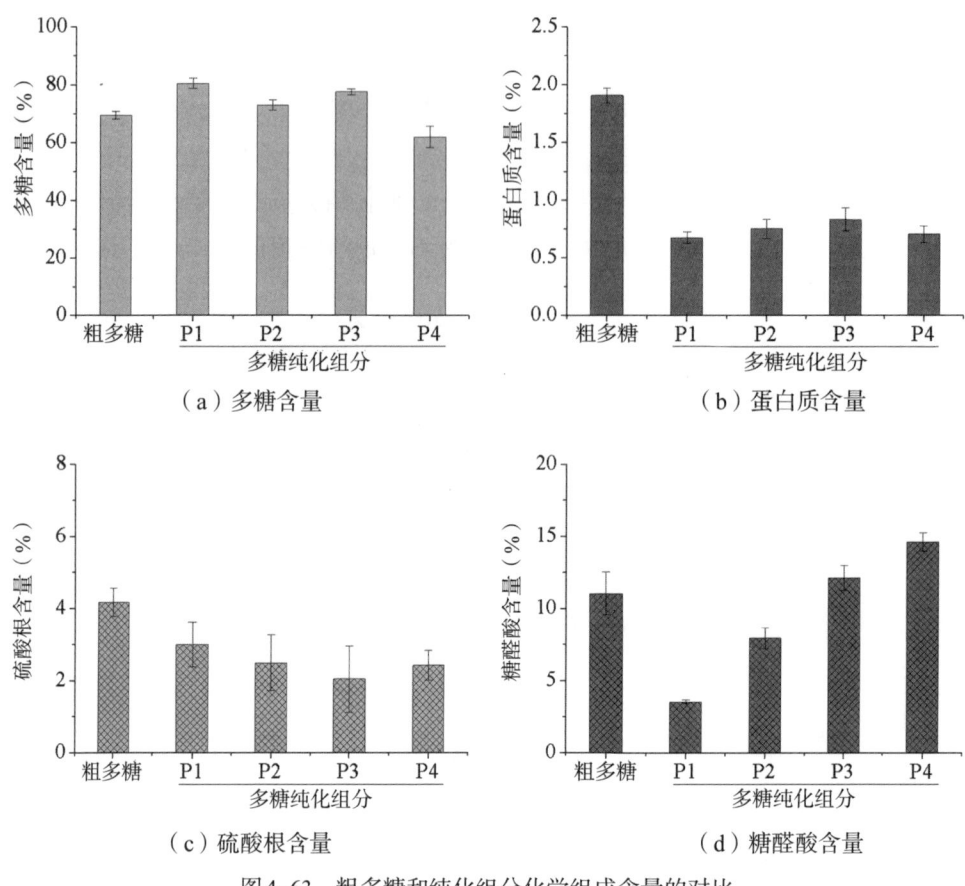

图4-63 粗多糖和纯化组分化学组成含量的对比

（2）分子量。采用GPC法对山稔子粗多糖和纯化组分的分子量进行测定，其结果见表4-55，可以发现各纯化组分的平均分子量均比粗多糖大，由大到小依次为P4＞P2＞P3＞P1＞粗多糖。有研究表明，大分子量的多糖相对于小分子量的多糖会表现出更强的生物活性。P4峰2的M_w/M_n值接近1，说明其分子量均一性较好，其他组分的M_w/M_n值大于1，说明分子量的跨度较大，均一性较差，可以从图4-64至图4-68的分子量分布图看出各多糖组分的多分散性。其中检测出P4组分中存在两个峰，如图4-68所示，峰1的峰面积占比为58.52%，峰2的峰面积占比为41.48%。

表4-55 粗多糖和纯化组分的分子量分布

组分	数均分子量M_n（Da）	重均分子量M_w（Da）	M_w/M_n
粗多糖	1.85×10^3	3.13×10^3	1.69

续表

组分		数均分子量 M_n（Da）	重均分子量 M_w（Da）	M_w/M_n
P1		6.44×10^3	2.04×10^4	3.17
P2		2.57×10^4	6.75×10^4	2.62
P3		9.34×10^3	3.84×10^4	4.10
P4	峰1	4.93×10^4	7.82×10^4	1.59
	峰2	5.06×10^3	5.28×10^3	1.04

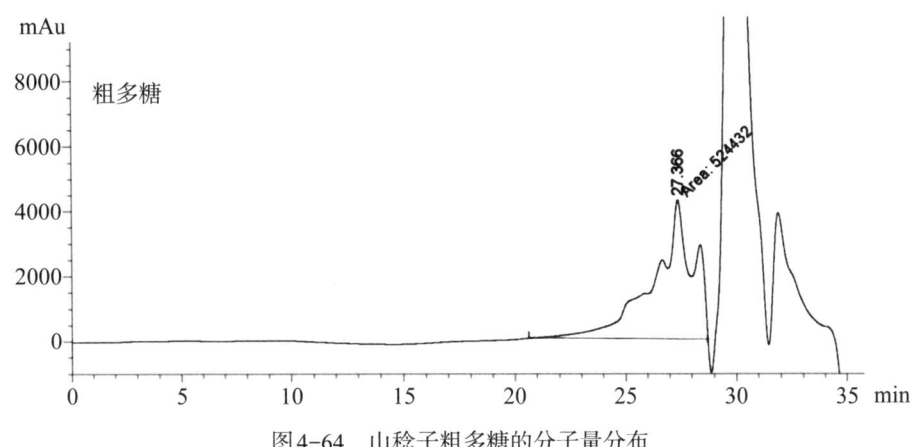

图4-64 山稔子粗多糖的分子量分布

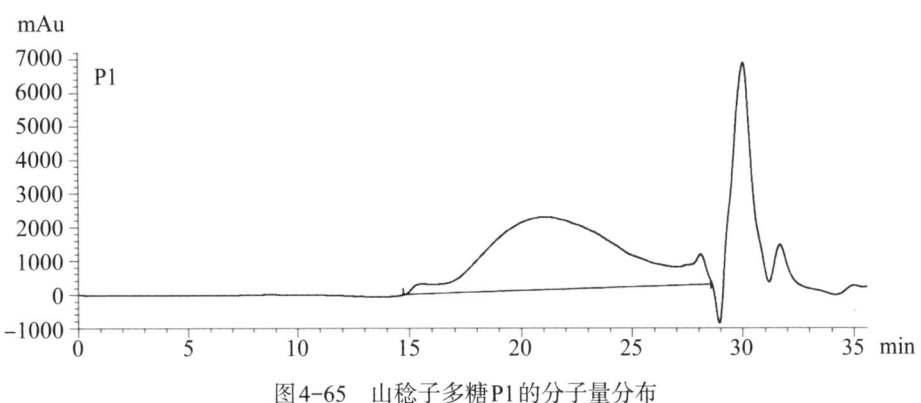

图4-65 山稔子多糖P1的分子量分布

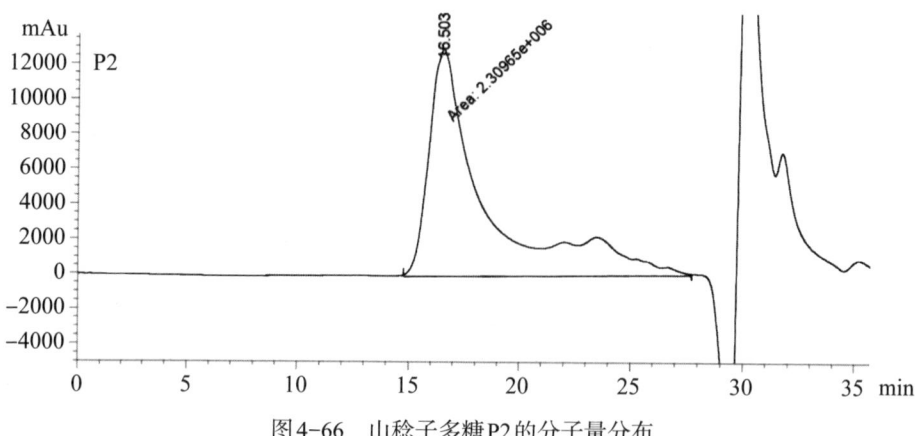

图4-66 山稔子多糖P2的分子量分布

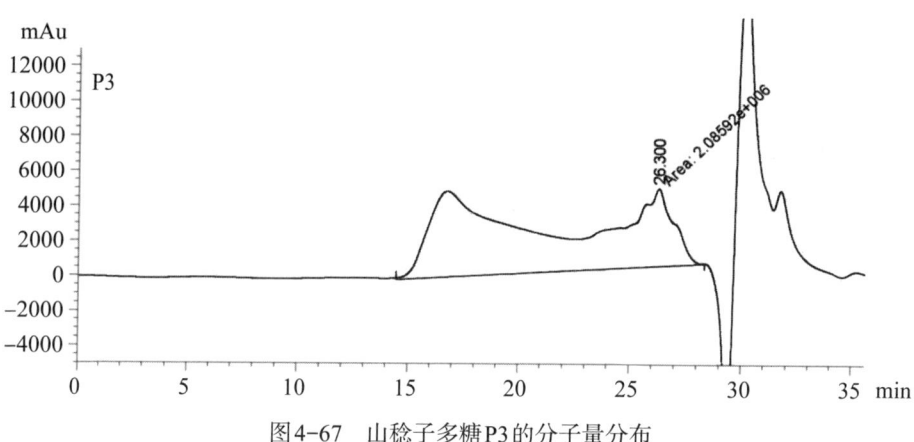

图4-67 山稔子多糖P3的分子量分布

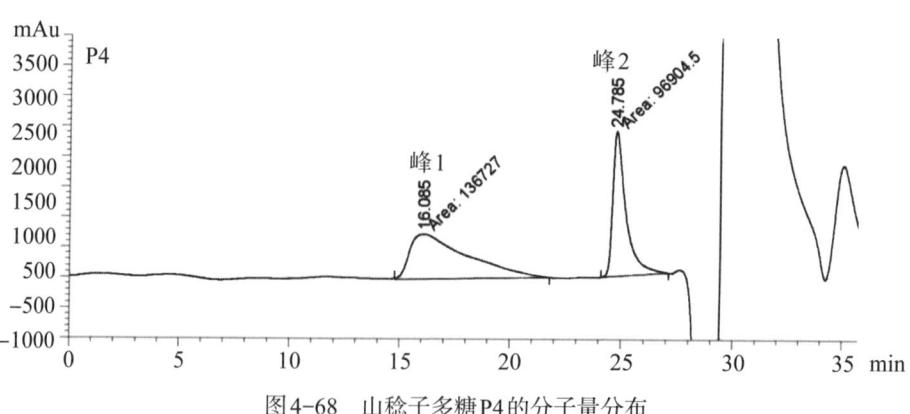

图4-68 山稔子多糖P4的分子量分布

（3）单糖组成分析。采用GC测定山稔子多糖中的单糖组成，混合单糖标准品的GC如图4-69所示，在色谱柱上可以有效分离出七种单糖标准品，根据出峰时间的先后从左至右分别为核糖（Rib）、鼠李糖（Rha）、阿拉伯糖（Ara）、木糖（Xyl）、甘露糖（Man）、葡萄糖（Glu）、半乳糖（Gal），相应的出峰时间分别为 10.81 min、10.86 min、11.01 min、11.12 min、13.00 min、13.08 min、13.28 min。

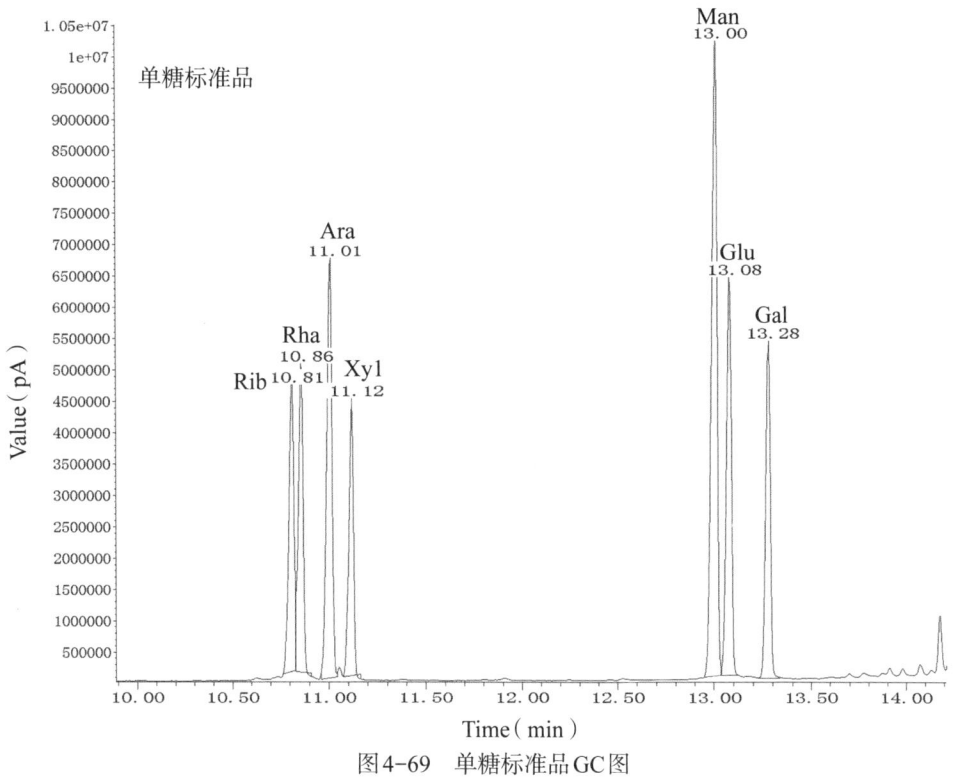

图 4-69　单糖标准品 GC 图

山稔子粗多糖和纯化组分中的单糖 GC 图如图 4-70 至图 4-74 所示。根据谱图对单糖组成进行分析，并计算出每种单糖的摩尔百分比，结果见表 4-56。

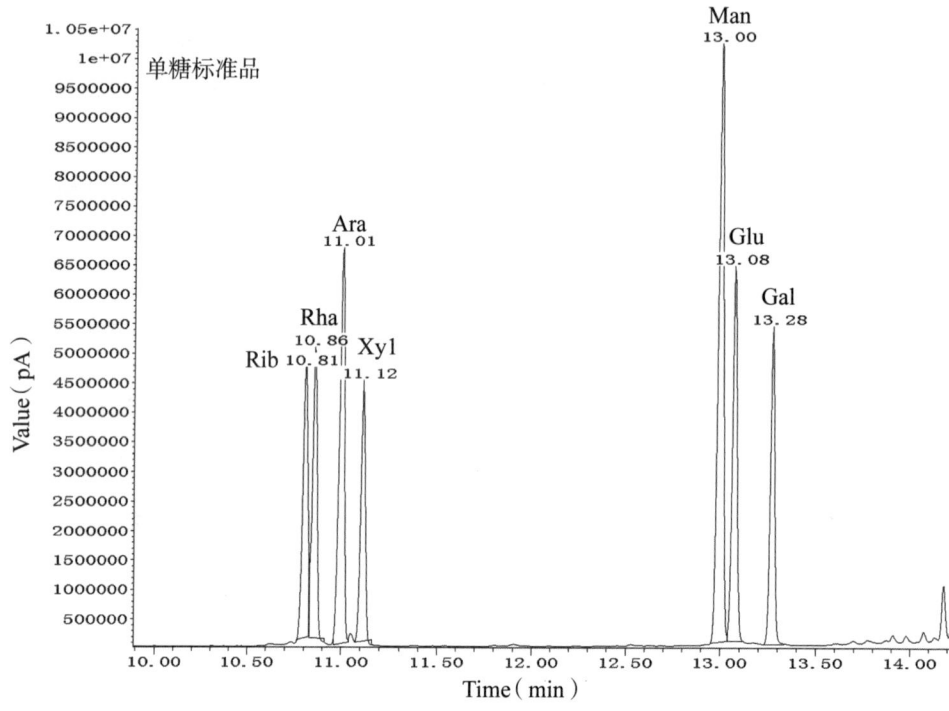

图4-70 山稔子粗多糖的单糖组成GC图

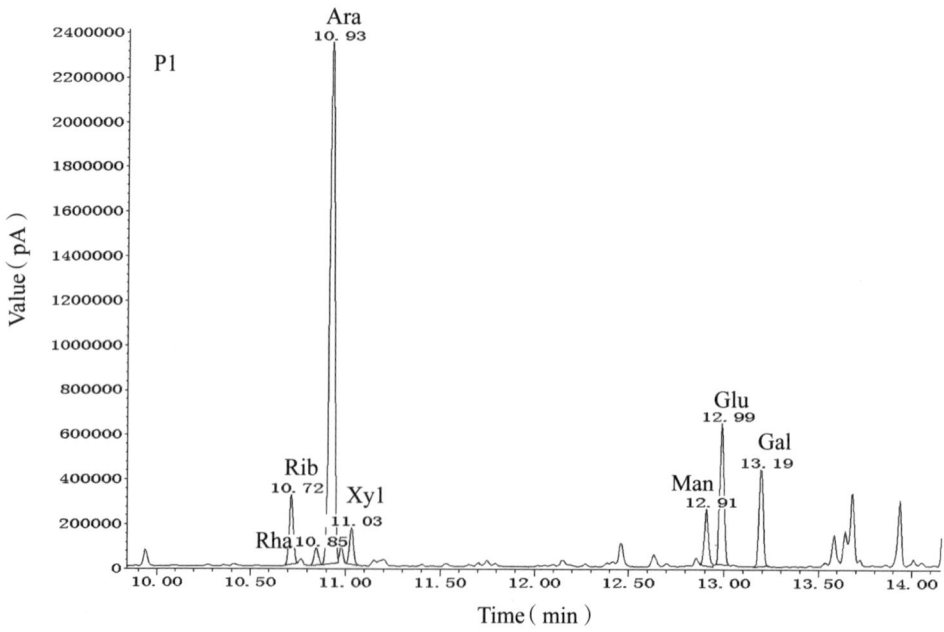

图4-71 山稔子多糖P1的单糖组成GC图

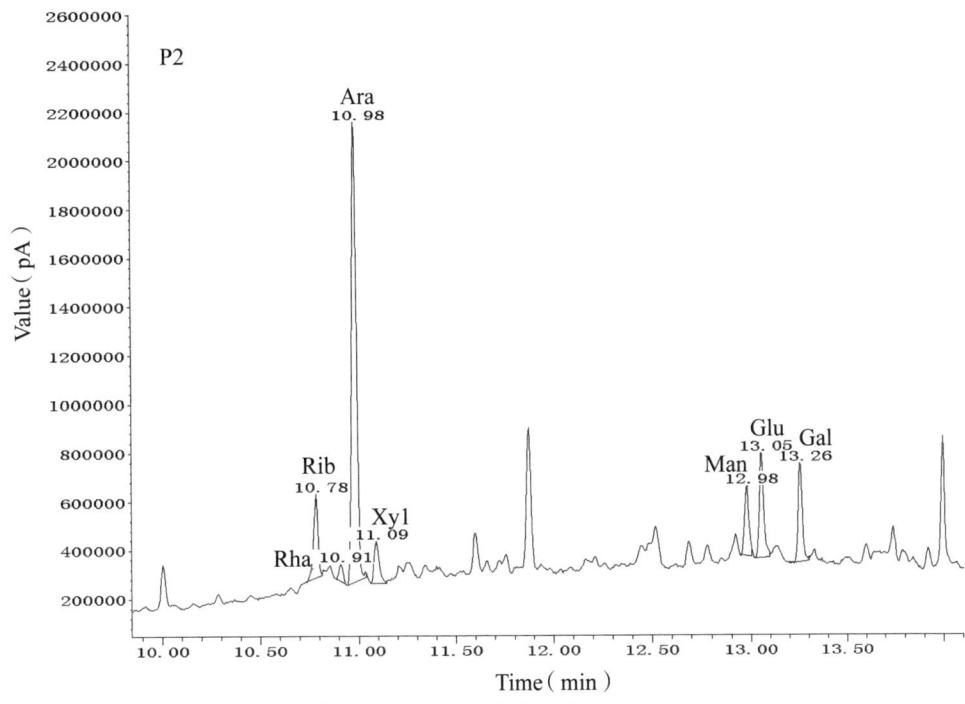

图4-72 山稔子多糖P2的单糖组成GC图

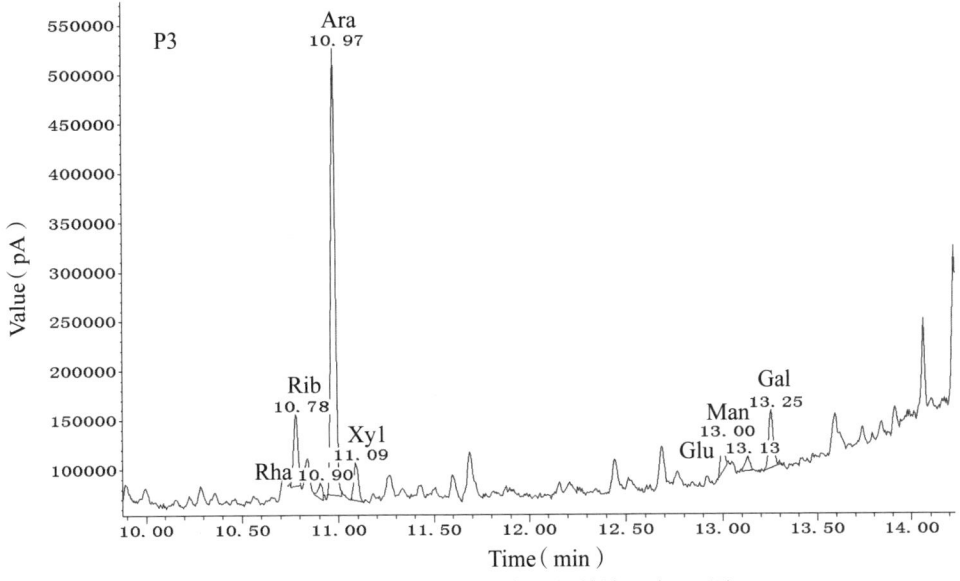

图4-73 山稔子多糖P3的单糖组成GC图

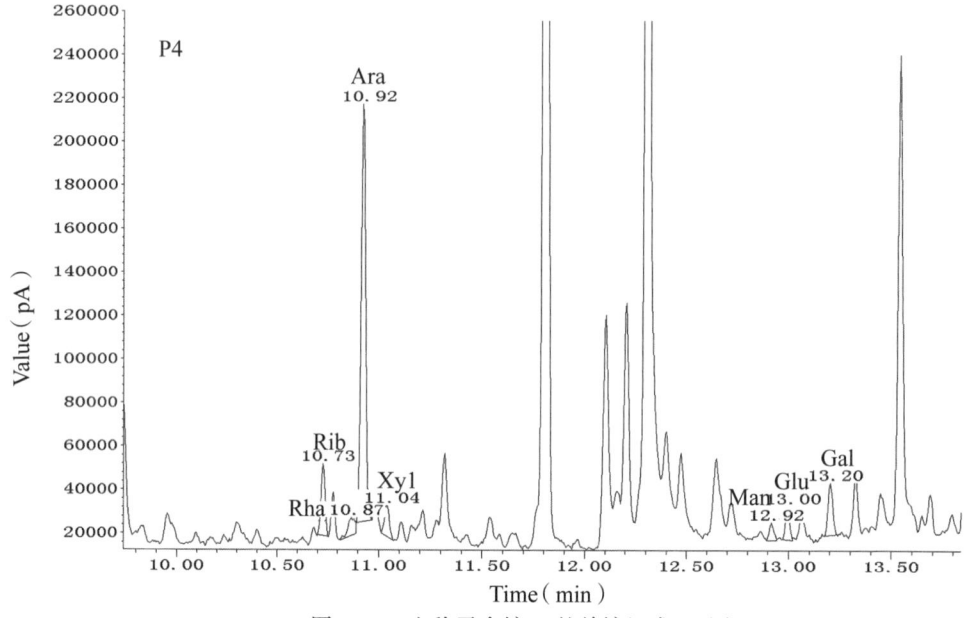

图4-74 山稔子多糖P4的单糖组成GC图

图4-70出现了四个明显的单糖峰，表明山稔子粗多糖最主要由四种单糖组成，分别是阿拉伯糖、甘露糖、葡萄糖、半乳糖。从表4-56也可以看出这四种单糖的含量比其他单糖高，表明它们是构成山稔子粗多糖的骨架结构。从图4-71至图4-74可以看出，纯化后的山稔子四个多糖组分都只出现1个明显的单糖峰，而且表4-56也显示阿拉伯糖的含量明显高于其他单糖，说明阿拉伯糖是构成各纯化组分的主要糖骨架。除了阿拉伯糖外，P1和P2中的葡萄糖和半乳糖含量较高，而P3和P4中的核糖和半乳糖含量较高。

表4-56 粗多糖和纯化组分的单糖组成

组分	摩尔百分比（%）						
	核糖（Rib）	鼠李糖（Rha）	阿拉伯糖（Ara）	木糖（Xyl）	甘露糖（Man）	葡萄糖（Glu）	半乳糖（Gal）
粗多糖	2.45	0.93	23.55	3.97	10.94	46.83	11.33
P1	6.74	1.73	60.06	3.54	5.64	13.16	7.71
P2	8.25	2.10	53.75	5.16	8.22	12.01	9.13
P3	9.97	2.40	64.51	6.14	5.39	4.91	9.85
P4	10.48	4.05	65.50	5.13	4.39	4.74	10.51

（4）红外光谱分析。红外光谱（IR）图能较好地分析多糖的结构，图4-75至图4-79分别是山稔子粗多糖、P1、P2、P3、P4的IR图，分别在3371 cm^{-1}、3354 cm^{-1}、3402 cm^{-1}、3402 cm^{-1}、3442 cm^{-1}处的吸收峰由O—H伸缩振动产生，2934 cm^{-1}、2928 cm^{-1}、2930 cm^{-1}、2935 cm^{-1}、2944 cm^{-1}处的吸收峰由C—H伸缩振动产生，1416 cm^{-1}、1458 cm^{-1}、1385 cm^{-1}、1385 cm^{-1}、1418 cm^{-1}处的吸收峰由C—O伸缩振动产生。这些峰都是多糖的特征峰，可以判断粗多糖、P1、P2、P3、P4都属于多糖类物质。

图4-75在1240 cm^{-1}处有吸收峰，图4-76在1236 cm^{-1}处有吸收峰，它们由S=O的伸缩振动产生；图4-75在818 cm^{-1}处有吸收峰，它由C-O-S的伸缩振动产生，说明粗多糖和P1都存在硫酸根，与硫酸根的测定结果一致，硫酸根含量分别为4.17%和2.99%。图4-75在1056 cm^{-1}处有吸收峰，说明粗多糖的糖环构型是呋喃型。图4-75在778 cm^{-1}处有吸收峰，图4-79在769 cm^{-1}处有吸收峰，说明粗多糖和P4都存在甘露糖苷，这与单糖组成的测定结果一致，甘露糖的摩尔百分比分别为10.94%和4.39%。

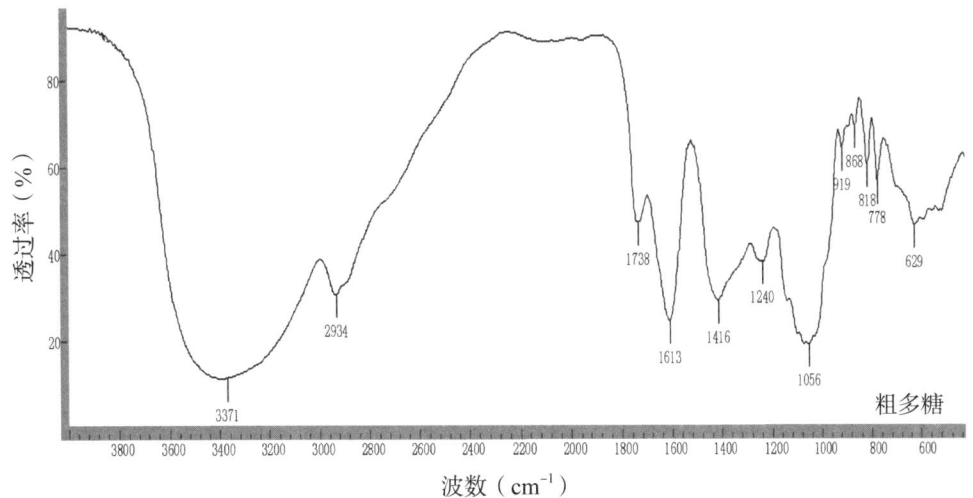

图4-75　山稔子粗多糖的IR图

图4-76在1649 cm^{-1}处有明显的吸收峰，说明P1中有结合水的存在；图4-76在1050 cm^{-1}处有吸收峰，图4-77在1049 cm^{-1}处有吸收峰，图4-78在1046 cm^{-1}处有吸收峰，说明P1、P2、P3都有葡萄糖单元的存在，这与单糖组成的测定结果一致，葡萄糖的摩尔百分比分别为13.16%，12.01%，4.91%。

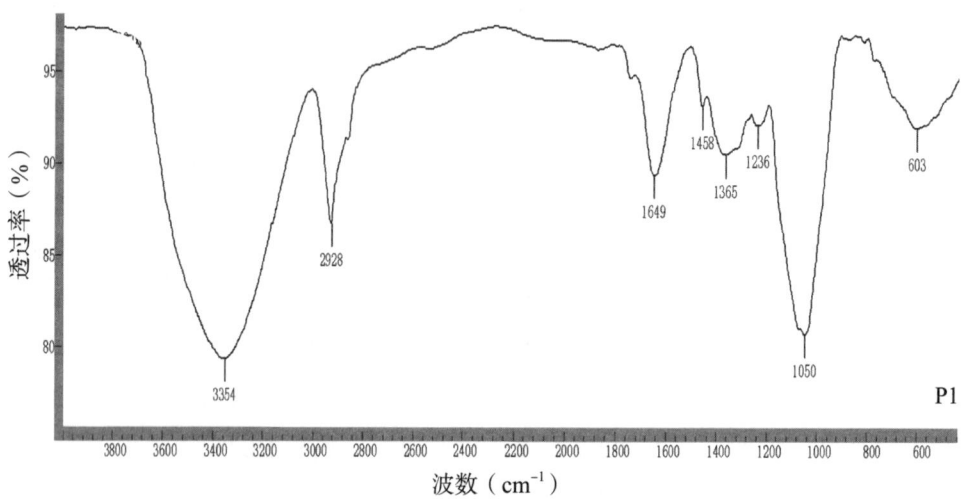

图 4-76　山稔子多糖 P1 的 IR 图

图 4-77 在 1152 cm^{-1} 处有吸收峰,说明 P2 存在吡喃糖环。图 4-79 在 837 cm^{-1} 处有吸收峰,说明 P4 中存在 α- 糖苷键。

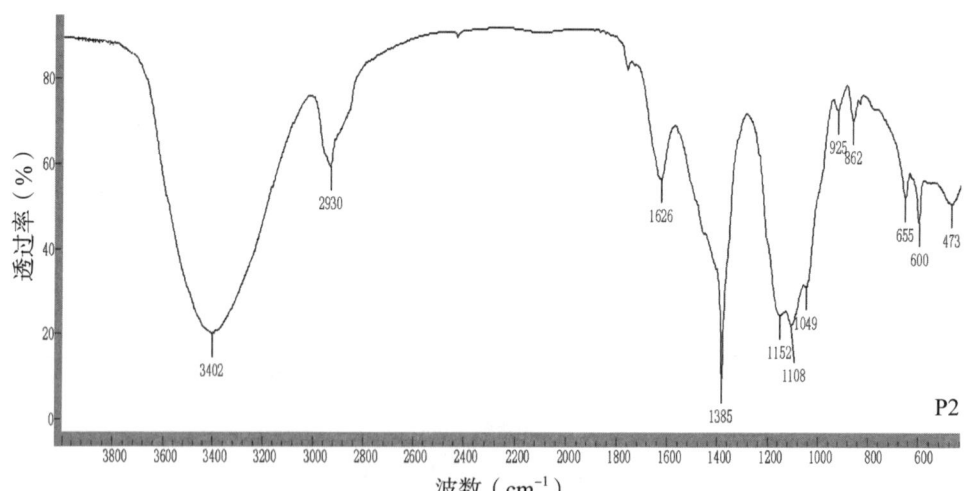

图 4-77　山稔子多糖 P2 的 IR 图

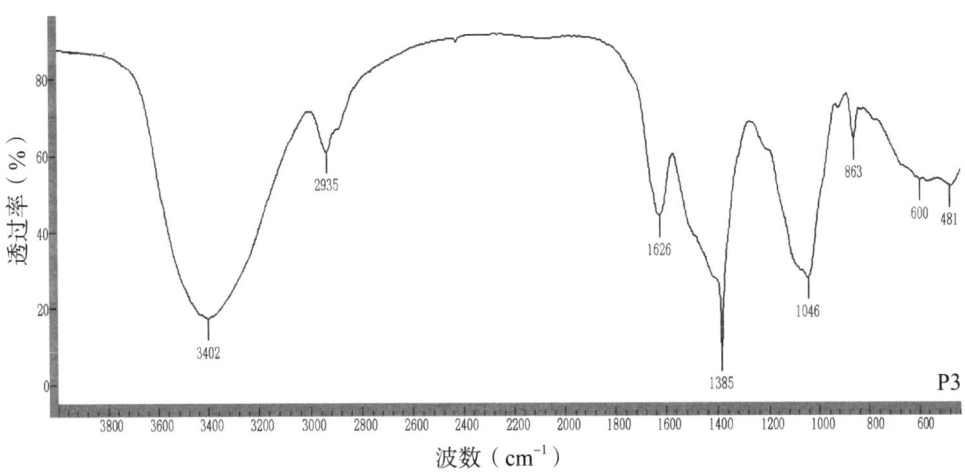

图4-78 山稔子多糖P3的IR图

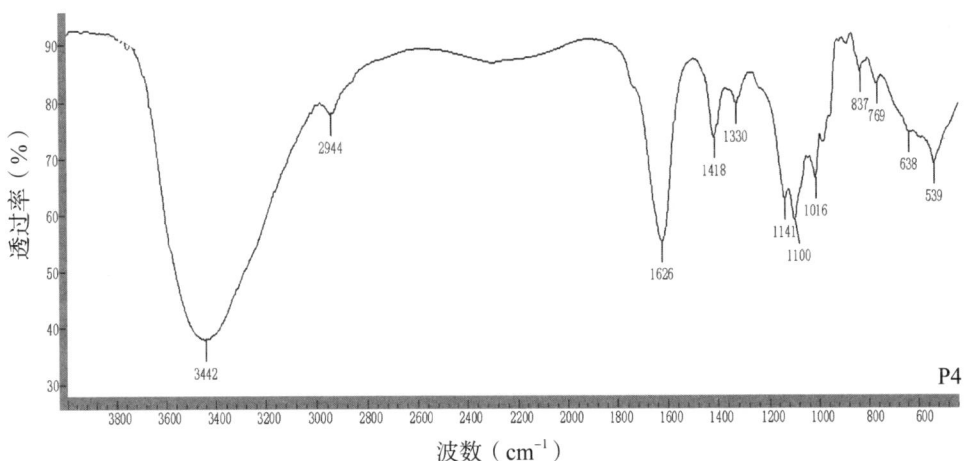

图4-79 山稔子多糖P4的IR图

4.6 山稔子皂苷的提取

4.6.1 材料与仪器

4.6.1.1 实验材料

实验所用的山稔子干果购于广州清平中药材市场,经鉴定为桃金娘科植物桃金娘的果实。

4.6.1.2 实验试剂

实验所用的主要试剂见表4-57。

表4-57 主要实验试剂

试剂	生产商
葡萄糖标准品、齐墩果酸标准品、芦丁标准品、没食子酸标准品、牛血清白蛋白标准品、半乳糖醛酸标准品、甘氨胆酸钠、胰酶、猪胰蛋白酶	上海源叶生物技术有限公司
牛磺胆酸钠	美国Sigma公司
胆酸钠	日本TCI公司
考来烯胺	南京厚生药业有限公司
TC、TG、HDL-C、LDL-C测定试剂盒	上海科华生物工程股份有限公司
戊巴比妥钠	德国默克公司
D-101、HPD-100、AB-8、DA-201、HPD-722、NKA-9、S-8大孔树脂	沧州宝恩吸附材料科技有限公司
DEAE-Sepharose fast flow	美国GE公司
乙醇、苯酚、硫酸、香草醛、冰醋酸、高氯酸、甲醇等其他化学试剂（均为分析纯）	广州铭旺生物科技有限公司

4.6.1.3 实验仪器

实验所用的主要实验仪器见表4-58。

表4-58 主要实验仪器

仪器	型号	生产商
粉碎机	DT-10A	广州绿向生物科技有限公司
电热恒温鼓风干燥箱	SFG-02B	黄石市恒丰医疗器械有限公司
电子天平	ALC-210.4	德国赛多利斯集团
数显恒温水浴锅	HH-4	常州澳华仪器有限公司
旋转蒸发仪	RE 52-99	上海亚荣生化仪器厂
紫外可见分光光度计	UV-5100B	上海元析仪器有限公司
恒温培养摇床	THZ-103B	上海一恒科学仪器有限公司

续表

仪器	型号	生产商
高速冷冻离心机	TGL-16	湖南湘仪离心机仪器有限公司
全自动生化分析仪	7020	日本株式会社日立高新技术公司
多功能酶标仪	EnSpire	珀金埃尔默仪器有限公司
高效凝胶渗透色谱仪	Breeze	美国Waters公司
示差折光检测器	2410	美国Waters公司
气相色谱仪	6890-5973	美国Agilent公司
傅里叶变换红外光谱仪	6700	美国Nicolet公司
酸度计	PB-10	德国赛多利斯集团
真空冷冻干燥器	Alpha 1-8 LD Plus	德国Christ公司

4.6.2　实验方法

4.6.2.1　山稔子提取物的制备

（1）预处理。将山稔子干果粉碎后过40目筛，得山稔子干粉，干燥保存备用。

（2）山稔子醇提物的制备。称取山稔子干粉100 g，置于2000 mL的圆底烧瓶中，加入70%乙醇1000 mL，在60 ℃温度下水浴加热，回流提取2 h。以相同液固比（10∶1）在相同条件下提取3次，真空抽滤后将3次提取所得的滤液合并。减压浓缩滤液，烘干后称重，得山稔子乙醇提取物（简称醇提物），4 ℃保存备用。

（3）山稔子水提物的制备。称取山稔子干粉100 g，置于2000 mL的圆底烧瓶中，加入蒸馏水1000 mL，在100 ℃温度下水浴加热，回流提取2 h。以相同液固比（10∶1）在相同条件下提取3次，真空抽滤后将3次提取所得的滤液合并。减压浓缩滤液，烘干后称重，得山稔子水提取物（简称水提物），4 ℃保存备用。

4.6.2.2　总皂苷含量的测定

以齐墩果酸为标准品，采用香草醛比色法测定总皂苷含量。绘制标准曲线的操作步骤见表4-59。测定样品时，量取样品溶液0.1 mL，按标准曲线的操作步骤 2~7 处理，计算样品溶液中总皂苷含量。

表 4-59　绘制齐墩果酸标准曲线的操作步骤

步骤	加入试剂（mL）	试管1	试管2	试管3	试管4	试管5	试管6	试管7
1	0.2 mg/mL齐墩果酸标准溶液	0	0.1	0.2	0.3	0.4	0.5	0.6
2	水浴使溶剂挥发干							
3	5%香草醛-冰醋酸溶液	0.2						
4	高氯酸	0.8						
5	摇匀，60℃水浴加热15 min，随后冰水浴冷却							
6	冰醋酸	5						
7	摇匀，测560 nm波长处吸光度							

4.6.3　山稔子皂苷提取纯化工艺的优化

4.6.3.1　皂苷提取工艺的单因素实验

（1）提取温度的影响。准确称取山稔子干粉10 g，按液固比30∶1（mL/g）加入70%乙醇水溶液，分别在40℃、50℃、60℃、70℃、80℃、90℃条件下，回流提取120 min。真空抽滤，减压浓缩，烘干。按照上述方法测定总皂苷含量。

（2）乙醇浓度的影响。准确称取山稔子干粉10 g，按液固比30∶1（mL/g）加入浓度分别为40%，50%，60%，70%，80%，90%的乙醇水溶液，60℃回流提取120 min。真空抽滤，减压浓缩，烘干。按照上述方法测定总皂苷含量。

（3）液固比的影响。准确称取山稔子干粉10 g，分别按液固比5∶1，10∶1，15∶1，20∶1，25∶1，30∶1（mL/g）加入70%乙醇水溶液，60℃回流提取120 min。真空抽滤，减压浓缩，烘干。按照上述方法测定总皂苷含量。

（4）提取时间的影响。准确称取山稔叶干粉10 g，按液固比30∶1（mL/g）加入70%乙醇水溶液，60℃分别回流提取60 min、80 min、100 min、120 min、140 min、160 min。真空抽滤，减压浓缩，烘干。按照上述方法测定总皂苷含量。

4.6.3.2　皂苷提取工艺的响应面实验

结合单因素实验结果，根据Box-Behnken中心组合实验设计的原理，选取提取温度A、乙醇浓度B、液固比C和提取时间D为自变量，分别以-1，0，1作编码表示每个自变量的低、中、高的实验水平，各自变量水平见表4-60。以山稔子皂苷得率为响应值，利用Design-Expert 8.0软件进行实验设计和回归分析，实验设计及结果见表4-63。

表4-60 响应面实验因素及水平

水平	因素			
	A提取温度（℃）	B乙醇浓度（%）	C液固比（mL/g）	D提取时间（min）
-1	50	70	15:1	100
0	60	80	20:1	120
-1	70	90	25:1	140

4.6.3.3 皂苷提取工艺的验证

利用单因素实验和响应面实验确定的优化提取条件提取山稔子皂苷，测定并比较皂苷得率。

4.6.3.4 大孔树脂分离纯化皂苷的样品制备

用乙醇提取的山稔子皂苷粗提物会含有较多的杂质，需要进一步的分离纯化。鉴于大孔树脂是一种处理能力极强的柱色谱担体，在目前分离皂苷类成分的研究中获得广泛应用，因此本实验采用大孔树脂对山稔子皂苷进行分离纯化。

采用上述的提取山稔子皂苷的最佳条件进行提取，抽滤后滤渣烘干备用（以下称为滤渣Ⅰ）；滤液用旋转蒸发仪减压浓缩并烘干，得到山稔子皂苷粗提物，4℃备用。使用时用蒸馏水稀释。

（1）大孔树脂的预处理。先经蒸馏水2～3次冲洗浸泡并除去浮在上层的杂质和破碎的小树脂，然后用95%乙醇浸泡24 h使其充分溶胀，再用蒸馏水冲洗至没有醇味，然后用5%的HCl溶液浸泡4 h，再用蒸馏水冲洗至中性，然后用5%的NaOH溶液浸泡4 h，最后用蒸馏水冲洗至中性，备用。使用前需先超声除气泡。

（2）大孔树脂的筛选。为了提高纯化效率和产物纯度，需要选择一种适用于分离纯化山稔子皂苷的大孔树脂，本实验分别考察D-101、HPD-100、AB-8、DA-201、HPD-722、NKA-9、S-8大孔树脂对山稔子皂苷的静态吸附和解吸附情况。7种大孔树脂的部分特性见表4-61。

表4-61　7种大孔树脂的部分特性

大孔树脂型号	极性	孔径（nm）	比表面积（m²/g）
D-101	非极性	9～10	500～550
HPD-100	非极性	8.5～9	650～700
AB-8	弱极性	13～14	480～520
DA-201	弱极性	10～13	450～500
HPD-722	弱极性	13～14	485～530
NKA-9	极性	15.5～16.5	250～290
S-8	极性	28～30	110～120

称取经过预处理的7种大孔树脂各10 g，置于100 mL的锥形瓶中，随后加入山稔子皂苷样液50 mL（加入前先测定起始样液皂苷浓度C_o），室温下以转速150 r/min振荡吸附24 h，过滤后取滤液，按照上述方法测定其皂苷浓度，即为吸附后样液皂苷浓度C_e。进行三次平行实验，计算各大孔树脂的吸附量Q和吸附率A，计算公式如下：

$$Q=\frac{(C_o-C_e)V_o}{M_1} \qquad 公式（4-16）$$

$$A=\frac{C_o-C_e}{C_oV_o} \qquad 公式（4-17）$$

其中：C_o——起始样液皂苷浓度，mg/mL；Q——吸附量，mg/g；C_e——吸附后样液皂苷浓度，mg/mL；A——吸附率，%；V_o——加入样液的体积，mL；M_1——树脂的质量，g。

取上述过滤后的大孔树脂，用少量水洗，过滤后将大孔树脂置于100 mL的锥形瓶中，随后加入80%乙醇溶液50 mL，室温下以转速150 r/min振荡解吸24 h，过滤后取滤液。按照上述方法测定其皂苷浓度，即为解吸后溶液皂苷浓度C_d。进行三次平行实验，计算各大孔树脂的解吸率D和回收率R，计算公式如下：

$$D=\frac{C_dV_d}{(O_o-C_e)V_o}\times 100\% \qquad 公式（4-18）$$

$$R=\frac{C_dV_d}{C_oV_o}\times 100\% \qquad 公式（4-19）$$

其中：C_0、C_e、V_0 与公式（4-16）和公式（4-17）中的一致；D——解吸率，%；C_d——解吸后溶液皂苷浓度，mg/mL；R——回收率，%；V_d——解吸液的体积，mL。

4.6.3.5 DA-201大孔树脂动态吸附效果的测定

（1）上样液皂苷浓度的影响。称取经过预处理的DA-201型树脂10.0 g，湿法装柱（柱规格：1.5 cm×20 cm），径高比1：10。量取皂苷浓度为2.311 mg/mL的上样液5份，每份各30 mL，分别加蒸馏水40 mL、30 mL、20 mL、10 mL、0 mL稀释（稀释后皂苷浓度分别为1.068 mg/mL、1.263 mg/mL、1.454 mg/mL、1.889 mg/mL、2.311 mg/mL），湿法以1 mL/min流速上样，收集吸附后的总流出液，按照上述方法测定其皂苷浓度，即为吸附后样液皂苷浓度 C_e。进行三次平行实验，按公式（4-16）和公式（4-17）计算出吸附量 Q 和吸附率 A，通过对比确定上样液的皂苷浓度。

（2）上样液体积的影响。称取经过预处理的DA-201型树脂10.0 g，湿法装柱（柱规格：1.5 cm×20 cm），径高比1：10。配制已确定上样浓度的皂苷样液，以1 mL/min流速上样，每10 mL收集1管，并测定每管流出液中的皂苷浓度，进行三次平行实验，以流出液体积为横坐标，以每管流出液中的皂苷浓度为纵坐标，绘制泄漏曲线，确定树脂的饱和吸附容量，从而确定上样体积。

4.6.3.6 DA-201大孔树脂动态解吸效果的测定

（1）水洗量的影响。按上述优选的方法上样，以1 mL/min流速用蒸馏水洗涤，每1 BV收集1管，水洗至流出液接近无色。按照上述方法测定每BV中的多糖含量，进行三次平行实验，根据多糖含量确定水洗量。

（2）解吸液浓度和用量的影响。按上述优选的方法上样，用已确定的水洗量洗涤后，依次用体积分数为10%，30%，50%，70%，90%的乙醇溶液进行梯度解吸，每1 BV收集1管。按照上述方法测定每BV中的皂苷含量，当含量接近零时换下一浓度的乙醇溶液继续解吸。进行三次平行实验，以柱体积为横坐标，以每BV的皂苷含量为纵坐标，绘制洗脱曲线，从而确定解吸液浓度和用量，并采用TLC检测解吸液中的皂苷存在情况，以氯仿：丙酮：冰乙酸为10：1：0.1的溶剂系统为展开剂，用碘蒸汽进行显色观察。

4.6.3.7 皂苷分离纯化工艺的验证

按以上优选的DA-201大孔树脂动态吸附和解吸条件对上述的提取所得

的山稔子皂苷粗提物进行分离纯化，收集解吸液后浓缩烘干称重，得山稔子皂苷纯化物，并按公式（4-19）计算皂苷纯化物中的皂苷回收率，按公式（4-20）计算皂苷纯度。

$$P = \frac{C_d V_d}{M_2} \times 100\% \qquad 公式（4-20）$$

其中：C_d、V_d与公式（4-19）中的一致；M_2——解吸液干燥后的总质量，mg；P——皂苷纯度，%。

4.6.4 结果与分析

4.6.4.1 山稔子提取物中总皂苷含量

按照上述实验方法提取所得的山稔子醇提物的得率为34.97% ± 0.26%，水提物的得率为29.89% ± 0.11%。

齐墩果酸的标准曲线如图4-80所示，其回归方程为$y = 6.9679x + 0.0012$（$R^2 = 0.9993$），测得山稔子醇提物和水提物中的总皂苷含量分别为16.90 mg/g和13.85 mg/g。

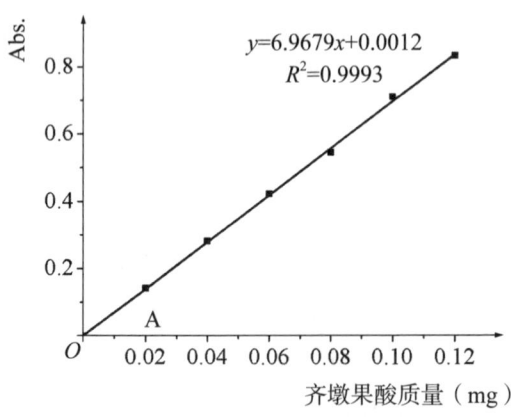

图4-80　齐墩果酸的标准曲线

通过对比两种提取物中的含量，发现醇提物中皂苷含量比水提物多，推测可能与相关性质有关，皂苷在乙醇中的溶解性大于在水中的溶解性。

4.6.4.2 山稔子皂苷提取纯化结果

（1）单因素实验结果。

①提取温度的考察结果。由图4-81可知，适当提高提取温度可以逐渐提

高皂苷得率，当提取温度提高至60℃时，山稔子皂苷得率接近顶峰水平；随着提取温度继续升高，皂苷得率反而有所下降，推测原因可能是过高的温度会破坏皂苷的分子结构，从而导致皂苷含量减少。因此，本实验将提取温度的考察范围确定为50℃～70℃。

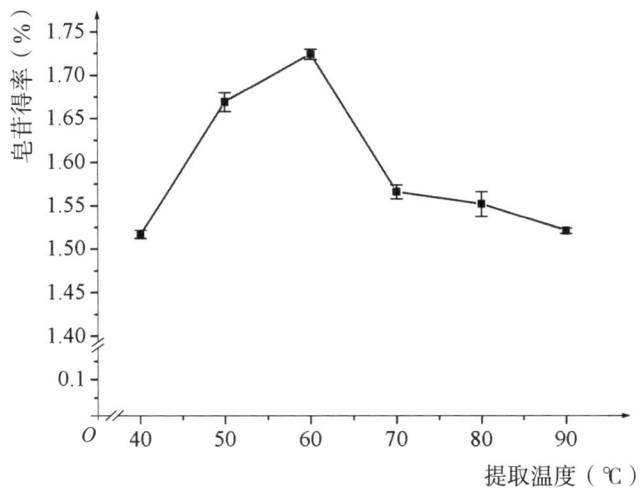

图4-81　不同提取温度对山稔子皂苷得率的影响

②乙醇浓度的考察结果。由图4-82可知，山稔子皂苷得率随着提取溶剂乙醇的浓度增大而持续升高，推测原因可能与皂苷的极性有关，所以提取溶剂乙醇的浓度增大更有利于皂苷的提取。因此，本实验将乙醇浓度的考察范围确定为70%～90%。

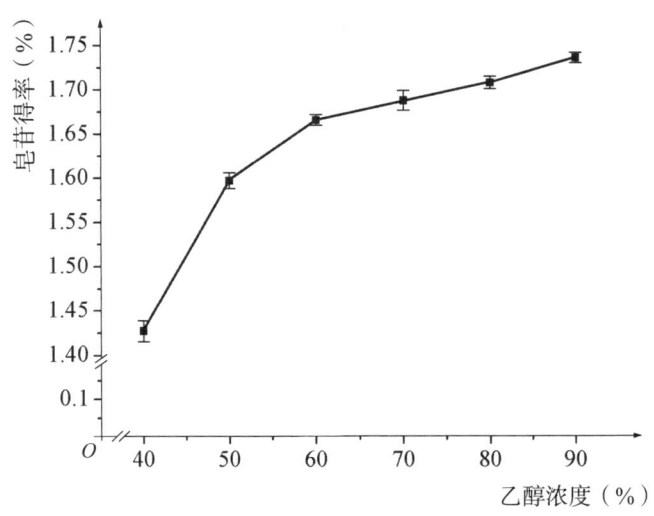

图4-82　不同乙醇浓度对山稔子皂苷得率的影响

③液固比的考察结果。由图4-83可知，随着提取的液固比不断增大，山稔子皂苷得率不断升高，当液固比增至15∶1(mL/g)后，皂苷得率呈平缓趋势。因此，综合考虑节约提取溶剂、不造成浪费，节省浓缩时间、提高效率等多方面的因素，本实验将液固比的考察范围确定为15∶1～25∶1。

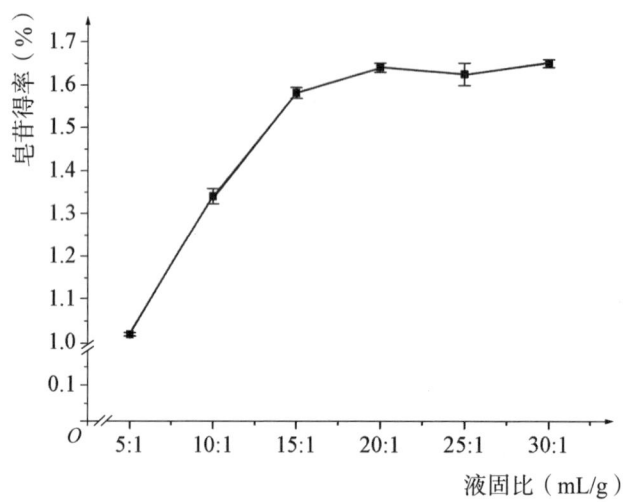

图4-83 不同液固比对山稔子皂苷得率的影响

④提取时间的考察结果。由图4-84可知，随着提取时间的延长，山稔子皂苷得率呈现上升的趋势，在提取时间长达120 min时，皂苷得率接近最大值，之后呈现稍微下降的趋势，最终趋于平缓。因此，本实验将提取时间的考察范围确定为100～140 min。

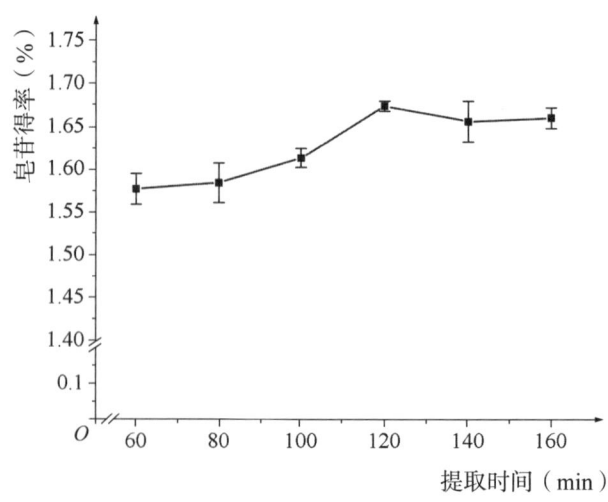

图4-84 不同提取时间对山稔子皂苷得率的影响

（2）响应面实验结果。根据单因素实验结果确定的各因素考察范围，以此为基础进行Box-Behnken中心组合实验，利用Design-Expert 8.0软件设计出29组实验，具体实验设计和实验结果见表4-62。

表4-62 Box-Behnken中心组合实验设计及结果

组号	A	B	C	D	皂苷得率
1	−1	−1	0	0	1.731%
2	1	−1	0	0	1.585%
3	−1	1	0	0	1.709%
4	1	1	0	0	1.596%
5	0	0	−1	−1	1.775%
6	0	0	1	−1	1.699%
7	0	0	−1	1	1.715%
8	0	0	1	1	1.658%
9	−1	0	0	−1	1.838%
10	1	0	0	−1	1.539%
11	−1	0	0	1	1.751%
12	1	0	0	1	1.493%
13	0	−1	−1	0	1.724%
14	0	1	−1	0	1.824%
15	0	−1	1	0	1.776%
16	0	1	1	0	1.755%
17	−1	0	−1	0	1.748%
18	1	0	−1	0	1.518%
19	−1	0	1	0	1.755%
20	1	0	1	0	1.469%
21	0	−1	0	−1	1.830%
22	0	1	0	−1	1.494%
23	0	−1	0	1	1.558%
24	0	1	0	1	1.812%

续表

组号	A	B	C	D	皂苷得率
25	0	0	0	0	2.148%
26	0	0	0	0	2.118%
27	0	0	0	0	2.181%
28	0	0	0	0	2.078%
29	0	0	0	0	2.089%

对实验所得数据进行分析，得出 A（提取温度）、B（乙醇浓度）、C（液固比）、D（提取时间）四个因素与山稔子皂苷得率之间的二次多项式模型方程：

皂苷得率 $=2.12-0.11A-0.001167B-0.016C-0.016D+0.00825AB-0.014AC+0.010AD-0.030BC+0.15BD+0.00475CD-0.28A^2-0.19B^2-0.19C^2-0.22D^2$

该回归模型的方差分析和显著性检验结果见表4-63，该模型 $P<0.0001$，说明该模型极显著；失拟项 $P=0.2338>0.05$，表明该模型拟合程度较好。

表4-63　回归模型的方差分析和显著性检验

方差来源	平方和	自由度	均方	F	P	显著性
Model	1.09	14	0.078	23.39	<0.0001	**
A提取温度	0.15	1	0.15	44.41	<0.0001	**
B乙醇浓度	1.633E-005	1	1.633E-005	4.906E-003	0.9452	
C液固比	3.072E-003	1	3.072E-003	0.92	0.3531	
D提取时间	2.945E-003	1	2.945E-003	0.88	0.3629	
AB	2.722E-004	1	2.722E-004	0.082	0.7791	
AC	7.840E-004	1	7.840E-004	0.24	0.6350	
AD	4.202E-004	1	4.202E-004	0.13	0.7277	
BC	3.660E-003	1	3.660E-003	1.10	0.3122	
BD	0.087	1	0.087	26.14	0.0002	**
CD	9.025E-005	1	9.025E-005	0.027	0.8716	
A^2	0.49	1	0.49	148.66	<0.0001	**
B^2	0.24	1	0.24	72.93	<0.0001	**

续表

方差来源	平方和	自由度	均方	F	P	显著性
C^2	0.24	1	0.24	70.88	<0.0001	**
D^2	0.32	1	0.32	96.44	<0.0001	**
残差	0.047	14	3.329E-003			
失拟	0.039	10	3.942E-003	2.19	0.2338	
纯误差	7.195E-003	4	1.799E-003			
总和	1.14	28				

注："**"表示极显著，$P<0.01$。

该回归方程的复相关系数 $R=0.9590>0.9$，表明该模型预测的皂苷得率与实际测得的皂苷得率的相关程度较高；校正决定系数 $R^2_{Adj}=0.9180$，表明该模型拟合程度较好，失误概率较低，91.80%的预测结果能较好地反映实际情况，只有8.20%的预测结果可能存在失误。因此，该模型能较好地反映各提取因素与皂苷得率之间的关系，可以用于对山稔子皂苷得率的分析和预测。

由表4-63的显著性检验结果可以看出：该模型的一次项 A 的 $P<0.0001$，表明提取温度对结果影响极显著；二次项 A^2、B^2、C^2、D^2 均为极显著；交互项中 BD 的 $P=0.0002<0.01$，也表现为极显著，表明提取所用的乙醇浓度与提取时间之间存在明显的交互作用，利用软件分析其交互效应，结果如图4-85和图4-86所示。

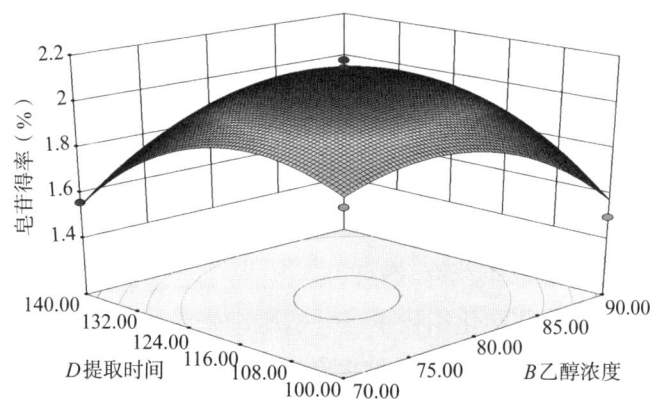

图4-85　皂苷得率受乙醇浓度和提取时间影响的响应曲面

图4-85为皂苷得率受乙醇浓度和提取时间影响的响应曲面。响应曲面的

平缓程度可以反映响应值对该因素的敏感程度，坡度越陡表明越敏感，越平表明越不敏感。由图4-85可以看出，曲面图的坡度较陡，说明皂苷得率对乙醇浓度和提取时间两者的变化较为敏感。

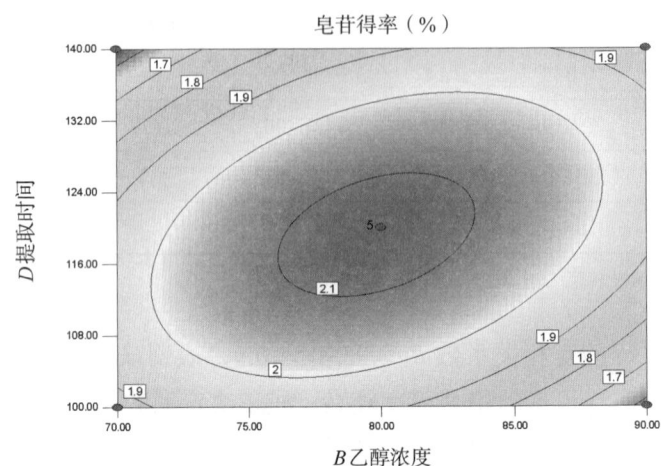

图4-86　皂苷得率受乙醇浓度和提取时间影响的等高线

图4-86为皂苷得率受乙醇浓度和提取时间影响的等高线。等高线性状可反映两个因素之间的交互作用大小，椭圆形表明交互作用较大，而圆形则表明交互作用较小。由图4-86可以看出，皂苷得率受乙醇浓度和提取时间影响的等高线近似椭圆形，说明二者对皂苷得率影响的交互作用较大。

（3）最佳提取工艺条件的选择和验证结果。根据响应面实验数据分析得出提取山稔子皂苷的优化条件为：提取温度57.98℃，乙醇浓度79.77%，液固比19.83（mL/g），提取时间119.03 min，根据模型预测在此条件下提取山稔子皂苷的得率为2.13463%。按照实验操作的可行性，对此优化提取条件稍作调整为：提取温度58℃，乙醇浓度80%，液固比20∶1（mL/g），提取时间119 min。按照此条件进行三次平行验证实验，得到的实际皂苷得率为2.077%±0.153%，与理论预测值（2.13463%）基本相近，证明了该数学模型对优化山稔子皂苷提取工艺有较好的效果。

（4）大孔树脂分离纯化山稔子皂苷实验结果。

①大孔树脂的筛选结果。7种大孔树脂静态吸附与解吸山稔子皂苷的结果如图4-87所示。从吸附性能看，DA-201和S-8树脂吸附山稔子皂苷的效果比较好，吸附量分别为9.64 mg/g和10.38 mg/g，吸附率分别为74.05%和79.70%；但从解吸性能看，S-8树脂解吸皂苷的效果比较差，解吸率仅为

26.76%，而 DA-201 树脂的解吸效果比较好，解吸率高达 94.70%；而且从回收效果看，DA-201 树脂对山稔子皂苷的回收率最高，为 70.12%。综合以上结果，DA-201 树脂对山稔子皂苷不仅具有较高的吸附量和吸附率，而且具有较高的解吸率和回收率。因此，本实验选择该型号树脂用于山稔子皂苷的分离纯化。

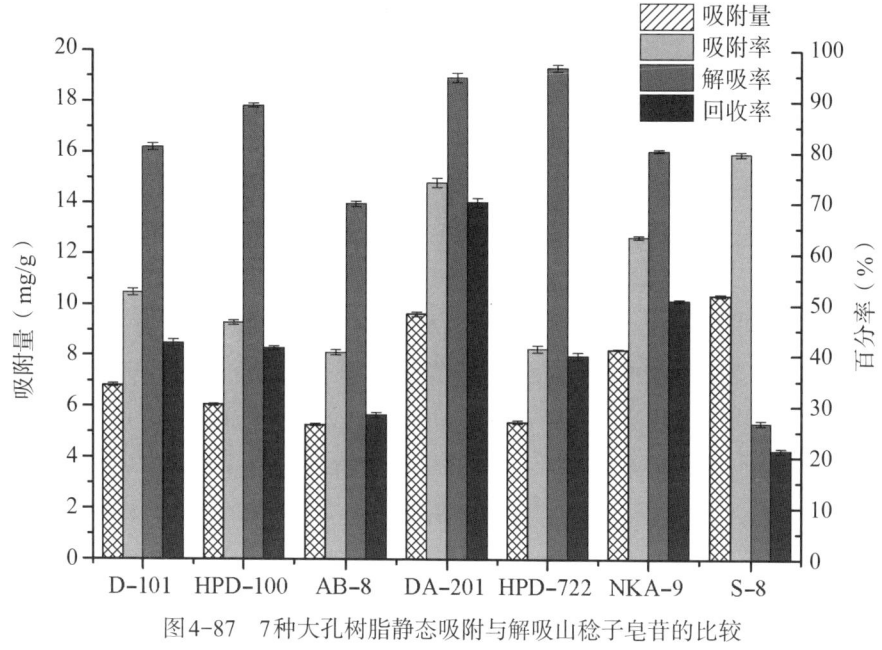

图 4-87　7 种大孔树脂静态吸附与解吸山稔子皂苷的比较

② DA-201 大孔树脂动态吸附效果。

上样液皂苷浓度的确定。不同上样液皂苷浓度对 DA-201 树脂吸附山稔子皂苷的影响如图 4-88 所示。随着皂苷浓度的增大，树脂的吸附量先是呈现增大的趋势，达到 1.889 mg/mL 浓度后出现减小的趋势，推测原因可能是随着皂苷浓度的增大，上样液中的杂质浓度也相应地有所增大，上样液中的皂苷与其他杂质成分形成了竞争关系，高浓度的杂质会在树脂内部不断扩散，从而影响大孔树脂对皂苷的吸附效果。同时，吸附率也随着上样液皂苷浓度增大而提高，而当皂苷浓度增大至 1.454 mg/mL 时，吸附率基本保持不变的趋势。综合吸附量和吸附率的结果，本实验确定配制皂苷浓度为 1.889 mg/mL ± 0.1 mg/mL 的上样液用于动态吸附。

上样液体积的确定。泄漏点表明皂苷开始出现泄漏，指流出液中皂苷浓度达到上样液中的皂苷浓度的 10% 的时侯，树脂的吸附量已经达到饱和。由

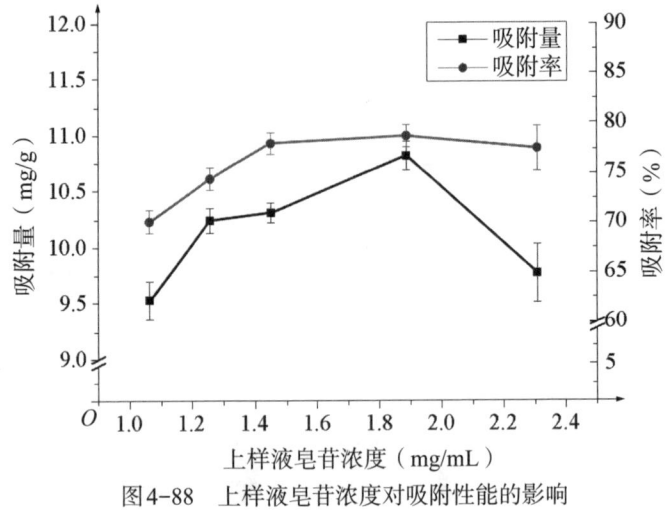

图4-88 上样液皂苷浓度对吸附性能的影响

于上样液中皂苷浓度为 1.847 mg/mL，所以可知泄漏点浓度约为 0.187 mg/mL，如图4-89中的虚线所示。从图4-89可以看出，当流出液体积约为 70 mL 时，流出液的皂苷浓度接近泄漏点浓度，若继续增大流出液体积，皂苷成分会明显泄漏从而造成浪费。因此，本实验确定上样液体积选用 70 mL 为宜，即 1 g 树脂对皂苷浓度为 1.847 mg/mL 的上样液的动态饱和吸附容量为 7 mL。

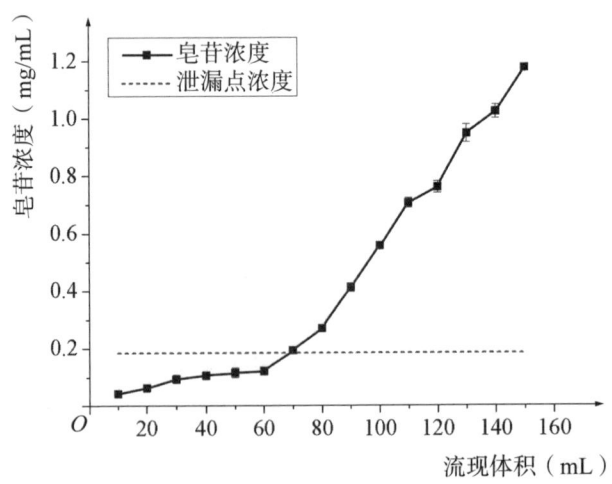

图4-89 DA-201树脂对山稔子皂苷动态吸附的泄漏曲线

③DA-201大孔树脂动态解吸效果。

水洗量的确定。在上样后进行解吸之前，需要先用蒸馏水洗涤其中的水溶性杂质。图4-90是水洗量对洗脱多糖含量的影响,可以看出,用蒸馏水洗脱1 BV时能洗涤出大部分的多糖,洗脱3 BV时基本洗涤出全部多糖。因此,本实验确定解吸前的水洗量为3 BV。

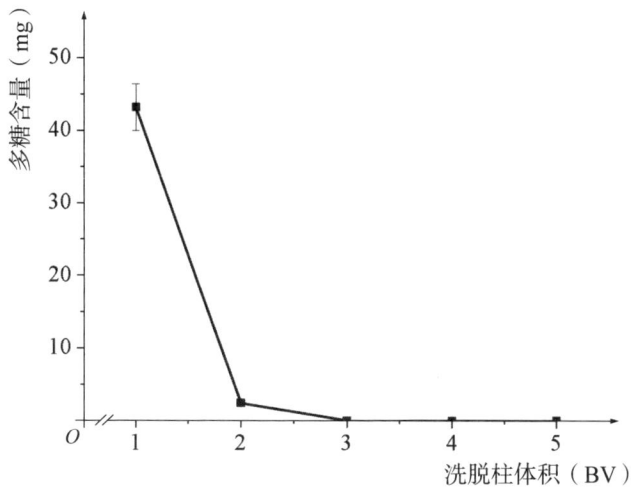

图4-90 水洗量对洗脱多糖含量的影响

解吸液浓度和用量的确定。用不同浓度的乙醇溶液解吸山稔子皂苷的梯度洗脱曲线如图4-91所示。从中可以看出,皂苷主要在用90%乙醇溶液解吸时被洗脱下来,洗脱所得皂苷占总洗脱所得皂苷的52.82%,同时由图4-92的TLC检测结果可以发现,以齐墩果酸标准品为对照,可在90%乙醇洗脱液中检测出皂苷成分。浓度为50%和70%的乙醇溶液也能洗脱出少量的皂

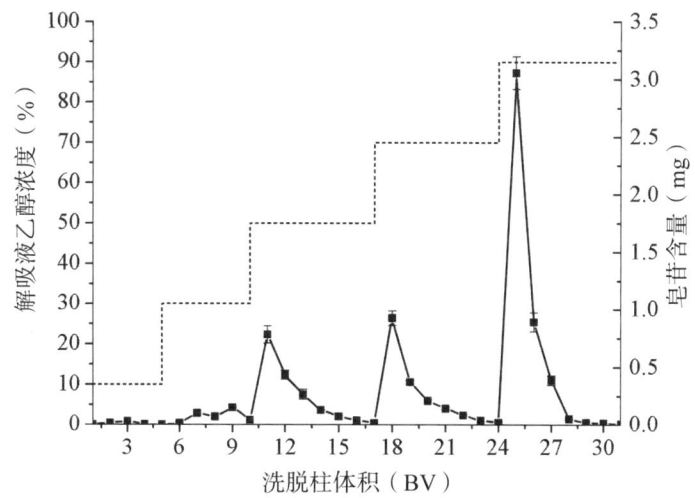

图4-91 不同浓度乙醇溶液解吸山稔子皂苷的梯度洗脱曲线

苷，分别占总洗脱所得皂苷的20.74%和21.31%，但并未在TLC中检测出。而10%和30%乙醇溶液洗脱所得的皂苷含量更少，分别仅占0.61%和4.52%，且因其量甚少而未在TLC中检测出。因此，本实验确定解吸液乙醇的浓度为50%，70%和90%。

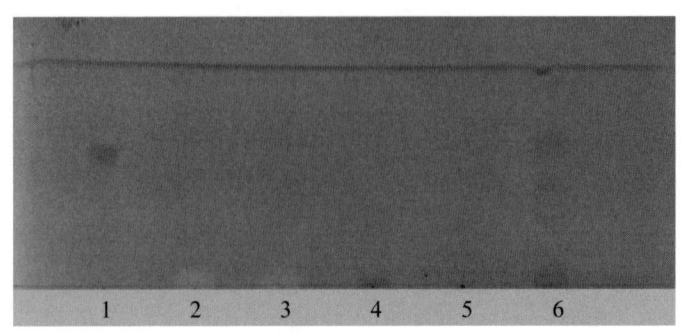

图4-92 不同浓度乙醇溶液洗脱山稔子皂苷的TLC

1—齐墩果酸标准品；2—10%乙醇洗脱液；3—30%乙醇洗脱液；4—50%乙醇洗脱液；5—70%乙醇洗脱液；6—90%乙醇洗脱液

由图4-91的各乙醇浓度的洗脱曲线可以看出，用6 BV 50%乙醇溶液、6 BV 70%乙醇溶液、4 BV 90%乙醇溶液可以分别把三种不同浓度的解吸液洗脱的皂苷基本全部洗出。因此，本实验确定50%，70%，90%乙醇溶液的解吸用量依次为6 BV、6 BV、4 BV。

④大孔树脂分离纯化山稔子皂苷工艺的验证结果。按以上优选的DA-201大孔树脂动态吸附和解吸条件，对山稔子皂苷粗提物进行分离纯化验证。取皂苷浓度为1.889 mg/mL ± 0.1 mg/mL的上样液，以1 g树脂吸附7 mL上样液计算上样体积，随后先用3 BV蒸馏水洗涤水溶性杂质，再用6 BV 50%乙醇溶液、6 BV 70%乙醇溶液、4 BV 90%乙醇溶液依次洗脱皂苷纯化物S1、S2、S3。根据以上条件做三次平行验证实验，得到皂苷纯化物S1、S2、S3的皂苷回收率分别为9.43%，10.21%，63.73%，S1，S2，S3的皂苷纯度分别为2.472%，2.691%，7.305%。与皂苷粗提物的纯度（2.113%）相比，皂苷纯化物S1和S2的纯度分别仅提高了0.17和0.27倍，推测原因可能是用50%或70%乙醇洗脱出少量皂苷的同时也洗出了一些其他杂质，因此洗脱液中的皂苷含量会相对较少，从而降低了S1、S2的皂苷纯度；而S3的纯度比粗提物提高了2.46倍，说明90%乙醇能够有效地洗脱出被大孔树脂吸附的山稔子皂苷。因此，利用DA-201大孔树脂和采用适当的实验条件对分离纯化后的山稔子皂苷纯度有一定程度的提高。

4.6.5 讨论

众多研究表明，植物体中的皂苷类成分具有降低体内血脂水平、防治动脉粥样硬化等相关心血管疾病的功能活性，而且皂苷是山稔子的重要活性成分。已有研究发现山稔子含有 3-O- 对香豆酰齐墩果酸、阿江榄仁酸、齐墩果酸等多种三萜皂苷，本研究也测得山稔子醇提物和水提物中分别含有 16.90 mg/g 和 13.85 mg/g 的总皂苷。为了提高山稔子提取物的皂苷得率，本研究通过单因素实验和响应面实验对山稔子皂苷的提取条件进行了考察，优化出回流提取的条件为：提取温度 58℃，乙醇浓度 80%，液固比 20∶1(mL/g)，提取时间 119 min。在此条件下测得皂苷得率为 2.077%±0.153%。采用相同的优化方法，吴祥庭等考察出采用超声波萃取法提取山药皮皂苷的最优条件为：浸提温度 64℃，乙醇浓度 83%，液固比 9∶1(mL/g)。尤秀丽等考察出采用微波超声双辅助提取法提取绞股蓝皂苷的最优条件为：超声温度 51℃，乙醇浓度 80%，液固比 28∶1(mL/g)，超声时间 60 min，微波时间 117 s，微波功率 400 W。以上两个研究的最优提取温度、乙醇浓度与本研究基本一致，而液固比和提取时间则跟每个实验选择的提取方法不同而有所不同，皂苷得率也因实验原料不同而有所差异。

利用乙醇提取所得的山稔子皂苷粗提物中会含有其他的醇溶性杂质，因此需要作进一步的分离纯化。大孔树脂作为一种处理能力极强的柱色谱担体，与其他柱层析和色谱法相比，具有产品回收率高、有害溶剂不会残留、不浪费大量溶剂等突出特点，经常被用于分离纯化植物中的活性物质。皂苷由亲水性的糖基与疏水性的皂苷元结构组成，溶解于水中的皂苷可以通过其疏水结构被大孔树脂所吸附，随后可采用适当的洗脱溶剂和洗脱体积将皂苷从大孔树脂洗脱下来，达到分离纯化皂苷的目的。目前常用于富集纯化皂苷的大孔树脂有 AB-8 型、DA-201 型、D-101 型等。本研究通过对比 7 种大孔树脂静态吸附和解吸山稔子皂苷的实际情况，筛选出 DA-201 型树脂作为吸附载体，并采用动态吸附和解吸方法，考察出最优上样条件为：皂苷浓度 1.889 mg/mL±0.1 mg/mL，树脂体积 7 mL/g；最优洗脱条件为：3 BV 蒸馏水洗涤水溶性杂质，6 BV 50% 乙醇溶液、6 BV 70% 乙醇溶液、4 BV 90% 乙醇溶液依次洗脱皂苷纯化物 S1、S2、S3。其中 S3 的纯化效果较好，皂苷纯度比粗提物提高了 2.46 倍。但是，从图 4-92 的 TLC 图可以看出，S3 中还明显存在其他的杂质，若想从中分离出皂苷单体，还需要利用其他方法进一步除杂和精制。

4.7 不同方法提取山稔子挥发油的比较研究

采用水蒸气蒸馏法与回流提取法萃取山稔子挥发油,用气相色谱-质谱(GC-MS)联用方法进行了化学组分的测定和分析比较。从水蒸气蒸馏法所得挥发油鉴定出了35种化合物,相对含量较高的为α-蒎烯(52.17%)、石竹素(7.55%)、反式石竹烯(4.28%)、马鞭烯醇(4.08%)、广藿香烷(3.26%)等。回流提取法所得挥发油鉴定出了38种化合物,主要为4-羟基茉莉酮(15.33%)、棕榈酸(13.41%)、α-蒎烯(11.8%)、石竹素(10.26%)、愈创蓝油烃(7.25%)等。二者的化学成分中既有共同组分,也存在一定的差异性。水蒸气蒸馏法所得挥发油颜色呈黄色,平均出油率为0.55%;回流提取法所得挥发油颜色呈棕黄色,平均出油率为2.47%。回流提取法的提取率高于水蒸气蒸馏法。

4.7.1 概述

挥发油是存在于植物体内的一类具有挥发性、可随水蒸气蒸馏出来却又不溶于水的油状液体的总称。它们大部分具有香气,成分主要包括萜类化合物、芳香族化合物、脂肪族化合物及含硫含氮化合物等。现代研究成果表明,植物挥发油对心脑血管系统、中枢神经系统、呼吸系统、胃肠道系统等都具有调节及保护作用,同时它还是天然香料香精的重要组成成分。因此,植物挥发油在中药制剂、食品、化妆品等行业的应用越来越普遍。传统的挥发油提取方法主要包括水蒸气蒸馏法、溶剂萃取法、冷压法等,而微波提取法、超声波提取法、超临界流体萃取法、亚临界水萃取法、固相微萃取法、分子蒸馏法等新型技术近年也得到了广泛的推广。提取方法不同,其提取挥发油化学组分也存在一定的差异。桃金娘科植物中含有丰富的精油成分,本研究中分别采用水蒸气蒸馏法和回流提取法对山稔子挥发油进行提取,并利用气相色谱-质谱和面积归一化法对其化学组分及相对含量进行比较分析,以期能为山稔子挥发油的成分分析及质量控制提供一定的参考依据。

4.7.2 材料与设备

4.7.2.1 材料与试剂

山稔子采于广东省韶关市;乙酸乙酯、石油醚、乙醚等试剂均为分析纯。

4.7.2.2 仪器与设备

98-1-C 数字控温电热套,购自天津市泰斯特仪器有限公司；JJ100 B 电子天平,购自双杰测试仪器厂；RE 52-99 旋转蒸发仪,购自上海亚荣生化仪器厂；HH-4 数显恒温水浴锅,购自常州澳华仪器有限公司；SHZ-D(Ⅲ)循环水式真空泵,购自巩义市予华仪器有限责任公司；DJ10 A 电动植物粉碎机,购自上海淀久中药机械制造有限公司；Thermo DSC 气相色谱－质谱联用仪,购自美国热电公司。

4.7.3 研究方法

4.7.3.1 样品前处理

将新鲜的山稔子自然风干,粉碎,过孔径 0.425 mm(40 目)筛,收集备用。

4.7.3.2 挥发油的提取

(1)水蒸气蒸馏法。称取山稔子粉末 100 g 装入 2000 mL 的圆底烧瓶中,加蒸馏水 800 mL 及数粒玻璃珠,浸泡过夜。连接挥发油测定器及回流冷凝管,并在挥发油测定器中加入蒸馏水至溢流入圆底烧瓶中。将圆底烧瓶于电热套上加热,调节加热温度为 130 ℃,蒸馏 6 h 后,停止加热并冷却。从挥发油测定器中放出提取物转移至分液漏斗,加入少量乙醚进行萃取,经无水硫酸钠干燥,过滤,常温下挥干乙醚,得到黄色、有特殊香味的挥发油,称重计算得率,并密封保存于4℃冰箱中。

(2)回流提取法。称取山稔子粉末 50 g 于 1000 mL 圆底烧瓶中,加入 400 mL 石油醚,连接回流冷凝管,于恒温水浴锅中加热回流提取 3 h。抽滤,重复提取两次。合并滤液,旋转蒸发回收石油醚,得到棕黄色的挥发油。称重计算得率,后用少量乙酸乙酯溶解并密封保存于4℃冰箱中。

4.7.3.3 气相色谱－质谱分析条件

(1)气相色谱条件。色谱柱：Agilent DB-5 MS 气相色谱柱(30 mm × 0.25 mm × 0.25 μm)；程序升温：初温 80 ℃,以 5 ℃/min 升至 250 ℃后保持 20 min；进样口温度：230 ℃；进样量：1 μL；载气：高纯度氦气；流速：1.2 mL/min。

(2)质谱条件。离子源：EI；扫描电压：70 eV；离子源温度：250℃；传输线温度：250 ℃；扫描范围：33～450 u。

4.7.4 结果与讨论

用水蒸气蒸馏法及回流提取法所得的山稔子挥发油的得油率分别为 0.55% 和 2.47%，采用上述气相色谱-质谱分析条件，结合 WileyRegistry 质谱数据库检索，分别将用这两种方法提取得到的挥发油成分的质谱图与标准图谱进行对照，并通过面积归一化法确定各组分的相对含量（峰面积相对百分比）。水蒸气蒸馏法提取的山稔子挥发油经 GC-MS 分析得到的总离子流图及成分分析结果分别见图 4-93 和表 4-64。

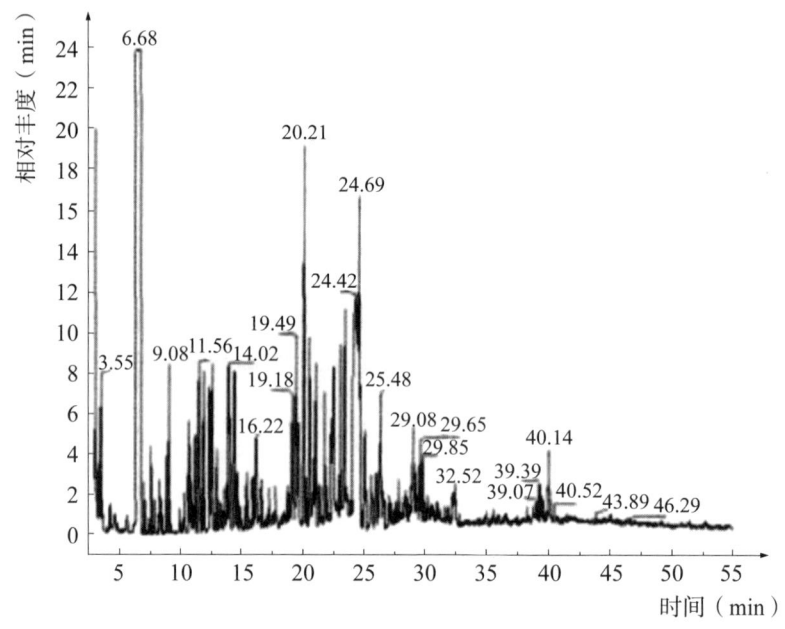

图 4-93 水蒸气蒸馏法提取山稔子挥发油的总离子流图

表 4-64 水蒸气蒸馏法提取山稔子挥发油化学成分分析结果

编号	保留时间（min）	化合物名称	分子式	CAS号	相对含量（峰面积相对百分比）
1	4.65	1-[2-(1-羟基-1-甲基乙基)环丙基]-乙酮/Ethanone, 1-[2-(1-hydroxy-1-methylethyl)cyclopropyl]-	$C_8H_{14}O_2$	62337-92-2	0.26%

续表

编号	保留时间（min）	化合物名称	分子式	CAS号	相对含量（峰面积相对百分比）
2	5.64	庚醛/Heptanal	$C_7H_{14}O$	111-71-7	0.16%
3	6.68	α-蒎烯/α-Pinene	$C_{10}H_{16}$	80-56-8	52.17%
4	7.67	乙酸芳樟酯/Linalyl acetate	$C_{12}H_{20}O_2$	115-95-7	0.30%
5	9.06	（±）-苧烯/（±）-Limonene	$C_{10}H_{16}$	138-86-3	1.21%
6	10.69	3-（3-丁烯基）-环己酮/Cyclohexanone, 3-（3-butenyl）-	$C_{10}H_{16}O$	3636-03-1	0.77%
7	11.23	壬醛/Nonanal	$C_9H_{18}O$	124-19-6	0.76%
8	11.95	龙脑烯醛/α-Campholenic aldehyde	$C_{10}H_{16}O$	4501-58-0	0.89%
9	12.64	马鞭烯醇/(+)-Verbenol	$C_{10}H_{16}O$	473-67-6	4.08
10	13.06	（1S,5S）-（-）-2（10）-3-蒎酮/2（10）-Pinen-3-one,（1S,5S）-（-）-	$C_{10}H_{14}O$	19890-00-7	0.35%
11	14.02	α-松油醇/α-Terpineol	$C_{10}H_{18}O$	10482-56-1	2.12%
12	14.48	马苄烯酮/Verbenone	$C_{10}H_{14}O$	80-57-9	1.78%
13	14.91	乙酸异龙脑酯/Isobornyl acetate	$C_{12}H_{20}O_2$	125-12-2	0.17%
14	15.50	二氢茉莉酮/Dihydrojasmone	$C_{11}H_{18}O$	95-41-0	0.32%
15	15.96	1-环辛烯-1-羧酸甲酯/1-Cyclooctene-1-carboxylic acid, methyl ester	$C_{10}H_{16}O_2$	56745-52-9	0.23%
16	17.31	（Z）-3,7-二甲基-2,6-辛二烯酸甲酯/2,6-Octadienoic acid, 3,7-dimethyl-, methyl ester,（Z）-	$C_{11}H_{18}O_2$	1862-61-9	0.19%
17	17.78	2,3-蒎烷二醇/2,3-Pinanediol,（1S, 2S, 3R, 5S）-（+）-	$C_{10}H_{18}O_2$	18680-27-8	0.40%
18	19.16	异戊酸苄酯/Benzyl isovalerate	$C_{12}H_{16}O_2$	103-38-8	0.69%
19	19.48	戊酸苄酯/Benzyl n-valerate	$C_{12}H_{16}O_2$	10361-39-4	1.97%

续表

编号	保留时间（min）	化合物名称	分子式	CAS号	相对含量（峰面积相对百分比）
20	20.17	反式石竹烯/β-Caryophyllene	$C_{15}H_{24}$	87-44-5	4.28%
21	20.60	（+）-香橙烯/（+）-Aromandendrene	$C_{15}H_{24}$	489-39-4	2.60%
22	21.40	B-柏木烯/（+）-b-Cedrene	$C_{15}H_{24}$	546-28-1	0.23%
23	21.85	雅榄蓝烯/Eremophilene	$C_{15}H_{24}$	10219-75-7	0.70%
24	22.60	去氢白菖烯/Calamenene	$C_{15}H_{22}$	483-77-2	1.83%
25	23.13	α-去二氢菖蒲烯/α-Calacorene	$C_{15}H_{20}$	23391-99-1	0.80%
26	23.49	石竹素/Caryophyllin	$C_{15}H_{24}O$	1139-30-6	7.55%
27	24.68	广藿香烷/Patchoulane	$C_{15}H_{26}$	25491-20-7	3.26%
28	26.48	愈创蓝油烃/Guaiazulene	$C_{15}H_{18}$	489-84-9	1.81%
29	28.40	肉豆蔻酸/Tetradecanoic acid	$C_{14}H_{28}O_2$	544-63-8	0.26%
30	29.06	维甲酰酚胺/Retinamide, N-(4-hydroxyphenyl)-	$C_{26}H_{33}NO_2$	65646-68-6	1.21%
31	29.64	二氧-β-紫罗兰酮/Dihydro-β-ionone	$C_{13}H_{22}O$	17283-81-7	0.42%
32	29.84	植酮/2-Pentadecanone, 6, 10, 14-trimethyl-	$C_{18}H_{36}O$	502-69-2	0.34%
33	30.25	视黄醇/Retinol	$C_{20}H_{28}O$	116-31-4	0.16%
34	32.51	棕榈酸/Hexadecanoic acid	$C_{16}H_{32}O_2$	57-10-3	0.74%
35	39.38	甲基紫罗兰酮/α-Ionone, methyl-	$C_{14}H_{22}O$	79-696	0.42%

用水蒸气蒸馏法提取的山稔子挥发油中共分离鉴定出35种组分，占挥发油总量的95.43%。经分析，用水蒸气蒸馏法提取的山稔子挥发油中相对含量超过1%的有13种，其中α-蒎烯的相对含量最高（52.17%），其次是石竹素（7.55%）、反式石竹烯（4.28%）和马鞭烯醇（4.08%），较高的还有广藿香烷（3.26%）、（+）-香橙烯（2.60%）和α-松油醇（2.12%）等。对鉴定出的各种成分进行分类，萜烯类13种占82.8%，酮类8种占4.66%，酯类6种占3.55%，

醛类3种占1.81%，芳香族类1种占1.21%，脂肪酸类2种占1.00%，醇类1种占0.40%。

用回流提取法提取的山稔子挥发油经GC-MS分析得到的总离子流图及成分分析结果分别见图4-94和表4-65。

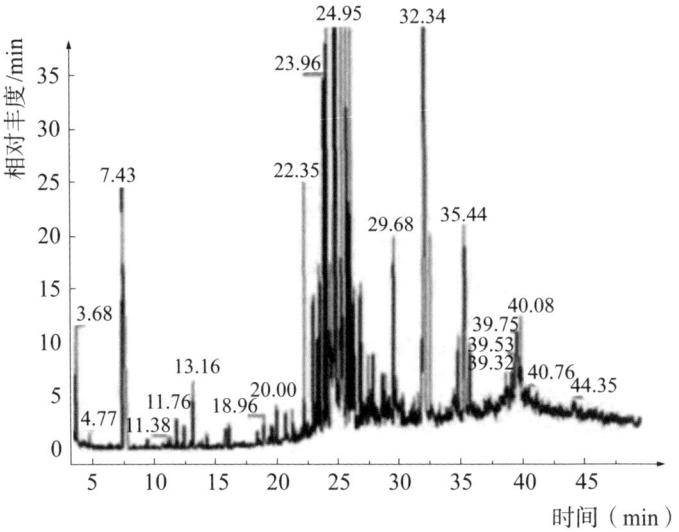

图4-94 回流提取法提取山稔子挥发油的总离子流图

表4-65 回流提取法提取山稔子挥发油化学成分分析结果

编号	保留时间（min）	化合物名称	分子式	CAS号	相对含量（峰面积相对百分比）
1	7.43	α-藻烯/α-Pinene	$C_{10}H_{16}$	80-56-8	11.58%
2	11.76	十甲基环五硅氧烷/Cyclopentasiloxane, decamethyl-	$C_{10}H_{30}O_5Si_5$	541-02-6	0.26%
3	13.16	新植二烯/Neophytadiene	$C_{20}H_{38}$	504-96-1	0.53%
4	15.76	壬酸/Nonanoic acid	$C_9H_{18}O_2$	112-05-0	0.31%
5	18.98	2-羟基亚甲基-6-异丙基-3-甲基-环己酮/2-Hydroxymethylene-6-isopropyl-3-methyl-cyclohexanone	$C_{11}H_{18}O_2$	28745-06-4	0.28%

续表

编号	保留时间（min）	化合物名称	分子式	CAS号	相对含量（峰面积相对百分比）
6	19.54	17-羟基-1,17-二甲基（1α,5α,17α）-雄甾烷-3-酮/Androstan-3-one, 17-hydroxy-1,17-dimethyl-, (1α,5α,17α)-	$C_{21}H_{34}O_2$	2881-21-2	0.35%
7	20.00	反式石竹烯/β-Caryophyllene	$C_{15}H_{24}$	87-44-5	0.34%
8	20.74	（+）-香橙烯/(+)-Aromandendrene	$C_{15}H_{24}$	489-39-4	0.47%
9	21.32	亚环戊基-2环戊醇/Cyclopentanol, 2-cyclopentylidene-	$C_{10}H_{16}O$	6261-30-9	0.28%
10	22.35	去氢白菖烯/Calamenene	$C_{15}H_{22}$	483-77-2	2.03%
11	23.04	α-去二氢菖蒲烯/α-Calacorene	$C_{15}H_{20}$	23391-99-1	1.18%
12	24.12	石竹素/Caryophyllin	$C_{15}H_{24}O$	1139-30-6	10.26%
13	24.42	愈创木醇/Guaiol	$C_{15}H_{26}O$	489-86-1	2.83%
14	24.95	4-羟基茉莉酮/4-Hydroxy jasmone	$C_{11}H_{16}O_2$	22054-39-3	15.33%
15	25.80	艾里莫芬烷/Eremophilane	$C_{15}H_{28}$	15404-63-4	3.84%
16	26.16	愈创蓝油烃/Guaiazulene	$C_{15}H_{18}$	489-84-9	7.25%
17	26.89	瓜菊醇酮/Cinerolone	$C_{10}H_{14}O_2$	17190-74-8	0.75%
18	27.24	Chiapin B	$C_{19}H_{26}O_6$	33649-17-1	0.37%
19	27.97	肉豆蔻酸/Tetradecanoic acid	$C_{14}H_{28}O_2$	544-63-8	1.42%
20	28.77	土木香内酯/Alantolactone	$C_{15}H_{20}O_2$	546-43-0	1.61%
21	29.33	维甲酰酚胺/Retinamide, N-(4-hydrophenyl)-	$C_{26}H_{33}NO_2$	65646-68-6	0.53%
22	29.68	植酮/2-Pentadecanone, 6,10,14-trimethyl-	$C_{18}H_{36}O$	502-69-2	2.10%
23	30.12	8S,13-柏木二醇/Cedran-diol, 8S,13-	$C_{15}H_{26}O_2$	88588-48-1	0.38%
24	31.40	棕榈酸甲酯/Hexadecanoic acid, methyl ester	$C_{17}H_{34}O_2$	112-39-0	0.61%

续表

编号	保留时间（min）	化合物名称	分子式	CAS号	相对含量（峰面积相对百分比）
25	32.29	棕榈酸/Hexadecanoic acid	$C_{16}H_{32}O_2$	57-10-3	13.41%
26	32.75	棕榈酸乙酯/Hexadecanoie acid, ethyl ester	$C_{18}H_{36}O_2$	628-97-7	1.74%
27	34.02	穿贝海绵甾醇/Stigmast-5-en-3-ol, (3β, 24S)-	$C_{29}H_{50}O$	83-47-6	0.30%
28	34.64	角鲨烯/Squalene	$C_{30}H_{50}$	7683-64-9	0.77%
29	34.95	叶绿醇/Phytol	$C_{20}H_{40}O$	150-86-7	0.85%
30	35.44	亚油酸/Linoleic acid	$C_{18}H_{32}O_2$	60-33-3	4.08%
31	35.91	亚油酸乙酯/9, 12-Octadecadienoic acid (Z, Z) ethyl ester	$C_{20}H_{36}O_2$	544-35-4	1.77%
32	38.37	桦木脑/Betulin	$C_{30}H_{50}O_2$	473-98-3	0.27%
33	38.84	戊酰绵马酸/Valerylfilicinic acid	$C_{13}H_{18}O_4$	19051-49-1	0.51%
34	39.32	6-十八炔腈/6-Octadecyne nitrile	$C_{18}H_{31}N$	56600-12-9	0.27%
35	40.08	(5α, 7α)-胆甾-24-羧酸, 7-(乙酰氧基)-3, 12-二氧-甲酯/Cholan-24-oic acid, 7-acetyloxy)-3, 12-dioxo-, methyl ester, (5α, 7α)-	$C_{27}H_{40}O_6$	7753-73-3	1.16%
36	42.29	异羟黄毒苷/3, 12, 14-Trihydroxycard-20(22)-enolide	$C_{23}H_{34}O_5$	1672-46-4	0.40%
37	43.18	3, 3′-二羟基-β, β-胡萝卜素-4, 4′二酮/β, β-Carotene-4, 4′-dione, 3, 3′-dihydroxy-, (3S, 3′S)-	$C_{40}H_{52}O_3$	472-61-7	0.26%
38	44.35	α-香附酮/α-Cyperone	$C_{15}H_{22}O$	473-08-5	0.59%

用回流提取法提取的山稔子挥发油中共分离鉴定出 38 种组分，占挥发油总量的 91.27%。经分析，用回流提取法提取的山稔子挥发油中相对含量超过 1% 的有 16 种，其中 4-羟基茉莉酮的相对含量最高（15.33%），其次是棕榈

酸（13.41%）、α-蒎烯（11.58%）和石竹素（10.26%），较高的还有愈创蓝油烃（7.25%）、亚油酸（4.08%）、艾里莫芬烷（3.84%）、植酮（2.10%）、去氢白菖烯（2.03%）等。对鉴定出的各种成分进行分类，萜烯类12种占42.2%，酮类7种占19.28%，脂肪酸类4种占19.22%，酯类5种占6.89%，醇类5种占1.71%，芳香族类3种占1.44%，烷烃类2种占0.53%。

由表4-64和表4-65可知，两种方法提取的山稔子挥发油具有一些共同成分，包括α-蒎烯、反式石竹烯、(+)-香橙烯、α-去二氢菖蒲烯、石竹素、愈创蓝油烃、肉豆蔻酸等。但是，不同方法提取的山稔子挥发油的化学成分存在很大的差异，水蒸气蒸馏法提取的挥发油主要成分为萜烯类化合物，占82.8%，而回流法提取的挥发油的主要成分除了萜烯类化合物，还包括酮类和脂肪酸类，分别占42.2%，19.28%和19.22%，如图4-95所示。

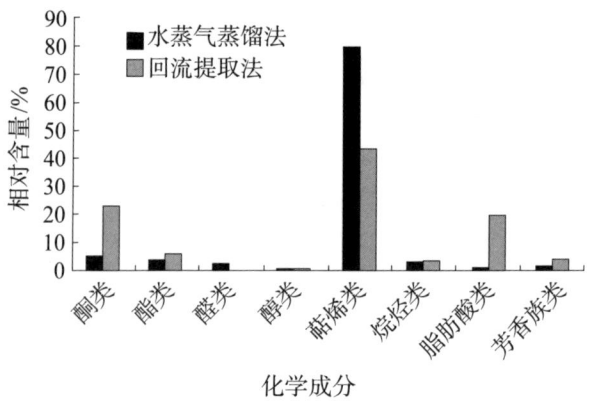

图4-95 不同方法提取山稔子挥发油化学成分的分类比较

第5章 桃金娘的生物活性

5.1 抗氧化剂的相关研究

抗氧化剂是食品、医药和日化行业不可缺少的添加剂。化学合成抗氧化剂价格低廉，因此一直为人们所普遍使用。随着科技的发展和科学研究的深入，人们发现某些化学合成的抗氧化剂存在一定的毒性、致畸性和潜在的致癌性，一些国家已相继对它们的使用作了限制。随着人们生活水平的提高和对健康的重视，食品添加剂的安全性成了人们关注的焦点。为此，寻找天然抗氧化剂就显得十分重要。在国外，天然抗氧化剂的研究和开发正形成热潮。我国虽然在此方面起步较晚，但由于我国政府对食品安全十分重视，市场对天然抗氧化剂的需求旺盛，天然抗氧化剂的研究在我国具有十分广阔的前景。

来自植物的天然抗氧化剂，是指从植物组织中提取的具抗氧化活性的物质。目前已证明有抗氧化作用的天然化合物多数为酚类化合物，包括黄酮、原花青素和有机酸等。据认为酚类化合物抗氧化作用与其结构中的共轭不饱和键及酚羟基有关。植物中的抗氧化物质按植物来源可分为中草药类、香料类、蔬菜类、水果类和谷物类等。按其化学结构可分为黄酮类、苯酚类、皂苷类、鞣质类、生物碱类和其他类等。

5.1.1 山稔子中抗氧化物质的研究

5.1.1.1 材料与方法

（1）原料与试剂。山稔子果实（干品），购自广州康采恩医药公司；猪油，自制；花生油，市售。芦丁标准品，购自广州精科化玻仪器公司。甲醇、亚硝酸钠、硝酸铝、氢氧化钠、无水乙醇、乙酸乙酯、正己烷、氯仿、冰醋酸、碘化钾、硫代硫酸钠、碳酸钠，均为分析纯。TAC测定试剂盒、SFRC测定试剂盒，南京建成生物工程研究所提供。

（2）仪器与设备，见表5-1。

表5-1　仪器与设备

仪器	生产商
AB204-N电子分析天平	梅特勒—托利多仪器（上海）有限公司
DL-101-2电热鼓风干燥箱	天津市中环实验电炉有限公司
SpectrumLab 54紫外可见分光光度计	上海教光技术有限公司
电热数字显示恒温水浴锅	上海浦东荣丰科学仪器有限公司
RE-52D旋转蒸发仪	上海青浦泸西仪器厂
SHZ-D循环水式真空泵	巩义市英峪予华仪器厂
HYA-11恒温摇床	中国科学院武汉科学仪器厂
电动植物粉碎机	河北省科研器械厂

（3）方法。

①样品处理。将洗净的山稔子置于60℃的恒温干燥箱中鼓风干燥。将干燥后的山稔子用电动植物粉碎机进行粉碎，过40目筛，收集备用。

②动物油制备。将购买的新鲜肥猪肉在平底锅上加热炼制，经过滤后避光保存，备用。

③山稔子提取液的制备。称取处理的山稔子样品21.17 g（含水量5.81%），即干重为20 g，分别置于带塞的三角瓶中，加入100 mL不同的提取溶剂（本研究分别选用水、无水乙醇、75%乙醇、甲醇、50%甲醇、75%甲醇和乙酸乙酯作为浸提用的有机溶剂），然后置于恒温振荡器中，在25℃的恒温条件下进行振摇，浸提24 h。提取液经真空抽滤后，收集滤液，即为相应的山稔子抗氧化物质提取液。

④山稔子提取液黄酮含量的测定。

标准曲线的建立。精密称取110℃干燥至恒重的芦丁标准品11.8 mg置于50 mL容量瓶中，加甲醇至刻度，即得0.236 mg/mL芦丁标准品溶液。精密量取上述标准品溶液0.0 mL、1.0 mL、2.0 mL、3.0 mL、4.0 mL、5.0 mL、6.0 mL于25 mL容量瓶中，各加甲醇至6 mL，分别加入5%亚硝酸钠1 mL，摇匀，静置6 min。再各加10%硝酸铝1 mL，摇匀，放置6 min后分别加入1% NaOH 10 mL，用30%（v/v）乙醇稀释至刻度。在510 nm波长处测定不同浓度的标准品溶液的吸光度值，以浓度 C 为纵坐标，吸光度 A 为横坐标，进行线性回归。

提取液黄酮含量的测定。准确吸取提取液 0.5 mL 置于 25 mL 的容量瓶中，加甲醇至 6 mL，然后按上述步骤操作，并测定吸光度，最后根据标准曲线方程计算黄酮含量。

⑤提取液对猪油和花生油抗氧化能力的测定。

样品制备。分别从上述提取液中各取出相当于 2 g（取滤液，摇匀，取 1/10 的分量）山稔子干粉的有机溶剂提取物，移入 250 mL 烧杯中，并置于恒温干燥箱内，使溶剂挥发，余下固形物质即为固态抗氧化剂。分别在每个烧杯中加入新鲜猪油和花生油 30 g 作实验样品。同时取 30 g 的猪油和花生油各 2 份，其中一份加入 BHT 1.5 mg 作为对照样品，另一份作空白样品。将所有已加入抗氧化物质的猪油和花生油样品于 70℃下在磁力搅拌器上加热搅拌 30 min，使添加物充分溶解，随后移入空的白色瓶中，用玻璃塞塞住瓶口，置 65℃恒温箱内避光保存，仅当取样测定时才打开瓶塞。每隔 24 h 分别摇匀搅拌 2 min，并交换它们在恒温箱中的位置。定期取样测定。

油脂过氧化值（POV）的测定。精密称取 1~2 g 混匀的油样置于 250 mL 定量瓶中，加入 30 mL 氯仿-冰醋酸溶液（氯仿：冰醋酸＝2:3，v/v）使样品完全溶解。加入饱和碘化钾溶液 1~2 mL，塞紧瓶塞，并置于快速混匀器上振摇 0.5 min，暗处放置 3 min，取出并加 100 mL 水摇匀，立即用经标定（标定及配制方法按 GB/T5009.37—1996 进行）过的 0.002 N $Na_2S_2O_3$ 标准溶液滴定至淡黄色，加淀粉指示液 1 mL，继续滴定至蓝色消失为终点。同时做一空白。

$$POV(meq/kg) = \frac{S \times N}{W} \times 1000 \qquad 公式（5-1）$$

式中：S 为消耗 $Na_2S_2O_3$ 的毫升数；N 为 $Na_2S_2O_3$ 的当量浓度；W 为样品的重量，g。

⑥总抗氧化能力（TAC）的测定。

样品处理。分别从上述提取液中各取出相当于 1 g（取滤液，摇匀，取 1/20 的分量）山稔子干粉的有机溶剂提取物进行浓缩，制得浸膏。将浸膏用甲醇溶解并定容至 10 mL，摇匀，静置。取上清液测定。提取液浓度为 0.1 g/mL（山稔子重/提取液体积）。

测定原理。抗氧化物质能使 Fe^{3+} 还原成 Fe^{2+}，Fe^{2+} 可与邻二氮菲结合形成稳固的 Fe^{2+}-邻二氮菲络合物，通过比色测定 Fe^{2+}-邻二氮菲含量变化，可了解溶液的氧化还原状态，从而推知体系的TAC。

测定方法。按南京建成生物工程研究所TAC测定试剂盒说明书进行。在37℃时，每min每mL 0.1 g/mL山稔子提取物使反应体系的吸光度（OD）值增加0.01为1个TAC单位（U），即表示为U/g。取样及测定重复均为3次。计算公式为：

$$氧化能力（U/g）= \frac{测定管OD-对照管OD}{0.01\times30} \times \frac{反应液体积（mL）}{取样量（mL）} \times 样品稀释倍数$$

$$\times \frac{10 \text{ mL}}{稔子重（g）} \quad 公式（5-2）$$

⑦消除自由基能力（SFRC）的测定。

样品处理：同TAC测定。

测定原理：Fenton反应产生羟自由基，H_2O_2和Fenton反应产生的羟自由基成正比，当给予电子受体后，用gress试剂显色，形成红色物质，其呈色与羟自由基成正比，通过比色测定可推知体系中羟自由基的产量。

测定方法：按南京建成生物工程研究所活性氧测定试剂盒说明书进行。每mL 0.1 g/mL山稔子提取物在37℃下反应1 min，使反应体系中H_2O_2浓度降低1 mmol/L为1个活性氧单位（U），即表示为U/g，取样及测定重复均为3次。计算公式为：

$$消除自由基能力（U/g）= \frac{对照管OD-测定管OD}{标准管OD-对照管OD} \times 标准管浓度（8.824 \text{ mmol/L}）$$

$$\times \frac{1 \text{ mL}}{取样重（mL）} \times 样品稀释倍数 \times \frac{10 \text{ mL}}{稔子重（g）}$$

$$公式（5-3）$$

5.1.1.2 结果与讨论

（1）山稔子提取液黄酮的含量测定。

①标准曲线的建立。根据光谱分析，样品和对照品芦丁在510 nm有最大吸收值，因此最大吸收波长确定为510 nm。测定其他六瓶标准液的OD值，按照最小二乘法以吸收度为x轴、黄酮含量（mg/mL）为y轴进行线性回归，所得标准曲线如图5-1所示。其线性方程为$y = 1.963x$，$R^2 = 0.9995$。

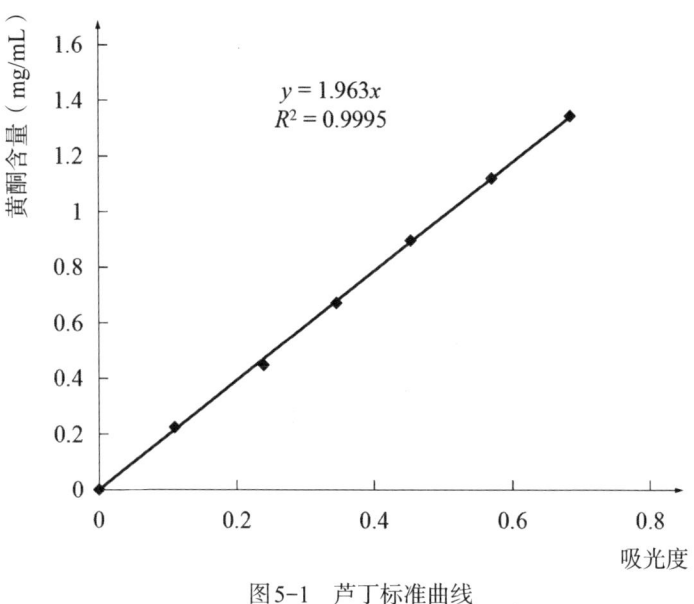

图5-1 芦丁标准曲线

②山稔子粗提取液中总黄酮的含量测定结果。将上述制备的山稔子粗提液浓缩成浸膏,用甲醇溶解,并定容至25 mL。然后取0.5 mL至25 mL容量瓶中,加甲醇至6 mL(即吸取5.5 mL甲醇),其余步骤同标准曲线。测得各种溶剂提取的粗黄酮的OD值,根据OD值的大小在标准曲线中查出山稔子不同粗提液中总黄酮的含量,其值如表5-2所示。

表5-2 不同溶剂提取液的黄酮含量

溶剂	OD	含量(g/mL)	含量(mg/g)
50%甲醇	0.132	0.2577	1.291
75%甲醇	0.459	0.9019	4.512
50%乙醇	0.1	0.1947	0.975
75%乙醇	0.32	0.6281	3.144
无水甲醇	0.469	0.9261	4.652
无水乙醇	0.251	0.4922	2.467
乙酸乙酯	0.19	0.3720	1.866

从表5-2中可以看出,无水甲醇提取液中的总黄酮含量最高,约为4.65 mg/g,其次为75%甲醇、75%乙醇、无水乙醇、乙酸乙酯、50%甲醇、50%乙醇。目前常用高浓度的醇提取苷元,用60%左右浓度的醇提取苷类,可见在山稔子中苷元的含量比苷类的含量要高。

（2）山稔子不同溶剂提取物对猪油和花生油抗氧化能力的分析。山稔子不同溶剂提取物对猪油和花生油抗氧化能力结果如图5-2和图5-3所示。

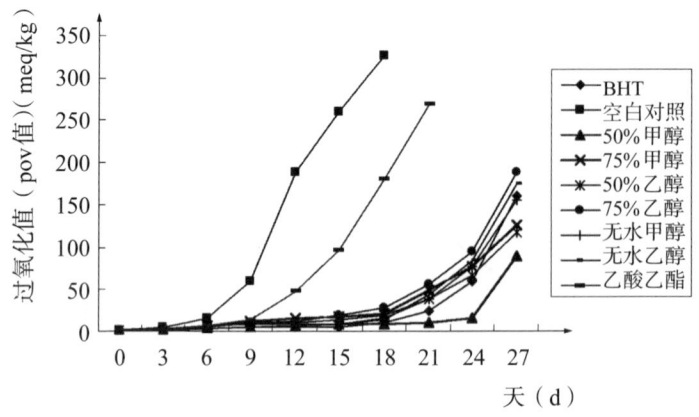

图5-2　不同溶剂提取物对动物油POV值变化的影响

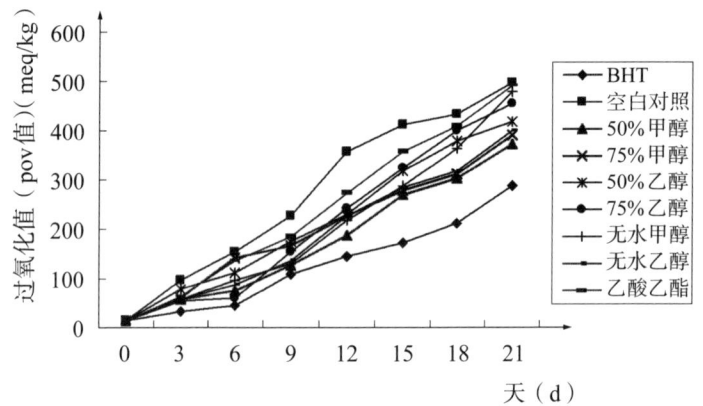

图5-3　山稔子不同溶剂提取物对花生油POV值变化的影响

脂类的自动氧化是一个产生自由基和自由基参与的链式反应，该过程可分为四个阶段：诱导期、传播期、终止期、二次产物生成期。其中，诱导期是决定油脂稳定性的一个过程。在诱导期，不饱和脂肪酸会被一个氧化能力强的物质进攻而丢失氢原子。抗氧化剂的加入能延长脂类的诱导期。细胞膜和细胞器含有大量不饱和脂肪酸链，十分容易引起脂质过氧化，影响细胞膜的流动性。很多疾病、衰老现象与脂质过氧化有关。因此，研究黄酮对脂类的抗氧化性具有十分重要的意义。

图5-2和图5-3分别表示猪油和花生油在添加了山稔子不同溶剂提取物后POV值随时间变化的情况。在实验过程中，温度保持在65℃左右，证明了山稔子中黄酮类化合物具有比较好的抗热性。

从图5-2可以看出，各溶剂的提取物对猪油具有很好的抗氧化效果，对诱导期的延长起到了很大的作用，同等时间下的POV值都远低于空白对照。其中，乙酸乙酯提取液的抗氧化作用比较低，其他六种不同溶剂的提取液均有相近的抗氧化活性。它们的抗氧化活性从大到小依次是50%甲醇、BHT、50%乙醇、75%甲醇、无水乙醇、甲醇、75%乙醇和乙酸乙酯。

从图5-3可以看出，各溶剂提取物对植物油均有较好的抗氧化作用，其中以50%甲醇的效果最好。各溶剂的抗氧化活性大小从高到低依次是50%甲醇、无水甲醇、无水乙醇、50%乙醇、50%甲醇、75%乙醇、乙酸乙酯。总体上对比，黄酮类化合物对动物油的抗氧化作用明显优于植物油，这是由于植物油中所含的单不饱和或多不饱和脂肪酸过多。诱导期反应比较剧烈的不饱和脂肪酸会自行氧化。作为与脂质过氧基（ROO·）反应阻止脂质过氧化的受体而起作用的黄酮类化合物，由于含量、溶解性等问题而使得抗氧化作用表现得不是那么明显。

将不同溶剂提取物在动物油和植物油中的抗氧化活性进行比较，可以发现同样的提取液对动物油和植物油的抗氧化效果不同。例如，50%甲醇在动物油中的抗氧化效果就比BHT的高；而在植物油中，BHT的抗氧化效果就比50%甲醇的好；无水甲醇提取物在植物油中的抗氧化效果比在动物油中的好，无水乙醇提取物在植物油中的抗氧化效果比在动物油中的好。

（3）山稔子各溶剂提取物总抗氧化能力和消除自由基能力的测定。通过山稔子各溶剂提取物对油脂的抗氧化作用的研究，可以发现山稔子具有较好的抗氧化效果。为了更进一步研究其抗氧化功能，本研究对山稔子各不同溶剂提取物总抗氧化能力和消除自由基能力进行了测定，结果如图5-4和图5-5所示。

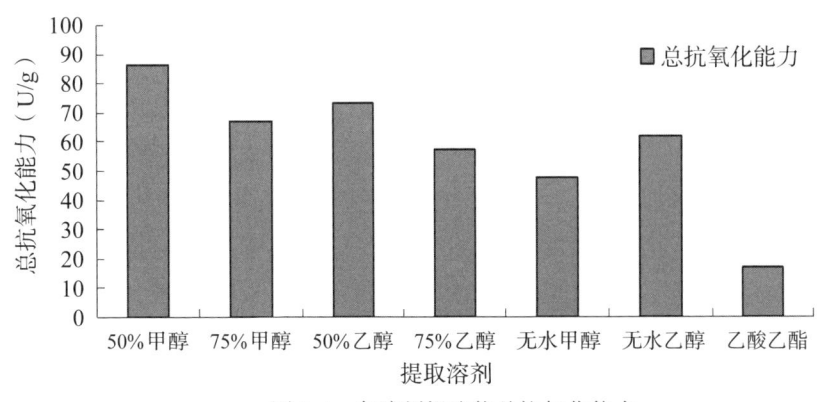

图5-4　各溶剂提取物总抗氧化能力

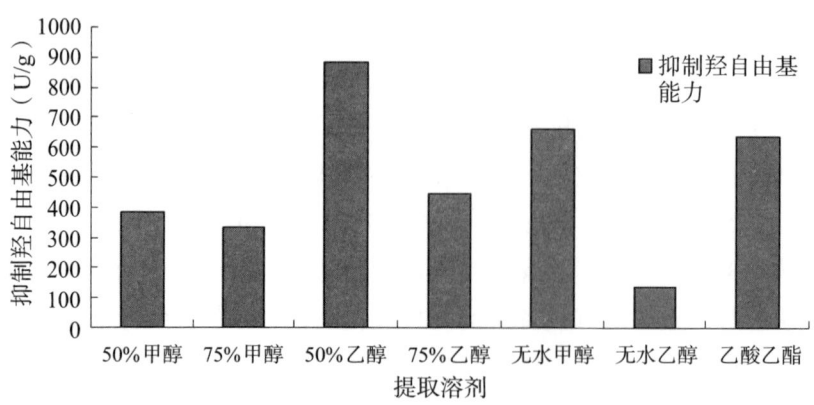

图5-5 各溶剂提取物消除自由基能力

从图5-4中可以看出,各溶剂的黄酮提取物均有较高的抗氧化能力。其中,50%甲醇的总抗氧化能力最好,为86 U/g;其余从高到低依次为50%乙醇、75%甲醇、无水乙醇、75%乙醇、无水甲醇、乙酸乙酯。50%甲醇黄酮提取物中含有比无水甲醇更多的苷类,可以推断山稔子中苷类的总抗氧化能力比苷元的强。同样,50%乙醇黄酮提取物中含有比无水乙醇更多的苷类,总抗氧化能力较高。

从图5-5中可以看出,各溶剂的不同提取液均有一定的抑制羟自由基能力。其中,50%乙醇提取液的提取物的抑制羟自由基能力最好,为891 U/g;其余从高到低依次为无水甲醇、乙酸乙酯、75%乙醇、50%甲醇、75%甲醇、无水乙醇。

抑制率方面,各溶剂黄酮提取物在对羟自由基的成色反应中都起到了强烈的抑制作用,样品管颜色十分浅。利用抑制率计算公式得出各溶剂提取物的抑制率分别为:50%乙醇(257 μg/mL)抑制率(即清除率)88.7%,无水甲醇(926 μg/mL)抑制率60.4%,乙酸乙酯(372 μg/mL)抑制率70.7%,75%乙醇(628 μg/mL)抑制率46.5%,50%甲醇(258 μg/mL)抑制率34.6%,75%甲醇(902 μg/mL)抑制率93.1%,无水乙醇(492 μg/mL)抑制率18.9%。以上提取物均对fenton反应中产生的羟自由基起到很好的清除作用。黄酮类化合物消除羟自由基的能力与黄酮的浓度有关,按照相等浓度计算,50%乙醇、50%甲醇、乙酸乙酯的抑制率较高,其中拥有最好的抑制羟自由基效果的是50%乙醇。可以推断,山稔子中苷元具有十分良好的抗氧化活性和消除自由基能力。

5.1.2 山稔子黄酮类提取物抗自由基抗氧化功能的研究

5.1.2.1 材料与方法

（1）实验动物。健康雄性昆明种小鼠，广州军区联勤部军事医学研究所提供，体重22～26 g，实验前受自然光照、自由饮水和常规饲养。

（2）材料与仪器。山稔子果实（晒干），购自广州药材市场；芦丁，购自上海化学试剂公司；AB-8大孔吸附树脂，购自南开大学化工厂；本研究所用的化学试剂等均为分析纯。SOD测定试剂盒、GSH-Px测定试剂盒和MDA测定试剂盒均为南京建成生物工程研究所提供。RE-52 D旋转蒸发仪，上海青浦泸西仪器厂制造；SpectrumLab 54紫外可见光分光光度计，上海棱光技术有限公司制造。

（3）方法。

①山稔子黄酮的提取分离。用95%乙醇于70℃回流提取干燥粉碎后的山稔子4 h，共提取两次，收集提取液，减压浓缩后用石油醚萃取2次，水相通过AB-8大孔吸附树脂柱进行吸附，再用40%乙醇洗脱。洗脱液经旋转蒸发仪减压浓缩后，用芦丁-分光光度法测定总黄酮含量，并将山稔子黄酮浓缩液稀释成0.2 mg/mL（低剂量组）、1 mg/mL（中剂量组）和5 mg/mL（高剂量组）水溶液。

②动物试验方法。选用雄性昆明种小鼠，适应性饲养1周后，随机分为4组，每组10只，分别为正常对照组、低剂量组、中剂量组和高剂量组。低、中、高剂量组小鼠每天灌胃1次，每次0.5 mL。

对试验小鼠重新进行分组，分为高剂量组、中剂量组、低剂量组和对照组。各组均常规饲养，受自然光照，自由饮水。除对照组外，其他各组进行以下处理：每天给药1次，每次灌胃0.5 mL。

③动物实验指标测定及统计分析。连续试验3周，最后一次给药后，禁食2 h，摘取各小鼠眼球取血，离心分离，吸取上层血清用于SOD、GSH-Px、MDA的测定。以对照组为对照，对各试验组数据用SPSS 11.0作单因素方差分析和均数间多重比较。

④清除羟自由基。取6支10 mL比色管，分别依次加入0.3 mL 7.5 mmol/L硫酸亚铁铵溶液、0.3 mL 7.5 mmol/L邻二氮菲溶液、1 mL pH =7.47 Tris-HCl缓冲溶液，在2～6号比色管中各加入0.2 mL 7.5 mmol/L H_2O_2，然后在3～6号比色管中分别加入0.3 mL 浓度分别为0.02 mg/mL、0.04 mg/mL、0.08 mg/

mL、0.10 mg/mL 的山稔子黄酮类提取物，用重蒸水定容至刻度，在 37 ℃的水浴中反应 1 h。在 450～550 nm 波长范围内扫描，得最大吸收波长，并在此波长下测光密度值。根据下式计算羟自由基的清除率：

$$清除率 = (D样品 - D损)/(D未损 - DD损) \times 100\% \quad 公式（5-4）$$

D 样品、D 未损及 D 损，分别为加入提取液的羟自由基体系、不加 H_2O_2 及加入 H_2O_2 的吸光度值。

⑤对超氧离子自由基（$O_2 \cdot -$）的抑制率。取 4 支 10 mL 的比色管，各加入 2.0 mL pH = 8.34 Tris-HCl 缓冲溶液，依次分别加入 1.0 mL 浓度分别为 0.02 mg/mL、0.04 mg/mL、0.08 mg/mL、0.10 mg/mL 的山稔子黄酮类提取物，最后都加入 1.0 mL 0.2 mmol/L 邻苯三酚，重蒸水定容至刻度。在吸收波长 322 nm 处每隔 30 s 记录一次光密度 D 值，根据邻苯三酚自氧化速率计算抑制率，公式如下：

$$抑制率 = \frac{\frac{\Delta D_1}{\Delta t} - \frac{\Delta D_2}{\Delta t}}{\frac{\Delta D_1}{\Delta t}} \times 100\% \quad 公式（5-5）$$

式中：$\Delta D_1/\Delta t$ 为邻苯三酚自氧化时反应速率；$\Delta D_2/\Delta t$ 为加入提取液后邻苯三酚自氧化反应速率。

5.1.2.2 结果与分析

（1）山稔子黄酮类提取物对小鼠血清 SOD 活性的影响。实验结果见表 5-3。从表中可以看出，SOD 活力随灌胃剂量的增加而增加。低剂量组 SOD 活力与对照组相比无显著性差异（$P > 0.05$），而高、中剂量组则具有高度显著性（$P < 0.01$），表明高、中剂量组已显著增加小鼠血清中 SOD 活力。SOD 催化氧自由基的歧化反应，是机体清除氧自由基的重要酶，对需氧生物体起保护作用。喂药的小鼠血清 SOD 活力较正常对照组显著提高，这表明山稔子黄酮提取物有明显的改善小鼠体内清除氧自由基的功能。

表5-3 对小鼠血清SOD活力的影响（$n = 10, \bar{x} \pm s$）

组别	剂量（mg/mL）	SOD（NU/ML）
对照组	—	211.9 ± 21.7
低剂量组	0.2	235.2 ± 26.8
中剂量组	1.0	260.6 ± 29.1*
高剂量组	5.0	282.1 ± 19.6**

注："**"表示 $P < 0.01$，"*"表示 $P < 0.05$。

（2）山稔子黄酮类提取物对小鼠血清GSH-Px活性的影响。实验结果见表5-4。可以看出，GSH-Px活力随灌胃剂量的增加而增加。与对照组比较，低剂量组GSH-Px活力无显著性差异（$P>0.05$）；中剂量组具有一定的显著性（$P<0.05$）；而高剂量组则具有高度显著性（$P<0.01$）。

表5-4 对小鼠血清GSH-Px活力的影响（$n=10$, $\bar{x} \pm s$）

组别	剂量（TAC，U/g）	GSH-Px（NU/ML）
对照组	—	41.35 ± 3.21
低剂量组	0.2	47.23 ± 4.37
中剂量组	1.0	50.52 ± 3.93*
高剂量组	5.0	52.1 ± 2.23**

注："**"表示$P<0.01$，"*"表示$P<0.05$。

GSH-Px是机体内广泛存在的一种含硒抗氧化酶，它通过特异性催化还原型谷胱甘肽对氢过氧化物的还原反应，而消除细胞内有害的过氧化物代谢产物，以阻断脂质过氧化连锁反应，从而起到保护细胞代谢正常进行的重要作用。喂药组小鼠血清GSH-Px活力较正常对照组显著提高，这也表明山稔子黄酮类提取物有明显的体内抗氧化作用。

（3）山稔子黄酮类提取物对小鼠血清MDA含量的影响。实验结果见表5-5。从表中可以看出，MDA含量随灌胃剂量的增加而减少。低剂量组MDA含量与对照组相比具有一定的显著性（$P<0.05$）；而高、中剂量组则具有高度显著性（$P<0.01$）。

表5-5 对小鼠血清MDA含量的影响（$n=10$, $\bar{x} \pm s$）

组别	剂量（TAC，U/g）	MDA（nmol/L）
对照组	—	30.86 ± 4.15
低剂量组	0.2	27.63 ± 3.12*
中剂量组	1.0	21.91 ± 4.83**
高剂量组	5.0	20.23 ± 3.71**

注："**"表示$P<0.01$，"*"表示$P<0.05$。

MDA是体内自由基作用于脂质过氧化物而生成的产物。喂药组小鼠血清中的MDA显著减少，这表明山稔子提取物有清除体内自由基以抗氧化的效果。

（4）对羟自由基的清除作用。在 $Fe^{2+}-H_2O_2-$ 邻二氮菲体系中，未加 H_2O_2 之前，Fe^{2+} 与邻二氮菲形成红色配合物；加入 H_2O_2 后，Fe^{2+} 减少，配合物颜色变浅，再加入提取液，提取液中所含的黄酮类化合物与 –OH 结合，阻止了羟自由基继续氧化 Fe^{2+}，不同浓度的黄酮类化合物抗氧化能力不同，使体系中 Fe^{2+} 浓度不同，所显示的颜色深浅也不同。由表 5-6 可见，山稔子黄酮类提取物对羟自由基具有清除作用，清除能力（$\lambda = 509$ nm）与浓度具明显的量效关系。

表5-6 对羟自由基的清除作用

总黄酮含量（mg/L）	0.02	0.04	0.08	0.1
清除率	18.9%	27.7%	67.5%	89.8%

（5）对超氧自由基的抑制作用。在邻苯三酚体系中，邻苯三酚的自身氧化速度比较快，在加入了提取液后，黄酮类化合物含有活泼的 3′，4′ 位酚羟基，能提供活泼的氢，从而阻断自由基反应。因此，抗氧化是通过供氢来完成清除超氧离子的自由基反应。从表 5-7 可见，山稔子黄酮类提取物对邻苯三酚自氧化产生的 $O_2 \cdot -$ 有抑制作用，其抑制率随浓度的增大而增大，表明其抑制能力与浓度呈明显的量效关系。

表5-7 对超氧自由基的抑制作用

总黄酮含量（mg/mL）	0.02	0.04	0.08	0.1
抑制率	11.73%	17.84%	37.82%	58.63%

5.1.3　山稔子皂苷的抗氧化性研究

5.1.3.1　皂苷的概述

皂苷，亦称皂素、皂草苷，是一种复杂的特殊苷类化合物，广泛存在于植物界及一些海洋生物中。皂苷水溶液摇动后会产生类似于肥皂产生的蜂巢状泡沫，且持续时间较长。

皂苷多为白色或乳白色无形粉末，少数为晶体，味苦而辛辣，对人体中各部位的黏膜具有刺激性。皂苷不溶于乙醚、氯仿及苯，而一般可溶于水、甲醇及稀乙醇，易溶于热水、热甲醇及热乙醇。即便高度稀释后，皂苷作为强力的表面活性剂亦能形成皂液，对心脏有刺激作用，同时是强力的溶血剂。

皂苷是由皂苷元通过其端基碳原子与糖或糖的衍生物连接而成的。其结构中的糖为葡萄糖、半乳糖、鼠李糖及阿拉伯糖等。根据水解后形成的皂苷元的化学结构不同，皂苷可分为三萜皂苷和甾体皂苷两大类。前者分为四环三萜类皂苷和五环三萜类皂苷两类。后者的皂苷元是甾体衍生物，与糖缩合生成皂苷。

5.1.3.2 材料与方法

（1）仪器与设备。

研究所需仪器与设备见表5-8。

表5-8 仪器与设备

名称	型号	生产厂家
酶标仪	Enspire	PerkinElmer
超声波清洗机	SK：8200 Hz	宁波海曙科生超声设备有限公司
三孔电热恒温水槽	DK-8 D	上海一恒科学仪器有限公司
旋转蒸发仪	RE52-99	上海亚荣生化仪器厂
医用离心机	H1850 R	湖南湘仪实验室仪器开发有限公司
电子天平	SQP	赛多利斯科学仪器（北京）有限公司
真空干燥箱	DZF-6050	上海一恒科学仪器有限公司

（2）原料与试剂。山稔子干果；95%乙醇、三氯乙酸、铁氰化钾、磷酸二氢钠、磷酸氢二钠、三氯化铁、冰醋酸、高氯酸、盐酸（以上实验试剂均为分析纯）、齐墩果酸标准品、DPPH、ABTS。

（3）山稔子皂苷回流提取。

①预处理。将山稔子干果粉碎后过筛，得到山稔子粉末。

②标准曲线的制作。准确配置0.2 mg/mL的齐墩果酸对照品溶液（溶剂为95%乙醇）。分别精确吸取0 mL、0.1 mL、0.2 mL、0.3 mL、0.4 mL、0.5 mL、0.6 mL的齐墩果酸对照品溶液，水浴使其溶剂挥发干。取出，放置于室温环境中，依次加入0.2 mL 5%的香草醛-冰醋酸溶液及0.8 mL的高氯酸，摇匀，60℃水浴加热15 min，随后用冰水浴冷却至室温，再分别加入5 mL冰醋酸，摇匀，于560 nm处测量吸光值。以测定的吸光度为纵坐标y、齐墩果酸的质量为横坐标x，建立回归方程，绘制标准曲线。

③乙醇回流提取法。准确称取 5.00 g 山稔子粉末置于锥形瓶中,按照预设的料液比、一定的乙醇浓度、一定的提取时间及一定的提取温度进行提取,真空抽滤,所得到的滤液即为样品溶液。

④总皂苷得率计算。准确吸取样品溶液 0.2 mL,按照标准曲线方法显色,测量其吸光度。取三次平均值作为测量结果,据所建立的回归方程得出山稔子皂苷的质量,并利用下列公式计算山稔子皂苷得率。

$$Y = \frac{m}{M} \times 100\% \qquad 公式(5-6)$$

式中:Y——皂苷得率(%);m——总皂苷质量(g);M——山稔子质量(g)。

(4)山稔子皂苷的体外抗氧化活性研究。

①对 DPPH 自由基清除能力。测定 DPPH 自由基清除率需运用捕获 DPPH 自由基法。由于 DPPH 溶于 95% 乙醇溶液中呈紫色,于 517 nm 处具有最大吸收值,但在加入抗氧化剂之后,溶有 DPPH 的乙醇溶液中的紫色变淡或消褪。本研究根据抗氧化剂浓度与所测定的吸光度之间的关系检验山稔子皂苷清除 DPPH 自由基的能力。

将上述样品溶液以 60℃ 旋蒸浓缩后,置于真空干燥箱,于 60℃ 下烘干 2~3 d 得皂苷样品。将皂苷样品用 95% 乙醇配制成 1 mg/mL 待测溶液。吸取 1 mL、0.8 mL、0.6 mL、0.4 mL、0.2 mL 的 1 mg/mL 待测溶液,用 95% 乙醇定容于 10 mL 容量瓶中,制成浓度分别为 0.1 mg/mL、0.08 mg/mL、0.06 mg/mL、0.04 mg/mL、0.02 mg/mL 的溶液作为待测液。用 95% 乙醇溶液配制 1×10^{-4} mol/L 的 DPPH 溶液,配制完成于 4℃ 避光保存。

于 10 mL 容量瓶中吸取待测液 2.0 mL,加入 1×10^{-4} mol/L 的 DPPH 溶液 2.0 mL,摇匀,静置 30 min,测定其在 517 nm 处的吸光值,记为 A_i。将 2.0 mL 的 95% 乙醇溶液与 2.0 mL 的 DPPH 溶液混合后,测定其在 517 nm 处的吸光值,记为 A_0。同时再将 2.0 mL 的待测液与 2.0 mL 的 95% 乙醇溶液混合后,测定其在 517 nm 处的吸光值,记为 A_j。按照下式计算 DPPH 自由基清除率。

$$Y = \left(1 - \frac{A_i - A_j}{A_0}\right) \times 100\% \qquad 公式(5-7)$$

式中:Y——DPPH 自由基清除率(%);A_0——混合 95% 乙醇溶液与 DPPH 溶液后的吸光值;A_i——混合待测液与 DPPH 溶液后的吸光值;A_j——混合 95% 乙醇溶液与待测液后的吸光值。

②ABTS 自由基清除率的测定。用去离子水将 ABTS 和 $K_2S_2O_8$ 分别溶解,得到 7.4 mmol/L 的 $ABTS^+$ 溶液及 2.6 mmol/L 的 $K_2S_2O_8$ 溶液。分别取 0.2 mL 两溶液进行混合,在黑暗、室温环境下放置 12 h 以上。测定前,将混合液用 95%乙醇溶液稀释 40~50 倍,使其吸光值在 734 nm 处达到 0.700±0.020,形成 $ABTS^+$ 工作液。

吸取不同浓度待测液 0.2 mL(0.1 mg/mL、0.08 mg/mL、0.06 mg/mL、0.04 mg/mL、0.02 mg/mL)与 $ABTS^+$ 工作液 0.8 mL 混合摇匀后静置 6 min,测定 734 nm 处的吸光值,记为 A_i。吸取 0.2 mL 95%乙醇溶液与 $ABTS^+$ 工作液 0.8 mL 混合,摇匀后静置 6 min,测定 734 nm 处的吸光值,记为 A_0。

按照下式计算 ABTS 自由基清除率 Y。

$$Y=\frac{A_0-A_i}{A_0}\times 100\% \qquad 公式(5-8)$$

式中:Y——ABTS 自由基清除率;A_0——混合 95%乙醇溶液与 $ABTS^+$ 工作液后的吸光值;A_i——混合待测液与 $ABTS^+$ 工作液后的吸光值。

③还原能力的测定。用 100 mL 去离子水溶解 3.12 g $NaH_2PO_4 \cdot 2H_2O$ 得到 A 液,再用 100 mL 去离子水溶解 7.16 g $Na_2HPO_4 \cdot 12H_2O$ 得到 B 液。将 62.5 mL A 液与 37.5 mL B 液混合后调节 pH 至 6.6 制得磷酸缓冲液,将其放置于 4℃环境保存。用 90 mL 去离子水溶解 10 g 三氯乙酸制得 10%三氯乙酸,亦将其放置于 4℃环境保存。

测定时用 99 mL 去离子水溶解 0.1 g 三氯化铁再添加 0.84 mL 盐酸现配成 0.1%三氯化铁溶液;用 99 mL 去离子水溶解 1.0 g 铁氰化钾现配成 1%铁氰化钾溶液。

分别取不同浓度的待测液(1 mg/L、0.8 mg/L、0.6 mg/L、0.4 mg/L、0.2 mg/L)各 100 μL 并加入 250 μL 磷酸缓冲液及 250 μL 现配的 1%铁氰化钾溶液,摇匀后于 50℃保温 20 min。保温结束后,在混合液中加入 250 μL 的 10%三氯乙酸后于 3000 rpm 转速下离心 10 min。离心结束后,吸取上清液 250 μL 与现配的 0.1%三氯化铁溶液 50 μL 及去离子水 250 μL 混合,于 700 nm 处测其吸光度。

5.1.3.3 结论与分析

(1)山稔子皂苷回流提取分析。以测定的吸光度为纵坐标 y,齐墩果酸的质量为横坐标 x,将其绘制标准曲线,如图 5-6 所示,得出该标准曲线的回归方程为 $y=6.3732x-0.0194$,相关系数 $R^2=0.9969$,证明在此范围内有良好的线性关系。

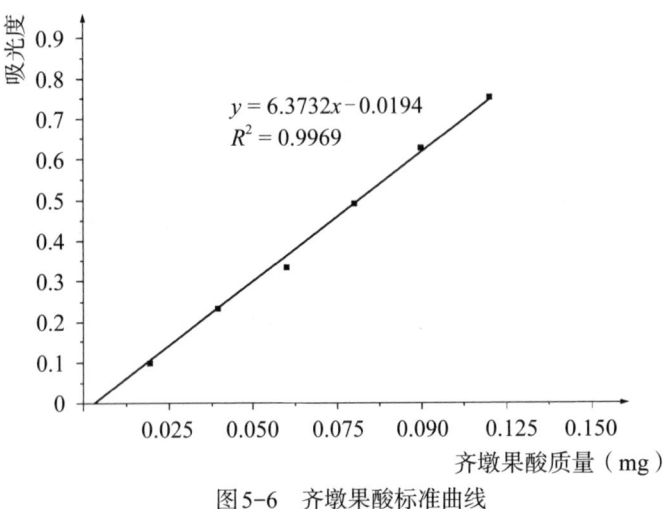

图5-6 齐墩果酸标准曲线

（2）山稔子皂苷的体外抗氧化活性研究分析。

①对DPPH自由基的清除作用。从图5-7可以看出，山稔子皂苷对DPPH自由基的清除能力随着浓度增大而增大，当山稔子皂苷浓度达到0.1 mg/mL时，对DPPH自由基的清除率达到63.1%，在此范围内，DPPH清除活性与山稔子皂苷的浓度呈正相关。0.1 mg/mL山稔子皂苷DPPH清除率高达63.1%，而0.1 mg/mL藜麦皂苷仅40%左右，山稔子皂苷的抗氧化性较高。

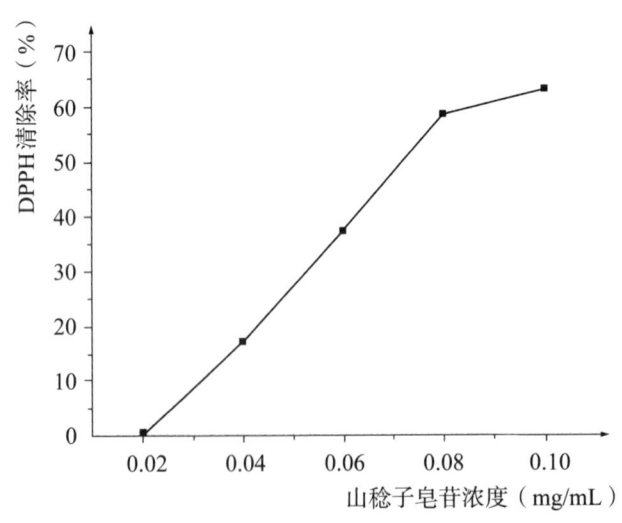

图5-7 山稔子皂苷清除DPPH自由基的能力

②对ABTS自由基的清除作用。从图5-8可以看出，山稔子皂苷对ABTS自由基的清除能力随着浓度增大而增大，当山稔子皂苷浓度达到1 mg/mL时，

对ABTS自由基的清除率高达85.7%，为此在测定范围内ABTS清除活性与山稔子皂苷的浓度呈正相关。在山稔子皂苷浓度为1 mg/mL时，其ABTS自由基清除率与抗坏血酸的接近，可见山稔子皂苷清除ABTS自由基能力较强。

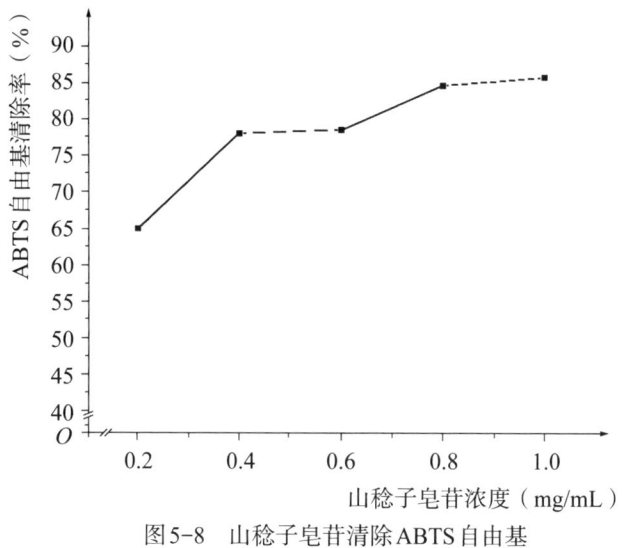

图5-8　山稔子皂苷清除ABTS自由基

③还原能力的测定。从图5-9可以看出，在测量范围内，山稔子皂苷的还原力随着自身浓度上升而增强，且在浓度达到1 mg/mL时还原能力最强，吸光度为0.280。

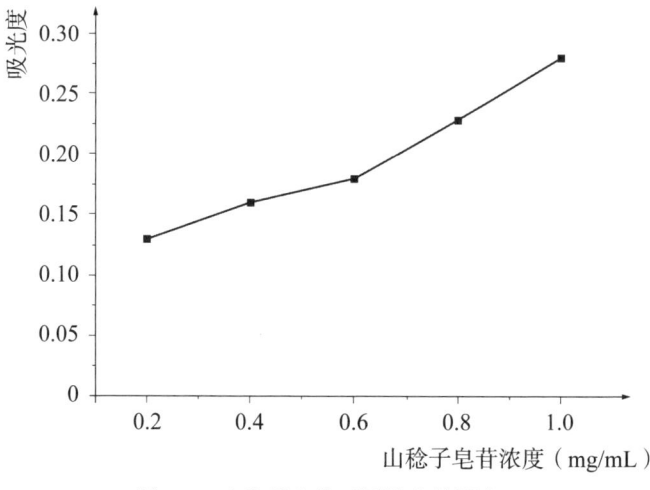

图5-9　山稔子皂苷还原能力的测定

5.1.4 桃金娘叶提取物抗氧化活性的研究

5.1.4.1 材料与方法

（1）实验材料。桃金娘叶；芦丁、没食子酸、福林酚试剂、蒸馏水、95%乙醇、甲醇、碳酸钠、亚硝酸钠、硝酸铝、DPPH、磷酸缓冲溶液、铁氰化钾、氯化铁、三氯乙酸，以上化学试剂均为分析纯。电热数字显示恒温水浴锅 H.H.S，购自上海圣欣科学仪器有限公司；可见分光光度计 VIS-723N，购自北京北分瑞利分析仪器有限公司；电动植物粉碎机 DJ-10A，购自上海隆拓仪器设备有限公司；旋转蒸发仪 RE-52D，购自上海青浦沪西仪器厂；台式低速大容量离心机 L-550，购自长沙湘仪离心机仪器有限公司。

（2）实验方法。

①桃金娘叶提取物的制备。将干燥的桃金娘叶粉碎后，准确称取三份 5.0 g 样品，分别加入 50 mL 三种不同的提取溶剂（蒸馏水、95%乙醇、甲醇），搅拌均匀后以 60℃ 水浴提取 30 min，抽滤，取滤液。沉淀物再加 50 mL 提取溶剂，60℃ 水浴再次提取 30 min，抽滤。合并两次抽滤的滤液，定容到 100 mL，即为等质量浓度（50 mg/mL）的水提取物、95%乙醇提取物以及甲醇提取物。提取出的样品溶液保存于 4℃ 冰箱中，以备后续检测实验。

②桃金娘叶提取物总酚含量的测定。参考 Singleton 等的方法，稍作改动。精确称取 0.1 g 没食子酸，加蒸馏水溶解定容到 100 mL 即得到 1 mg/mL 的没食子酸标准溶液。分别精确取 0 mL、0.5 mL、1.0 mL、1.5 mL、2.0 mL、2.5 mL、3.0 mL 没食子酸标准溶液定容到 10 mL，混匀。各取 0.125 mL 没食子酸标准品稀释液，加入 0.5 mL 蒸馏水、0.125 mL 福林酚试剂，混匀。6 min 后，依次加入 1.25 mL 7% 碳酸钠溶液和 1 mL 蒸馏水，混合均匀。25℃ 暗室反应 90 min 后，于 760 nm 处测定吸光度。以标准品的浓度作为横坐标、吸光值作为纵坐标，绘制出没食子酸标准曲线。

取 0.125 mL 提取物，加 0.5 mL 蒸馏水、0.125 mL 福林酚试剂，混匀。6 min 后依次加入 1.25 mL 7% 碳酸钠溶液以及 1 mL 蒸馏水，混合均匀。25℃ 下暗室反应 90 min 后，于 760 nm 处测定吸光度。重复实验三次，取其平均值，依照没食子酸标准曲线所得线性回归方程计算出样品的总酚含量。

③桃金娘叶提取物总黄酮含量的测定。参考苏东林等的方法，稍作改动。精确称取干燥的芦丁标准品 10 mg，加入 30% 的乙醇溶解后定容到 100 mL 即得 0.100 mg/mL 芦丁标准溶液。分别精确取芦丁标准溶液 0 mL、1.0 mL、

2.0 mL、3.0 mL、4.0 mL、5.0 mL，加入30%乙醇至5 mL，再加5%亚硝酸钠0.4 mL，混合均匀，室温下放置6 min后，加10%硝酸铝0.4 mL，混匀，静置15 min后，在510 nm处测定吸光度。以标准品的浓度作为横坐标、吸光值作为纵坐标，绘制出芦丁标准曲线。

取1 mL提取物，加30%乙醇至5 mL，再加5%亚硝酸钠0.4 mL，混合均匀，静置6 min后，加10%硝酸铝0.4 mL，混匀，室温下放置15 min后，在510 nm处测定吸光度。重复实验三次，取其平均值，根据芦丁标准曲线所得线性回归方程计算出样品的总黄酮含量。

④DPPH自由基清除能力的测定。参照Zhang等的方法，稍作改动。准确称取0.0197 g DPPH，用无水乙醇溶解，配制成250 mL 2×10^{-4} mol/L DPPH溶液，避光，4℃下保存。测定前先将2×10^{-4} mol/L的DPPH溶液稀释到70 μmol/L。

取200 μL提取物稀释液或甲醇溶液（参比），加入2.8 mL 70 μmol/L DPPH溶液，混匀后于室温下暗室反应30 min，于517 nm下测定其吸光度。

将提取物稀释成梯度浓度，进行上述测定实验。重复三次，计算清除率，取平均值。清除率计算公式如下：

$$I=\frac{A_c-A_s}{A_c}\times100\% \quad\text{（公式5-9）}$$

式中：I——样品对DPPH自由基的清除率；A_c——参比甲醇反应后的实测吸光值；A_s——样品反应后的实测吸光值。

以提取物稀释后的质量浓度作为横坐标、清除率作为纵坐标，绘制不同提取物的DPPH自由基清除率标准曲线，计算不同提取物的半效应浓度EC_{50}值（EC_{50}表示DPPH自由基清除率达到50%时所对应的提取物的质量浓度）。

需要注意的是，在进行正式实验前，先进行预实验，将清除率控制在20%~80%的范围内再进行正式实验。

⑤铁离子还原力测定。参照刘朝霞等的方法，稍作改动。将提取物分别稀释成0.5 mg/mL、1 mg/mL、2 mg/mL、5 mg/mL、10 mg/mL。取2.5 mL不同质量浓度的提取物，加入2.5 mL 0.2 mol/L（pH=6.6）的磷酸缓冲溶液以及2.5 mL 1%铁氰化钾，混匀，50℃水浴反应20 min后迅速冷却。再加入2.5 mL 10%三氯乙酸溶液，混匀，3000 r/min下离心10 min。取上清液5 mL，加蒸馏水4 mL及0.1% $FeCl_3$ 1 mL，混匀，10 min后于700 nm处测定吸光度。吸光度越大表明还原力越强。

5.1.4.2 结果与分析

(1)桃金娘叶提取物的总酚含量。

①没食子酸标准曲线。以没食子酸为标准品,作标准曲线,如图5-10所示。

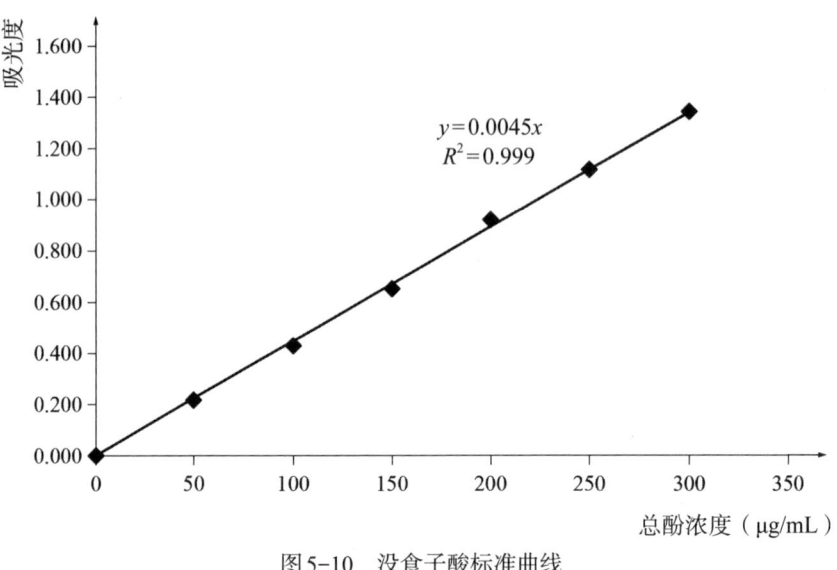

图5-10 没食子酸标准曲线

②桃金娘叶提取物的总酚含量测定结果。按照上述方法对桃金娘叶的三种提取物进行总酚含量的测定。为了保证实验的准确度,使样品的吸光度在标准曲线范围内,在对桃金娘叶提取物进行总酚含量测定前已先将提取物稀释了10倍,而计算出来的总酚浓度已经乘上稀释倍数。测定结果见表5-9。

表5-9 桃金娘叶不同提取物的总酚含量

	甲醇提取物	95%乙醇提取物	水提取物
吸光度	0.683	0.682	0.575
总酚含量(μg/mL)	1517.8	1515.6	1277.8

从表5-9中可以看出,甲醇提取物的总酚含量是最高的;95%乙醇提取物的总酚含量仅次于甲醇提取物的,且相差不大;而水提取物的总酚含量最低。

（2）桃金娘叶提取物的总黄酮含量。

①芦丁标准曲线。以芦丁作为标准品，按照上述方法得到芦丁标准曲线，如图5-11所示。

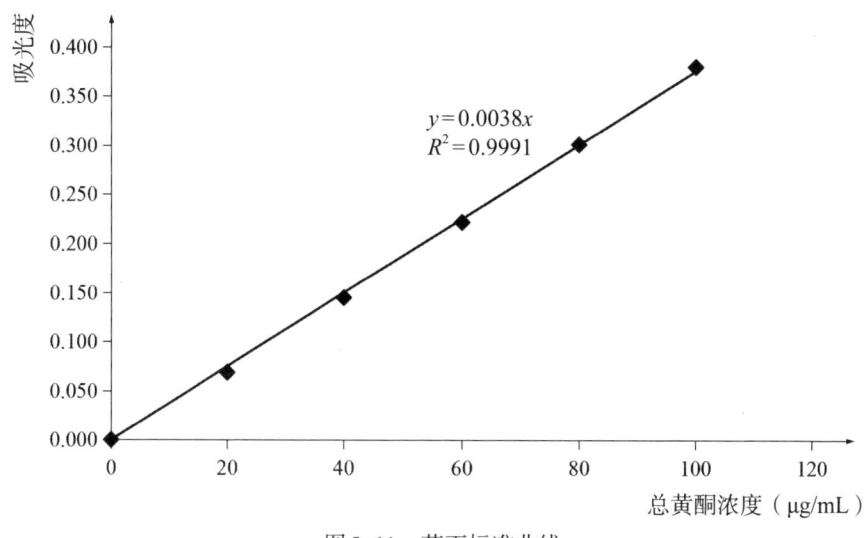

图5-11　芦丁标准曲线

②桃金娘叶提取物的总黄酮含量测定结果。按照上述方法对桃金娘叶的三种提取物进行总黄酮含量的测定。为了保证实验的准确度，使样品的吸光度在标准曲线范围内，在对桃金娘叶提取物进行总黄酮含量测定前，已先将提取物稀释了5倍，而计算出来的总黄酮浓度已经乘上稀释倍数。测定结果见表5-10。

表5-10　桃金娘叶不同提取物的总黄酮含量

	甲醇提取物	95%乙醇提取物	水提取物
吸光度	0.306	0.284	0.163
总黄酮含量（μg/mL）	402.63	373.68	214.47

从表5-10中可以看出，甲醇提取物的总黄酮含量依然是最高的，而95%乙醇提取物次之，水提取物的总黄酮含量依然最低。

（3）DPPH自由基清除能力。按照上述方法对桃金娘叶的三种提取物进行梯度稀释，测定不同质量浓度下样品对DPPH自由基的清除率，并计算出清除率达到50%时所需要的提取物的质量浓度（EC_{50}），结果如表5-11所示。

表5-11 DPPH自由基清除能力（EC_{50}值）

提取物种类	甲醇提取物	95%乙醇提取物	水提取物
EC_{50}（mg/mL）	0.624	0.907	0.998

EC_{50}的值越高，表明提取物对DPPH自由基的清除能力越弱。从表5-11中可以看出，甲醇提取物的EC_{50}值最低，即它清除DPPH自由基的能力最强；而水提取物的EC_{50}值最高，其清除DPPH自由基的能力最弱；95%乙醇提取物的EC_{50}值略低于水提取物的，其清除DPPH自由基的能力稍强。

（4）铁离子还原力的测定结果。按照上述方法对桃金娘叶的三种提取物进行稀释，测定不同质量浓度下样品对铁离子的还原能力。以样品的质量浓度作为横坐标，吸光度作为纵坐标，绘制折线图，如图5-12所示。

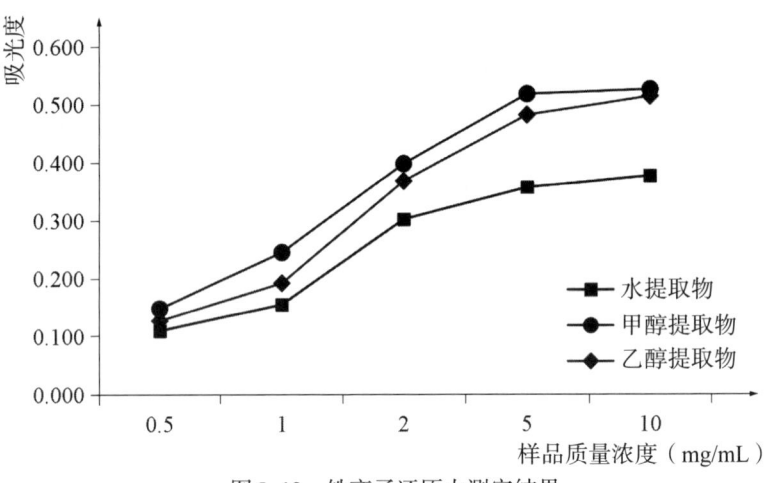

图5-12 铁离子还原力测定结果

吸光度越高表明样品的还原能力越强，即抗氧化能力也越强。从图5-12中可以看出，甲醇提取物和95%乙醇提取物的还原力折线明显高于水提取物的还原力折线，而95%乙醇提取物的还原力折线又略低于甲醇提取物的。因此，可以得出结论，甲醇提取物的还原能力最强，95%乙醇提取物的稍弱，水提取物的最弱。

5.2 山稔子提取物降血脂作用的研究

5.2.1 概述

高脂血症即血清总胆固醇（total cholesterol，TC）、甘油三酯（Triglyceride，TG）、低密度脂蛋白胆固醇（low density lipoprotein cholesterol，LDL-C）高于正常值，高密度脂蛋白胆固醇（high density lipoprotein cholesterol，HDL-C）低于正常值，可引发动脉粥样硬化、冠心病、脑中风等多种疾病，严重危害人体健康。高血脂症的发病原因与人们生活方式和饮食习惯息息相关，因此研究能够调节血脂的保健食品对预防高血脂症有着重要意义。

目前对山稔子的研究主要集中在黄酮类、色素类、膳食纤维、多酚类、多糖类及挥发油等活性物质，其具有抗氧化、抗炎等生物活性。相关研究表明，天然产物中的多糖类、皂苷类、黄酮类等化学成分具有较好的辅助降血脂作用，但目前没有有关山稔子降血脂的研究。因此，本研究在测定山稔子提取物中总多糖、总皂苷、总黄酮、总多酚含量的基础上，通过结合胆酸盐实验和高血脂小鼠实验，初步研究了山稔子提取物的降血脂功能，旨在能更好地利用山稔子资源，为其保健食品的开发利用提供科学依据。

5.2.2 实验材料

（1）山稔子干果。市售，经广东省农业科学院蚕业与农产品加工研究所研究员鉴定为桃金娘科植物桃金娘的果实。

（2）SPF级雄性昆明小鼠。80只，体重（20.9～24.3）g，广东省医学实验动物中心提供，合格证号为44007200035707；普通饲料：广东省医学实验动物中心提供；高脂饲料：普通饲料52.2%、蔗糖20%、猪油15%、胆固醇1.2%、胆酸钠0.2%、酪蛋白10%、磷酸氢钙0.6%、石粉0.4%、预混料0.4%配制而成。

（3）试剂。葡萄糖标准品、齐墩果酸标准品、芦丁标准品、没食子酸标准品、甘氨胆酸钠、胰酶（胰蛋白酶4000 u/g，胰淀粉酶4000 u/g，胰脂肪酶4000 u/g）：产自上海源叶生物技术有限公司；牛磺胆酸钠：产自美国Sigma公司；胆酸钠：产自日本TCI公司；TC、TG、HDL-C、LDL-C测定试剂盒：产自上海科华生物工程股份有限公司；戊巴比妥钠：产自德国默克公司；其他试剂均为分析纯。

（4）仪器。7020型全自动生化分析仪：购自日本日立高新技术株式会社；THZ-103 B恒温培养摇床：购自上海一恒科学仪器有限公司；UV-5100 B型紫外可见分光光度计：购自上海元析仪器有限公司；RE 52-99旋转蒸发仪：产自上海亚荣生化仪器厂。

5.2.3 实验方法

（1）山稔子提取物的制备。

①预处理。将山稔子干果粉碎后过40目筛，得山稔子干粉，备用。

②山稔子醇提物的制备。准确称取山稔子干粉100 g，加入70%乙醇1000 mL，在60 ℃温度下回流提取2 h，以相同料液比回流提取3次，抽滤后合并滤液。滤液用旋转蒸发仪减压浓缩，烘干，称重得山稔子醇提物34.97 g，4 ℃保存备用。

③山稔子水提物的制备。准确称取山稔子干粉100 g，加入蒸馏水1000 mL，在100 ℃温度下回流提取2 h，以相同料液比回流提取3次，抽滤后合并滤液。滤液用旋转蒸发仪减压浓缩，烘干，称重得山稔子水提物29.89 g，4 ℃保存备用。

（2）提取物中总多糖、总皂苷、总黄酮、总多酚含量测定。

①总多糖含量的测定。以无水葡萄糖为标准品，采用蒽酮比色法，在620 nm波长处测定吸光度。以葡萄糖标准溶液浓度为横坐标、吸光度为纵坐标绘制标准曲线，求得标准曲线方程为$y=9.01x+0.0123$，$R^2=0.9985$。量取1 mL 0.1 mg/mL的山稔子提取物溶液，按照标准曲线操作方法，测定相应吸光度，计算出山稔子提取物溶液中总多糖的含量。

②总皂苷含量的测定。以齐墩果酸为标准品，采用香草醛比色法，在560 nm波长处测定吸光度。以齐墩果酸质量为横坐标、吸光度为纵坐标绘制标准曲线，求得标准曲线方程为$y=6.9679x+0.0012$，$R^2=0.9993$。量取0.1 mL 0.1 g/mL的山稔子提取物溶液，水浴挥发掉溶剂，按照标准曲线操作方法测定相应吸光度，计算出山稔子提取物溶液中总皂苷的含量。

③总黄酮含量的测定。以芦丁为标准品，采用硝酸铝显色法，在510 nm波长处测定吸光度。以芦丁标准溶液浓度为横坐标、吸光度为纵坐标绘制标准曲线，求得标准曲线方程为$y=2.868x+0.0081$，$R^2=0.9992$。量取1 mL 0.1 g/mL的山稔子提取物溶液，加甲醇5.0 mL，按照标准曲线建立的方法，测出其相应吸光度，计算出山稔子提取物溶液中总黄酮的含量。

④总多酚含量的测定。以没食子酸为标准品,采用福林酚法,在 765 nm 波长处测定吸光度。以没食子酸标准溶液浓度为横坐标、吸光度为纵坐标绘制标准曲线,求得标准曲线方程为 $y=14.61x+0.0372$,$R^2=0.9979$。量取 1 mL 0.01 g/mL 的山稔子提取物溶液,按标准曲线操作方法测定相应吸光度,计算出山稔子提取物溶液中总多酚的含量。

(3) 结合胆酸盐实验。

①胆酸盐标准曲线的绘制。以 0.1 mol/L pH=6.3 的磷酸缓冲溶液分别配制 0.3 mmol/L 牛磺胆酸钠、0.3 mmol/L 甘氨胆酸钠、0.02 mmol/L 胆酸钠溶液。分别取上述溶液 0 mL、0.1 mL、0.5 mL、1.0 mL、1.5 mL、2.0 mL、2.5 mL 于 10 mL 具塞试管中,加入 0.1 mol/L pH=6.3 的磷酸缓冲溶液至 2.5 mL,然后加入 7.5 mL 质量分数为 60% 的硫酸溶液,70 ℃ 水浴 20 min,取出后冰浴 5 min,测定 387 nm 波长处吸光度。以胆酸盐浓度为横坐标、吸光度为纵坐标绘制各种胆酸盐的标准曲线,分别求得标准曲线方程:牛磺胆酸钠 $y=0.0024x+0.0015$($R^2=0.9995$),甘氨胆酸钠 $y=0.003x+0.0029$($R^2=0.9998$),胆酸钠 $y=0.0272x+0.0015$($R^2=0.9992$)。

②模拟人体胃肠道环境对样品的处理。取 1 mL 0.01 g/mL 山稔子干粉和提取物溶液样品于 10 mL 具塞试管中,加入 1 mL 0.01 mol/L 盐酸溶液,在 37 ℃ 下恒温振荡消化 1 h,然后以 0.1 mol/L 的氢氧化钠溶液调节 pH 值至 6.3,随后加入 4 mL 10 mg/mL 胰酶(以 pH=6.3 的 0.1 mol/L 磷酸缓冲液配制),在 37 ℃ 下恒温振荡消化 30 min。

③体外结合胆酸盐实验。分别向每个样品中加入 4 mL 各种胆酸盐溶液(0.3 mmol/L 牛磺胆酸钠、0.3 mmol/L 甘氨胆酸钠和 0.02 mmol/L 胆酸钠),在 37 ℃ 下恒温振荡 1 h 后转入离心管,以 4000 r/min 离心 20 min。对上清液中的胆酸盐含量进行分析。分别取上清液 2.5 mL 于具塞试管中,加入 7.5 mL 浓度为 60% 的硫酸,于 70 ℃ 水浴 20 min,取出冰浴 5 min,在 387 nm 处测定吸光度。由标准曲线求得样液中胆酸盐的浓度,计算公式如下:

结合胆酸盐的量(μmol)=加入胆酸盐的量(μmol)-剩余量(μmol)

公式(5-10)

(4) 提取物对高血脂小鼠的降血脂作用。

①动物分组及饲养。80 只实验小鼠用普通饲料喂养 7 d 适应环境后,随机分为阴性对照组、模型对照组和各提取物组共 8 组,每组 10 只,饲养方案见表 5-12,各组自由进水。

表5-12 实验小鼠分组及饲养方案

组别	n	饲料类型	饲养途径	剂量（g/kg）	受试液浓度（mg/mL）	受试液体积（mL/kg）
阴性对照组	10	普通饲料	灌胃1次/d	—	—	—
模型对照组	10	高脂饲料	灌胃1次/d	—	—	—
醇提物低剂量组	10	高脂饲料	灌胃1次/d	0.1	5	20
醇提物中剂量组	10	高脂饲料	灌胃1次/d	0.2	10	20
醇提物高剂量组	10	高脂饲料	灌胃1次/d	0.4	20	20
水提物低剂量组	10	高脂饲料	灌胃1次/d	0.1	5	20
水提物中剂量组	10	高脂饲料	灌胃1次/d	0.2	10	20
水提物高剂量组	10	高脂饲料	灌胃1次/d	0.4	20	20

②指标测定。饲养过程中，每周称一次体重，实验期为29 d。实验终期，禁食12 h，3%戊巴比妥钠麻醉，摘眼球取血，3000 r/min离心10 min，分离血清，根据各试剂盒说明书测定TC、TG、HDL-C、LDL-C，并计算血脂综合指数（lipid comprehensive index，LCI）、动脉粥样硬化指数（atherosclerosis index，AI）。计算公式为：

$$LCI = \frac{TC \cdot TG \cdot LCL\text{-}C}{HDL\text{-}C} \qquad 公式（5-11）$$

$$AI = \frac{TC - HDL\text{-}C}{HDL\text{-}C} \qquad 公式（5-12）$$

（5）数据分析处理。数据以 $\bar{x} \pm s$ 表示，采用SPSS 19.0软件进行统计学处理。

5.2.4 结果与分析

（1）提取物中总多糖、总皂苷、总黄酮、总多酚的含量。见表5-13，醇提物中总多糖、总皂苷、总黄酮、总多酚的含量分别为152.83 mg/g、16.90 mg/g、11.69 mg/g、13.04 mg/g，水提物中含量分别为193.90 mg/g、13.85 mg/g、10.86 mg/g、11.42 mg/g。按4种化学成分含量的高低依次排列为：总多糖＞总皂苷＞总多酚＞总黄酮。通过对比2种提取物中的含量，发现醇提物中总皂苷、总黄酮、总多酚含量比水提物中的多，而水提物中总多糖含量比醇提物中的多。

表5-13 山稔子提取物中总多糖、总皂苷、总黄酮、总多酚的含量（mg/g）

化学成分	总多糖	总皂苷	总黄酮	总多酚
山稔子醇提物	152.83	16.90	11.69	13.04
山稔子水提物	193.90	13.85	10.86	11.42

（2）提取物结合胆酸盐的能力。胆固醇降解为胆汁酸并通过胆管系统将胆汁酸排出体外，是体内胆固醇降解的主要途径。如果胆汁酸无法由小肠经肠肝循环返回肝脏，肝脏就会大量降解胆固醇，并进一步增加血液中胆固醇流入肝脏的量，从而降低血液中胆固醇的含量，起到降血脂作用。肝脏中胆汁酸主要以2种形式存在：一是与盐结合，主要与甘氨酸和牛磺胆酸结合形成甘氨胆酸钠（SGC）或牛磺胆酸钠（STC）；二是以游离形式存在，如胆酸钠（SC）。因此，可通过测定山稔子提取物与胆酸盐的结合能力来初步表征其降血脂能力。

山稔子干粉、醇提物、水提物对3种胆酸盐的结合能力比较结果见表5-14，山稔子醇提物的结合能力最强，其次是山稔子水提物，最弱的是山稔子干粉。从结果可见2种山稔子提取物的胆酸盐结合能力较山稔子干粉有所提高，初步表明山稔子提取物中富集了结合胆酸盐的有效组分，但结合胆酸盐的具体化学成分还有待研究。

表5-14 山稔子干粉、提取物对胆酸盐的结合能力 $[\bar{x} \pm s, n=3 \cdot \mu mol/(100\ mg)]$

样品	牛碱胆酸钠	甘氨胆酸钠	胆酸钠
山稔子干粉	1.836 ± 0.256^{b}	4.683 ± 0.135^{b}	0.474 ± 0.004^{c}
山稔子醇提物	2.469 ± 0.0596^{a}	5.039 ± 0.058^{a}	0.503 ± 0.002^{a}
山稔子水提物	2.308 ± 0.044^{a}	4.870 ± 0.047^{a}	0.494 ± 0.002^{b}

注：上标不同小写字母表示显著性水平（$P < 0.05$）。

（3）提取物对高血脂小鼠的影响。

①提取物对小鼠体重的影响。见表5-15，实验第1天，各组小鼠的体重组间无显著差异（$P > 0.05$），随后小鼠体重均表现出逐渐增长的趋势，说明实验期间小鼠生长良好。模型对照组小鼠体重从第15天开始显著高于阴性对

照组小鼠体重（$P<0.01$）。在第 29 天，阴性对照组小鼠体重较实验前增长 82.06%，模型对照组小鼠体重较实验前增长 93.60%。结果表明，用高脂饲料饲养能显著增加小鼠的体重。

表5-15　山稔子提取物对小鼠体重的影响（$x\pm s$, $n=10$）

组别	体重（g）					增长率/%
	1 d	8 d	15 d	22 d	29 d	
阴性对照组	22.90±0.64	31.58±1.17	36.66±1.32	39.64±2.06	41.69+2.90	82.06±11.46
模型对照组	22.76±0.86	32.87+1.42	38.55±1.72**	42.22±2.02**	44.00±1.92*	93.60+11.64*
醇提物低剂量组	22.84±0.89	32.40±1.09	38.06±1.42	41.01±1.67	43.36±10.5	90.07±8.32
醇提物中剂量组	22.63±0.51	32.25±1.10	37.48+1.34	40.73±2.09	42.82+2.04	89.23+8.34
醇提物高剂量组	22.81+0.93	32.12+1.67	37.40±1.69	40.66+1.62	42.02±1.594	84.47+10.44
水提物低剂量组	22.82+0.88	32.86±1.48	38.37+1.22	41.74+2.24	43.37±1.12	90.35+9.04
水提物中剂量组	22.71+0.65	32.43±2.17	37.85±1.91	41.58+2.58	42.90+2.69	88.89+10.47
水提物高剂量组	22.79+0.83	32.28+1.16	37.68±1.46	40.92+2.68	42.56±2.96	86.80±12.85

注：与阴性对照组比较，"*"表示 $P<0.05$，"**"表示 $P<0.01$；与模型对照组比较，"▲"表示 $P<0.05$。

从表 5-15 可以看到，与模型对照组比较，山稔子提取物各剂量组均能在不同程度上减缓小鼠体重的增长。在实验第 29 天，醇提物高剂量组小鼠的体重显著降低（$P<0.05$），说明醇提物高剂量组有显著减缓小鼠体重增长的趋势。

②提取物对小鼠血脂水平的影响。见表 5-16，与阴性对照组比较，模型对照组小鼠血清 TC、TG、LDL-C 水平升高，HDL-C 水平降低，有统计学差异（$P<0.05$），表明高血脂模型小鼠成功建立。与模型对照组比较，醇提物中、高剂量组和水提物高剂量组小鼠的 TC、TG、HDL-C、LDL-C 水平均有显著差异（$P<0.05$）；醇提物低剂量组小鼠的 TC、LDL-C 水平有显著差异（$P<0.05$），但 TG、HDL-C 水平无显著差异（$P>0.05$）；水提物中剂量组小鼠的 TC、HDL-C、LDL-C 水平均有显著差异（$P<0.05$），但 TG 水平无显著差异（$P>0.05$）；水提物低剂量组小鼠的 TC 水平有显著差异（$P<0.05$），但 TG、HDL-C、LDL-C 水平无显著差异（$P>0.05$）。由以上结果

可知，山稔子提取物的降血脂作用呈现一定的量效关系，而且醇提物的降血脂作用比水提物强。

表5-16 山稔子提取物对小鼠血脂水平的影响（$x \pm s$, $n=10 \cdot$ mmol/L）

组别	TC	TG	HDL-C	LDL-C
阴性对照组	2.57 ± 0.23	0.96 ± 0.14	1.73 ± 0.30	0.20 ± 0.03
模型对照组	4.39 ± 0.44**	1.19 ± 0.22*	1.39 ± 0.40*	0.54 ± 0.09**
醇提物低剂量组	3.84 ± 0.42▲▲	1.14 ± 0.18	1.48 ± 0.36	0.44 ± 0.10
醇提物中剂量组	3.42 ± 0.15▲▲	0.98 ± 0.12▲	1.74 ± 0.14▲	0.44 ± 0.05▲▲
醇提物高剂量组	3.17 ± 0.51▲▲	0.93 ± 0.17▲	1.86 ± 0.38▲▲	0.42 ± 0.09▲▲
水提物低剂量组	3.91 ± 0.56▲▲	1.05 ± 0.21	1.31 ± 0.51	0.47 ± 0.08
水提物中剂量组	3.58 ± 0.394▲▲	1.01 ± 0.23	1.69 ± 0.15▲	0.44 ± 0.07▲
水提物高剂量组	3.29 ± 0.62▲▲	0.97 ± 0.38▲	1.76 ± 0.23▲	0.43 ± 0.12▲▲

注：与阴性对照组比较，"*"表示$P < 0.05$，"**"表示$P < 0.01$；与模型对照组比较，"▲"表示$P < 0.05$，"▲▲"表示$P < 0.01$。

③提取物对小鼠血脂综合指数和动脉粥样硬化指数的影响。正常人的血脂成分含量波动范围较大，各单项指标往往不能充分反映血脂情况。血脂综合指数（LCI）是综合反映TC、TG、HDL-C、LDL-C四者之间关系的指标，更能反映机体患病的可能。动脉粥样硬化指数（AI）是国际医学界制定的一个衡量动脉硬化程度的指标，是动脉粥样硬化的促发因子与防御因子的比值。由图5-13和图5-14可知，在实验第29天，与模型对照组比较，山稔子提取物各剂量组小鼠的LCI值均显著降低（$P < 0.05$）；除了水提物低剂量组以外，其他组小鼠的AI值也显著降低（$P < 0.05$），并且随着剂量的增大，抑制效果也不断增强，呈现明显的量效关系。以上研究说明山稔子提取物对实验小鼠患动脉粥样硬化有一定的防治效果。

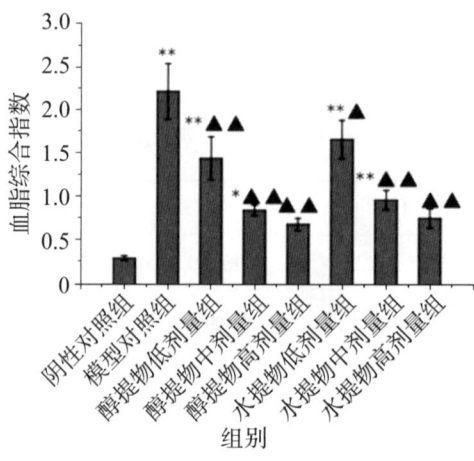

图5-13 山稔子提取物对小鼠血脂综合指数的影响（$n=10$）

注：与阴性对照组比较，"*"表示$P<0.05$，"**"表示$P<0.01$；与模型对照组比较，"▲"表示$P<0.05$，"▲▲"表示$P<0.01$。下图同。

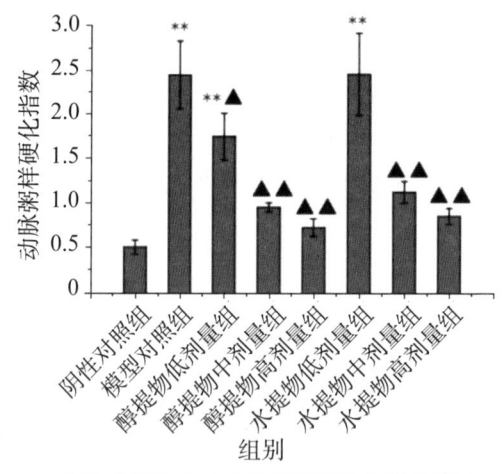

图5-14 山稔子提取物对动脉粥样硬化指数的影响（$n=10$）

5.3 桃金娘化学成分抗炎活性研究

5.3.1 摘要

桃金娘是桃金娘科桃金娘属常绿小灌木，广泛分布于我国南部及南亚地区。桃金娘的根、叶、果实均具有良好的药用价值，是具有开发潜力的野生植物资源。广东省野生桃金娘资源丰富，目前还没有得到合理的开发利用。

为了给开发该植物资源提供理论依据，本研究的方向为桃金娘果实的化学成分、抗炎活性及其应用，研究内容与结果如下。

利用二甲苯致小鼠耳廓肿胀模型和甲醛致小鼠足跖肿胀模型对桃金娘果实醇提物的体内抗炎活性进行测定，结果表明桃金娘果实醇提物可以显著抑制二甲苯诱发的小鼠耳廓肿胀及皮肤毛细血管通透性的增高，当给药剂量为 400 mg/kg 时与给药剂量为 10 mg/kg 的吲哚美辛组抑制效果相当；而对于甲醛致小鼠足跖肿胀，桃金娘醇提物也具有显著抑制作用，并可显著降低炎症组织中 PEG_2 和 NO 的释放，当给药剂量为 200 mg/kg 时与给药剂量为 10 mg/kg 的吲哚美辛组具有相似的抑制效果。

在本研究中，将桃金娘果实醇提物进行分级萃取分别得到石油醚相萃取物（32.2 g）、乙酸乙酯相萃取物（65.8 g）、正丁醇相萃取物（105.2 g）和水相残留物；利用大型硅胶柱、分析型柱层析及制备薄层色谱等方法对桃金娘果实95%乙醇提取物的乙酸乙酯相浸膏进行分离纯化，得到四个化合物，并利用理化性质、质谱、核磁解析等技术以及对各种文献资料的查阅对比确定了它们的结构，分别为 5,5′- 二正丁氧基 -2,2′- 二呋喃、松柏醛、2,3′- 二羟基 -5′- 甲氧基二苯乙烯、3,5- 二羟基苯甲醛，均为首次从该植物中分离得到。

采用水蒸气蒸馏法和石油醚回流提取法分别提取桃金娘果实中的挥发油，并分别用气相色谱 - 质谱联用法鉴定其组成成分，用面积归一化法计算相对含量。用水蒸气蒸馏法提取的桃金娘挥发油中共鉴定出 43 种物质，其中 α- 蒎烯的含量最高（52.17%），其次是石竹素（7.55%）、反式石竹烯（4.28%）和马鞭烯醇（4.08%）等。用石油醚回流提取法提取的桃金娘挥发油中共鉴定出 41 种物质，其中含量最高的为 4- 羟基茉莉酮（15.33%），其次是棕榈酸（13.41%）、α- 蒎烯（11.58%）、石竹素（10.26%）和愈创蓝油烃（7.25%）等。这两种方法提取的桃金娘挥发油具有一些共同成分，但也存在很大的差异，在今后的应用当中应当针对目标产物选择合适的提取方法。

通过 UPLC-TOF-MS/MS 对桃金娘黄酮提取物的化学成分进行分析，推测出了其中六种成分，分别为山奈酚、槲皮素 -7,4′- 二葡糖苷、二氢杨梅素、牡荆素、杨梅素和槲皮素。

5.3.2 桃金娘对炎症模型小鼠影响的初探

炎症是具有血管系统的活体组织对损伤因子所发生的防御反应，主要表现为患病部位发红、肿胀、发热、疼痛以及局部功能障碍五大症候，其基本病理变化主要包括局部组织的变质、渗出和增生。炎症通常是有益的，它可以促进伤口的愈合，但某些情况下也会带来很多伤害，如引起关节炎、哮喘、肥胖、动脉粥样硬化以及细胞癌变等，因此抗炎药物应运而生。抗炎药物是仅次于抗感染药物的第二大类药物，但当今的合成类抗炎药物存在引发胃部不适、增加心脏病发病率等诸多问题，所以寻找安全有效的抗炎药仍是人们不懈努力的目标。在抗炎免疫药物的研究中，中药由于具有药效好、资源丰富、不良反应少等优势而越来越受到人们的重视，研究和开发一些新的具有抗炎免疫作用的中药活性成分也逐渐成为人们关注和研究的热点。

根据炎症发病原因的不同，实验动物模型主要可分为非特异性炎症反应模型（毛细血管通透性增高模型、耳肿胀模型、足跖肿胀模型、肉芽肿模型、去肾上腺模型等）、感染性炎症模型（肺炎模型、腹膜炎模型等）及变态反应性炎症模型（佐剂性关节炎模型、PC致接触性皮炎模型、气囊滑膜炎模型等）三种。由于各种模型所代表的病理机制和病理过程不完全相同，操作程序有所差异，所以应根据具体的实验需要来选择上述实验模型。

作为民间单方，桃金娘果实对于外伤出血、痢疾、泄泻具有明确的疗效，基于桃金娘果实在炎症性疾病方面的应用，本研究以体内小鼠模型为研究对象，通过二甲苯致小鼠耳廓肿胀试验和甲醛致小鼠足跖肿胀试验对桃金娘果实醇提物的抗炎活性进行初探，以期为桃金娘果实的成分研究与抗炎活性的深入研究奠定基础。

5.3.3 材料与试剂

（1）植物来源。新鲜的桃金娘果实于2012年7月采于广东省韶关市，经广东省农科院蚕业与农产品加工研究所研究员鉴定为桃金娘科植物桃金娘的新鲜果实，标本保存于华南师范大学天然产物与食品安全实验室。

（2）实验动物。昆明种小鼠（SPF级），雄性，体重23 g±2 g，购自广东省医学动物实验中心，许可证号为SYXK（粤）2010-0101。

实验前小鼠于实验室动物房内适应性饲养一周，室温20～25℃，光照周期12 h/12 h循环，保持空气流通，自由饮水饮食。

（3）实验试剂。吲哚美辛（购自广东华南药业集团有限公司，国药准字H44020701）；生理盐水（购自紫光古汉集团衡阳药业有限公司，国药准字H43020487）；NO试剂盒（购自南京建成生物工程研究所）；95%乙醇、羧甲基纤维素钠、二甲苯、伊文思蓝、冰醋酸、氢氧化钾、丙酮、甲醛、甲醇等均为国产分析纯试剂。

（4）仪器与设备。ALC-210.4电子天平，购自德国赛多利斯集团；85-2恒温磁力搅拌器，购自上海司乐仪器厂；DJ-10A电动植物粉碎机，购自上海淀久中药机械制造有限公司；CT15RT台式高速冷冻离心机，购自上海天美科学仪器有限公司；HH-4数显恒温水浴锅，购自常州澳华仪器有限公司；UV-5100B紫外分光光度计，购自上海元析仪器有限公司；XW-80A旋涡混合器，购自上海医科大学仪器厂；RE 52-99旋转蒸发仪，购自上海亚荣生化仪器厂；SHZ-D(Ⅲ)循环水式真空泵，购自巩义市予华仪器有限责任公司；BCD-249EMA电冰箱，购自河南新飞电器有限公司。

5.3.4 实验方法

（1）桃金娘醇提物的制备。将新鲜的桃金娘果实晒干（2.1 kg），粉碎后过40目筛，加入5倍体积的95%乙醇于室温下浸提48 h，过滤得浸提液，并将滤渣按以上方法重复浸提两次，合并浸提液三次，用旋转蒸发仪进行浓缩（50 ℃），得到364.7 g深褐色浸膏，即为桃金娘醇提物，得率为17.37%。4 ℃冰箱中保存，待进行活性及成分的研究。

（2）受试药及对照药品的配制。准确称取5.0 g CMC-Na粉末于2000 mL烧杯中，加入1000 mL蒸馏水，100 ℃沸腾状态下加热并磁力搅拌至CMC-Na全部溶胀，溶液形成透明胶状体，用保鲜膜封住烧杯口，静置数天，即配制成0.5% CMC-Na水溶液。

称取一定量的受试药（桃金娘醇提物）及对照药品（吲哚美辛），超声溶于适量的0.5% CMC-Na水溶液中，即得受试药及对照药品的混悬液，4 ℃冰箱中保存备用。

（3）对二甲苯所致小鼠耳片肿胀及皮肤毛细血管通透性增高影响的研究。取雄小鼠50只，随机分为5组，每组10只，即正常对照组，阳性对照药物组（吲哚美辛，10 mg/kg），桃金娘醇提物低、中、高剂量组（100 mg/kg、200 mg/kg、400 mg/kg）。实验前小鼠禁食不禁水12 h，然后各组小鼠按0.1 mL/10 g体重灌胃给药，每天一次，共给药7 d，其中正常对照组给等体积的0.5% CMC-Na溶液。给药第3 d、第7 d分别对小鼠的体重进行测定。末次给药1 h后，于各组小鼠的右耳正反两面涂上二甲苯50 μL致炎，同时各小鼠鼠尾静脉注射0.5%伊斯文兰生理盐水溶液0.1 mL/mg，致炎0.5 h后脱颈椎处死动物，用直径 6 mm 打孔器冲下左耳和右耳同一部位的圆片，于分析天平上称重，以两耳片重差值为炎症肿胀度，计算公式如下：

$$肿胀度（mg）=右耳耳片重（mg）-左耳耳片重（mg） \quad 公式（5-13）$$

$$抑制率=\frac{空白组平均肿胀度-给药组平均肿胀度}{空白组平均肿胀度}\times100\% \quad 公式（5-14）$$

将打孔的耳片放入 4 mL 丙酮生理盐水溶液（7:3）中浸泡 48 h，3000 r/min 离心 10 min，取上清液于 590 nm 处测定吸光度。

（4）对甲醛致小鼠足跖肿胀及局部炎症组织中 PGE2、NO 含量影响的研究。取雄小鼠 50 只，随机分为 5 组，每组 10 只，即正常对照组，阳性对照药物组（吲哚美辛，10 mg/kg），桃金娘醇提物低、中、高剂量组（100 mg/kg、200 mg/kg、400 mg/kg），灌胃给药，每天一次，连续 7 d，其中正常对照组给等体积的 0.5% CMC-Na 溶液。末次给药 1 h 后，于各小鼠右后足跖皮下注射 0.06 mL 2.5% 甲醛生理盐水溶液致炎，分别在致炎前和致炎后 2 h 用游标卡尺测量（0.02 mm）右后足跖厚度，以致炎前后足跖厚度之差值作为肿胀度（炎症指标）。

$$肿胀度=致炎后足跖厚度-致炎前足跖厚度 \quad 公式（5-15）$$

$$抑制率=\frac{空白组平均肿胀度-给药组平均肿胀度}{空白组平均肿胀度}\times100\% \quad 公式（5-16）$$

上述实验完毕后，立即处死小鼠，将致炎足自踝关节以上 1 cm 处剪下剥皮，剪碎皮肤放入 2 mL 生理盐水浸泡 48 h，离心收集组织上清液备用，分别测定炎症组织中的 PGE_2 和 NO 含量。

取 0.3 mL 组织上清液加入 2 mL KOH-甲醇溶液（0.5 mol/L），50 ℃水浴异构化 20 min，然后于 278 nm 处测定 PGE_2 含量（以吸光度表示）。

NO 含量的测定参照 NO 试剂盒方法（硝酸还原法）。

（5）数据分析。应用 SPSS 16.0 统计软件进行数据处理，结果以 $\bar{x}\pm s$ 表示，组间比较采用 t 检验，$p<0.05$ 为差异显著，$p<0.01$ 为差异极显著。

5.3.5 结果与分析

（1）桃金娘醇提物对小鼠体重的影响。桃金娘醇提物对小鼠体重的影响见表 5-17。结果表明，给药 7 d 后，正常对照组、阳性对照组、低剂量组、中剂量组及高剂量组的小鼠体重均无明显差异（$p>0.05$），说明在此剂量范围内的桃金娘醇提物对小鼠的健康未产生不良影响。

表5-17 桃金娘醇提物对小鼠体重的影响（$\bar{x} \pm s$, $n=10$）

组别	剂量（mg/kg）	给药前（g）	给药第3天（g）	给药第7天（g）	体重差值（g）
正常对照组	—	23.12±1.22	27.32±1.65	32.24±2.80	9.12±3.34
阳性对照组	10	23.60±1.26	26.66±1.19	31.64±1.09	8.22±1.39
低剂量组	100	23.56±0.92	27.02±1.10	32.59±1.67	9.09±1.15
中剂量组	200	23.14±0.96	26.63±1.46	31.51±1.78	8.37±2.07
高剂量组	400	24.01±1.46	26.66±1.09	32.13±2.19	8.12±2.50

（2）桃金娘醇提物对小鼠耳片肿胀及皮肤毛细血管通透性的影响。二甲苯可引起组胺、激肽和纤维蛋白溶解酶等炎症介质的释放，导致局部毛细血管通透性的增加及炎症细胞的浸润，从而造成耳廓急性渗出性炎症水肿。毛细血管通透性一般以染料渗出为指标，伊文斯兰可与血浆蛋白稳固结合，当炎症介质诱导毛细血管通透性增高时，染料的漏出量可在一定范围内反映渗出毛细血管的血浆蛋白量。

表5-18中的结果表明，连续7 d给药后，与正常对照组比较，桃金娘醇提物低、中、高剂量组的给药剂量均能达到显著抑制二甲苯致炎后小鼠耳朵肿胀度的水平（$P < 0.01$），而当桃金娘醇提物的给药剂量为400 mg/kg时，其抑制效果与10 mg/kg的吲哚美辛相当，抑制率可达53.86%。

表5-18 桃金娘醇提物对二甲苯致小鼠耳片肿胀的影响（$\bar{x} \pm s$, $n=10$）

组别	剂量（mg/kg）	肿胀度（mg）	抑制率
正常对照组	—	8.91±1.58	—
阳性对照组	10	4.22±1.19**	52.61%
低剂量组	100	5.87±1.25**▲▲	34.06%
中剂量组	200	5.14±1.27**▲	42.28%
高剂量组	400	4.11±0.87**	53.86%

与正常对照组比较，"*"表示$P < 0.05$，"**"表示$P < 0.01$；与阳性对照组比较，"▲"表示$P < 0.05$，"▲▲"表示$P < 0.01$。

桃金娘醇提物对于小鼠皮肤毛细血管通透性也具有一定的影响，见表5-19。与正常对照组比较，醇提物低剂量组对小鼠皮肤毛细血管通透性增高无显著影响;中剂量组的抑制作用是显著的($P<0.05$);而高剂量组的抑制作用是极显著的($P<0.01$),与阳性对照药吲哚美辛相当。这说明桃金娘醇提物抗炎作用良好,其降低小鼠皮肤毛细血管通透性的作用呈剂量依赖性,剂量低则无效。

表5-19 桃金娘醇提物对小鼠皮肤毛细血管通透性的影响($\bar{x}\pm s$, $n=10$)

组别	剂量(mg/kg)	吸光度(A)	抑制率
正常对照组	—	0.135±0.023	—
阳性对照组	10	0.073±0.015**	45.93%
低剂量组	100	0.113±0.017▲▲	16.30%
中剂量组	200	0.091±0.009*▲	32.59%
高剂量组	400	0.071±0.014**	46.41

与正常对照组比较,"*"表示$P<0.05$,"**"表示$P<0.01$;与阳性对照组比较,"▲"表示$P<0.05$,"▲▲"表示$P<0.01$。

(3)对甲醛致小鼠足跖肿胀及局部炎症组织PGE_2、NO含量的影响。甲醛作为致炎剂价廉易得,对药物的反应比较灵敏,重现性也佳,常用于局部抗炎药的筛选。

桃金娘醇提物抑制小鼠足肿胀的作用呈剂量依赖性,结果见表5-20。与正常对照组比较,桃金娘醇提物高剂量组($P<0.01$)、中剂量组($P<0.01$)及低剂量组($P<0.05$)均能显著减轻甲醛致小鼠足跖肿胀程度。中剂量组与阳性对照组的抑制作用相当,其抑制率可达30.81%,而高剂量组的抑制率为46.47%,高于阳性对照组。

表5-20 桃金娘醇提物对甲醛致小鼠足跖肿胀的影响($\bar{x}\pm s$, $n=10$)

组别	剂量(mg/kg)	肿胀度(cm)	抑制率
正常对照组	—	1.97±0.23	—
阳性对照组	10	1.24±0.11**	36.89%
低剂量组	100	1.62±0.17*▲▲	17.85%
中剂量组	200	1.36±0.07**	30.81%
高剂量组	400	1.06±0.16**▲	46.47%

与正常对照组比较,"*"表示$P<0.05$,"**"表示$P<0.01$;与阳性对照组比较,"▲"表示$P<0.05$,"▲▲"表示$P<0.01$。

PGE_2 是在局部组织发生炎症时产生并释放的具有致炎致痛作用的炎症介质，具有致热、增强毛细血管通透性、促进白细胞趋化及加速溶酶体释放的作用，参与了炎症反应的整个过程，特别在早期炎症反应中发挥着重要作用。

在生物体内，L-精氨酸在一氧化氮合酶的催化下氧化产生瓜氨酸并释放NO。已有研究表明，NO在急、慢性炎症中均发挥一定作用。在急性炎症过程中，NO释放增多会促进血管扩张，增加血管通透性，促进炎症组织水肿。

见表5-21，与正常对照组比较，桃金娘醇提物低剂量组能显著降低小鼠炎性足中 PGE_2 和NO含量（$P<0.05$），而中剂量组和高剂量组的作用为极显著（$P<0.01$）。此外，对于 PEG_2 含量，桃金娘醇提物中剂量组和高剂量组的作用效果与吲哚美辛相当；而对于NO含量，当醇提物作用剂量为400 mg/kg（高剂量组）时，其效果与吲哚美辛相当。由此可见，在甲醛足跖肿胀模型中，桃金娘醇提物可能是通过抑制炎症组织中 PEG_2 和NO的释放而起抗炎作用的。

表5-21 桃金娘醇提物对小鼠炎性足渗出液中PGE2及NO含量的影响（$\bar{x}\pm s$, $n=10$）

组别	剂量（mg/kg）	PEG_2（OD值）	NO（μmol/L）
正常对照组	—	0.431±0.075	7.78±2.29
阳性对照组	10	0.266±0.071**	3.87±1.01**
低剂量组	100	0.345±0.035*▲▲	5.99±1.64*▲▲
中剂量组	200	0.287±0.064**	5.33±0.99**▲
高剂量组	400	0.249±0.049**	4.41±0.74**

与正常对照组比较，"*"表示 $P<0.05$，"**"表示 $P<0.01$；与阳性对照组比较，"▲"表示 $P<0.05$，"▲▲"表示 $P<0.01$。

5.4 桃金娘提取物对H22肿瘤小鼠作用探究

5.4.1 概述

肿瘤可以分为良性肿瘤和恶性肿瘤。一般人们所说的癌症泛指所有的恶性肿瘤。在医学上，癌是指来源于上皮组织的恶性肿瘤，而来源于间叶组织的恶性肿瘤称为肉瘤，两者除了形态上存在区别，其转移方式也大为不同，癌一般通过淋巴道散播，而肉瘤则经血液循环转移。从本质上看，肿瘤是细胞异常增殖导致的结果。这种异常增殖除了体现在肿瘤持续生长，在恶性肿瘤中还表现为对邻近组织的侵犯及转移至机体其他部位，这往往是肿瘤致死的原因。

肿瘤的发病牵涉到多个因素，它们相互作用导致细胞出现恶变。这些因素可分为内源性和外源性两大类。外源性因素源于自然环境和机体生活条件，包括化学致癌因子、物理致癌因子、病毒致癌因子；内源性因素包括机体的遗传因素、免疫状态、激素水平、DNA损伤修复能力等。

化学致癌因子是指能引起人或动物形成肿瘤的化学物质，根据其作用方式可分为直接致癌物、间接致癌物以及促癌物。常见的化学致癌物有多环芳香烃类、芳香胺与偶氮染料、亚硝胺类。各类化学致癌物之间存在累积作用和协同作用，它们通过激活癌基因和灭活抑癌基因诱发肿瘤的发生。该类肿瘤特定的基因位点改变与化学致癌物类型或肿瘤类型相关，如烷化剂引起G→A碱基置换，苯并[a]芘引起G→T碱基置换；在人肺癌K-ras基因常见G→T改变，而结肠癌中K-ras基因则常见G→A变化。

电离辐射是最主要的物理致癌因子，主要包括电磁波、电子、质子、中子等的辐射。电离辐射主要通过产生电离形成自由基来破坏正常分子结构使生物靶损伤，DNA就是电离辐射最主要的生物靶。电离辐射通过造成单链断裂和碱基结构改变引起DNA损伤，如腺嘌呤脱氨降解为次黄嘌呤、胞嘧啶脱氨降解为尿嘧啶；而电离辐射引起的DNA断裂会以染色体断裂并出现染色体重复、互换、倒位、易位等畸变方式表现出来。

与肿瘤相关的病毒可分为致瘤性DNA病毒和致瘤性RNA病毒两大类。致瘤性DNA病毒进入细胞后，相关瘤基因多整合至宿主细胞DNA上，其编码的蛋白质主要是核蛋白，直接调节细胞周期，与抑癌基因相互作用。致瘤性RNA病毒主要是逆转录病毒，其分类有多种原则，根据病毒的形态、基因组结构是否完整、致瘤潜能以及机制的不同而有不同的分类方式。

肿瘤的发生需要环境与遗传因素相互作用。大部分情况下，环境因素通过影响基因、诱导体细胞突变来起作用，主要涉及癌基因（oncogenes）、抑癌基因（tumor suppressor genes）、DNA修复基因（DNA repair genes）。癌基因是指细胞中发生变异的一类基因。这些基因在细胞中行使正常的生物学功能，是机体生长发育必不可少的，它的存在并不会促进肿瘤的发生，只有当其发生突变导致正常结构和功能受到影响才促进肿瘤的发生、发展。抑癌基因一类通过纯合缺失或失活而引起恶性转化的基因，它们对细胞生长、增殖、分化起负调控作用，能抑制肿瘤的生长。当其功能缺失或基因异常便会失去抑制作用，导致细胞恶化形成肿瘤。由此可见，癌基因与抑癌基因的生物学功能是相反的，在对细胞的增殖、分化等生命历程的调控中，癌基因起正调控作用，抑癌基因起负调控作用。

无论在实验还是自然条件下，肿瘤的发生绝大部分是多阶段的，其潜伏期较长。目前普遍认为肿瘤的发生分为激发、促进、进展和转移等阶段。正常细胞在一些因素的作用下，无视了老化期和危机期两个限制点的束缚，获得体外无限增殖的能力，即细胞永生化。这既是体外培养细胞恶性转化的第一步，也是体内肿瘤发生与发展的早期阶段。几乎所有肿瘤细胞都存在细胞周期调控被破坏这一特征，导致细胞生长失控。此外，恶性肿瘤细胞表面还会发生变化，例如，细胞膜上的糖蛋白等物质减少，恶性肿瘤细胞之间的黏着性迅速下降，脱离原发肿瘤，通过各种方式转移，到达继发组织或器官继续增殖生长，形成与原发肿瘤相同性质的继发肿瘤。恶性肿瘤的转移也是临床上绝大部分肿瘤患者致死因素。原发肿瘤可以通过手术切除或放射治疗，但已扩散的恶性肿瘤难以在不损伤正常组织的情况下用这些手段治疗。

癌症的治疗手段主要有药物治疗、化疗、手术等。目前抗癌药物的研究方向主要有肿瘤化学预防药物研究、肿瘤分化诱导剂研究、抗肿瘤侵袭及转移药物研究、克服肿瘤耐药性研究。紫杉醇、喜树碱衍生物及维甲类化合物抗肿瘤治疗作用被誉为20世纪90年代抗癌药物研究的重大发现。随着新型抗癌药物的出现，肿瘤化疗越来越受重视，但其毒副作用也不容忽视。目前临床使用的抗癌药物在杀伤癌细胞的同时，对某些正常组织也有不同程度上的损害，脱发、恶心、呕吐是化疗药物的常见毒副反应。除此之外，由抗癌药物引起的毒副反应还包括骨髓抑制、心肺毒性、肝脏毒性、肾和膀胱毒性、神经毒性、局部毒性和过敏反应。从长远来看，很多抗癌物质如烷化剂和亚硝脲类药物又有明显的致癌效应，长期使用此类药物可能会引发与化疗相关的第二种恶性肿瘤。化疗药物还能通过影响生殖细胞的产生和内分泌功能导致机体不育或胎儿畸形。因此，在决定化疗的治疗方案时应充分考虑药物毒性情况。外科手术是肿瘤治疗最古老的方法，尽管如今肿瘤治疗手段众多，但仍有60%以上的肿瘤以手术治疗为主，其临床治疗效果得到广泛的认同。除此之外，肿瘤手术还能用于肿瘤的预防、诊断和康复。但其实单靠外科手术很难完全根治肿瘤，如果肿瘤没有侵袭和转移，术后效果都较好。一旦手术期间发现肿瘤已经侵袭周围组织，就意味着有转移的可能性，手术切除就难以达到理想效果，还需配合化疗、放疗等方法。单一的治疗手段对恶性肿瘤的治愈来说是远远不够的，必须合理地将多种治疗手段综合运用，遵循局部与全身并重、分期治疗、个体化治疗、生存率与生活质量并重、不断求证、成本与效果并重、中西医并重七大原则。中医药最大的优点在于强调调节和平衡，帮助肿瘤患者恢复和强化机体抗病能力，协助患者康复。

5.4.2 实验材料

（1）动物与细胞。SPF级KM小鼠，雄性64只，雌性10只，体重约17 g，实验前适应性饲养3 d；小鼠肝癌H22细胞；均由广州市体育科学研究所提供。

（2）药品与试剂。桃金娘果实（晒干），由华南师范大学天然产物与食品安全实验室提供；环磷酰胺，由广州市体育科学研究所提供；AB-8大孔吸附树脂，由南开大学化工厂提供；乙醇、氢氧化钠等常规试剂均为分析纯。

（3）重要仪器。JJ100B电子天平，购自双杰测试仪器厂；DJ-10A电动植物粉碎机，购自上海淀久中药机械制造有限公司；RE-52D旋转蒸发仪，购自上海青浦泸西仪器厂。

5.4.3 研究方法

（1）桃金娘提取物的制备。将2000 g干燥的桃金娘果实粉碎后用70%乙醇浸泡24 h，共4次。首次浸泡料液比为1∶10，后三次为1∶5。收集提取液，减压浓缩后水相通过AB-8大孔树脂吸附，再用60%乙醇洗脱。洗脱液减压浓缩至200 mL制成桃金娘提取物。按1∶0.6∶0.2的比例用蒸馏水稀释分别制成高、中、低三个剂量。

（2）急性毒性测定。取20只小鼠，雌雄各半，禁食24 h后，自由饮水，按10 g/kg剂量一次性灌胃。连续观察2周，7 d称一次体重。

（3）抗肿瘤活性探究。取2只雄性小鼠腹腔注射H22细胞，5 d后无菌操作抽取小鼠腹水1 mL，注射至8 mL生理盐水中摇匀，稀释，接种在健康小鼠右前肢腋下处，每只0.1 mL。接种完成后将小鼠随机分成模型对照组、阳性对照组、高剂量组、中剂量组及低剂量组，共5组。模型组12只，其余每组10只。模型对照组每天每只蒸馏水灌胃0.5 mL，阳性对照组每天每只腹腔注射环磷酰胺（10 mg/kg）0.4 mL，各剂量每天每只灌胃对应剂量的浸提液0.5 mL，连续10 d。观察给药后小鼠的反应、饮食及死亡变化，每5 d记录一次体重；末次给药次日将小鼠脱颈椎处死，解剖并取出瘤块、胸腺、脾，观察并称重，计算抑瘤率和脏器系数。

（4）统计学分析。通过 SPSS 12.0 软件对数据进行分析处理，用均值加标准差表示，组间数据采用单因素方差分析。

5.4.4 结果与分析

5.4.4.1 桃金娘提取物急性毒性研究

急性毒性是指实验动物一次或 24 h 内多次给予受试物后短期内出现的毒性反应，首要指标是半数致死量（LD50）及死亡效应，其次还包括外观、形态、行为等方面的改变。利用急性毒性实验得出受试物的致死剂量，并对其进行急性毒性分级；通过动物中毒表现和死亡情况初步评估受试物对机体的毒效应特征、靶器官及危害性。各文献中均记载桃金娘毒性较低，几乎无毒，因此选择限量法来测定桃金娘提取物的急毒情况。

一次性灌胃给药后，小鼠均出现呆滞、气促等不良反应，约 15 min 后不良症状减退，小鼠精神状态逐步恢复正常，开始正常运动饮食。在连续观察的 14 d 里，小鼠饮食情况、精神状态均表现正常，未出现死亡情况。

表 5-22 和图 5-15 共同表明，给药后小鼠的体重正常增长，前期增长幅度较大，后期增长速度减慢。可见，本次实验所制作的桃金娘提取物会使小鼠产生不良反应，但短时间内机体自身可解除毒性，属于低毒成品。

表5-22 急性毒性实验小鼠体重情况

	第1d（g）	第7d（g）	第14d（g）
雄性	23.6+0.96	29.9+1.76	33.7+2.31
雌性	20.1+0.82	32.8+2.23	40.2+2.30

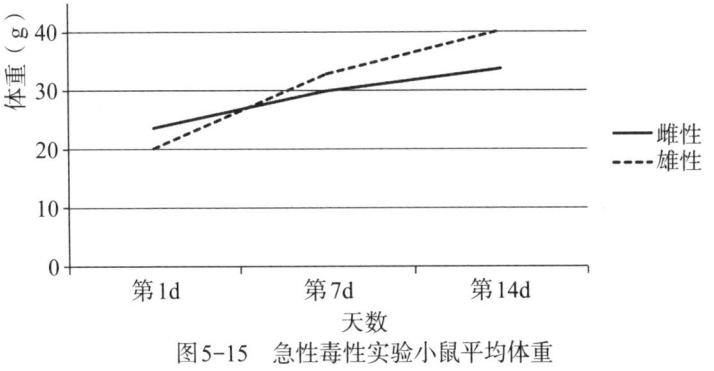

图5-15 急性毒性实验小鼠平均体重

5.4.4.2 桃金娘提取物的抗H22肿瘤活性研究

（1）引论。环磷酰胺，别名环磷氮芥、癌得星、癌得散，其抗肿瘤活性在体内才能表现出来，在肝脏中被微粒体功能氧化酶转化为不稳定的醛磷酰胺。醛磷酰胺在肿瘤细胞内进一步被分解为酰胺氮芥和丙烯醛，前者对肿瘤细胞具有毒性作用。除此之外环磷酰胺还是细胞周期非特异性药物，通过与DNA交叉联结来抑制DNA合成，在S期作用最明显，临床上可用于治疗恶性肿瘤。在本次实验中以环磷酰胺作为阳性对照组。

（2）现象与分析。

①小鼠生存情况。从急性毒性实验结果来看，服用桃金娘提取物会使小鼠出现短期不适，推断其毒性较低。而在抗肿瘤活性探究实验中，只有高、中剂量组出现死亡个体，其中高剂量组首先出现死亡，死亡数为2，中剂量组死亡数为1，进一步证明提取物对小鼠造成毒害。其毒害作用不仅表现在死亡数上，日常观察也发现，高剂量组小鼠个体偏消瘦，营养情况不佳，进食量和饮水量较低，毛色暗淡无光泽，部分小鼠甚至出现下颌处毛发稀疏。该毒害作用可能是提取时桃金娘用量过多导致。其他两个剂量组也出现小鼠体重偏轻的情况，这暗示桃金娘可能有减肥功效。

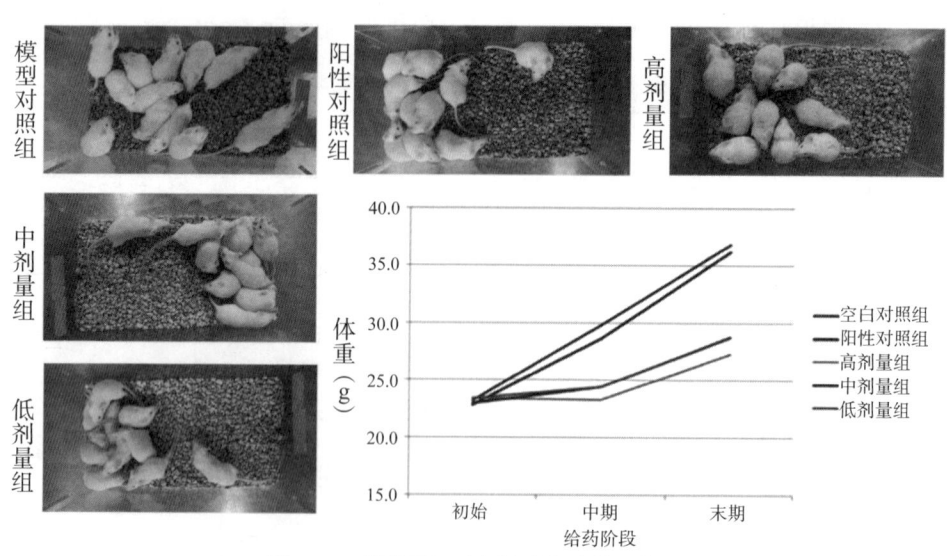

图5-16　给药第5天小鼠形态及体重情况

②抑瘤率及免疫器官脏器系数。结果表明桃金娘提取物对H22肝癌细胞抑制效果良好，三个剂量组的肉瘤质量均低于模型对照组，但高剂量组的抑制效果并不明显，抑瘤率仅有2%，差异不明显；而中、低两个剂量组的抑瘤

效果极佳（$P < 0.01$），抑瘤率分别为 30.25% 和 29.56%，甚至高于阳性对照组的 26.59%。给药后，中剂量组、阳性对照组、低剂量组的脾脏系数依次低于模型组，但差距无显著性；药物组的胸腺系数均低于模型组，并表现出良好的剂量依赖性，见表 5-23 和图 5-17。

表 5-23　桃金娘浸提液对 H22 实体瘤荷瘤小鼠的影响

组别	动物数 始/终	体重（g）		瘤重（g）	抑瘤率	脾脏系数（mg·g^{-1}）	胸腺系数（mg·g^{-1}）
		给药前	给药后				
模型对照组	12/12	23.2 ± 1.29	36.8 ± 3.44	1.45 ± 0.70		5.36 ± 1.19	3.64 ± 0.73
阳性对照组	10/10	22.8 ± 0.84	36.2 ± 2.39	1.06 ± 0.45**	26.59%	4.30 ± 1.11	2.81 ± 0.81
高剂量组	10/8	23.4 ± 1.18	27.3 ± 2.81	1.42 ± 0.68	2.00%	7.75 ± 11.76	2.53 ± 1.07*
中剂量组	10/9	23.0 ± 1.51	28.8 ± 2.80	1.01 ± 0.45**	30.25%	4.01 ± 1.56	2.63 ± 0.96*
低剂量组	10/10	23.4 ± 1.02	28.7 ± 5.08	1.02 ± 0.44**	29.56%	4.40 ± 1.56	2.70 ± 1.19

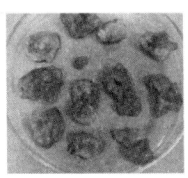 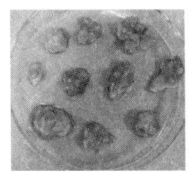

（a）模型对照组　　　（b）阳性对照组

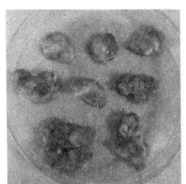 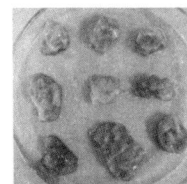 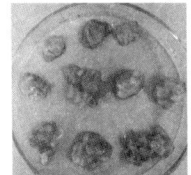

（c）高剂量组　　（d）中剂量组　　（e）低剂量组

图 5-17　桃金娘浸提液对 H22 实体瘤大小的影响

5.5　桃金娘生物保鲜剂对腐败菌的抑制作用

5.5.1　材料与仪器

南美白对虾，市购；乳酸链球菌素（1200 U/g），产自浙江银象生物技术有限公司；茶多酚（多酚≥98%），产自成都艾科达化学试剂有限公司；溶菌酶（20000 U/mg），产自美国 Amresco 公司；桃金娘，市售；腐败希瓦氏菌、蜡样芽胞杆菌、鲁氏不动杆菌、藤黄微球菌、恶臭假单胞菌、嗜水气单胞菌、哥伦比亚肠球菌，均由华南师范大学生命科学学院 325 实验室筛选并保藏；营养肉汤、琼脂，产自广东环凯微生物科技有限公司；其他化学试剂均为分析纯。

YXQ-LS-50S Ⅱ立式压力蒸汽灭菌锅，产自上海博迅实业有限公司；ZHJH-1109B 超净工作台，产自上海智城分析仪器制造有限公司；SP-02Y 生化培养箱，产自黄石市恒丰医疗器械有限公司；PHS-3SpH 计，产自上海大普仪器有限公司；K9840 全自动凯氏定氮仪，产自济南海能仪器股份有限公司。

5.5.2 研究方法

（1）样品处理。南美白对虾采样后加氧保活运到实验室，挑选鲜活、完整、色泽鲜亮、大小均一的个体，加冰使其猝死，流水洗净。随机分为 8 组，每组 10 头，置于保鲜盒中于 4 ℃ 冷藏。每天取一组样品测定相关指标。

（2）桃金娘黄酮类提取物的制备。取 2000 g 山稔子干燥粉碎，经 70% 乙醇浸提过滤浓缩后，上样于 AB8 大孔树脂，60% 乙醇洗脱，旋转蒸发浓缩至膏状，真空干燥，称重定量，最终质量为 100 g。

（3）南美白对虾贮藏特性。

①感官评定。由 5 名具有感官评定经验的人员组成评定小组，按照表 5-24 对整虾的气味、外观和肉质三方面进行评分。此表参照 Reilly 的研究加以调整，总分值在 9 分（极鲜）和 0 分（完全腐败）之间。6 分以下表明样品已不可食用。

表5-24 南美白对虾感官评分标准

项目	3分	2分	1分	0分
肉质组织	肌肉纹理清晰、有弹性，肉与壳连接紧密	肌肉略有弹性、不变色，肉与壳连接稍松弛	肌肉弹性较差，肉与壳连接松弛	肌肉组织松弛，肉质发黄
体表色泽	体表有光泽，头胸体节间连接紧密	壳有轻微红色或黑色，头尾部出现黑斑	肌体无固有色泽，体表出现大面积黑斑	体表色泽灰暗，甲壳与虾体分离
气味	具有海虾固有的气味，无任何异味	略有硫化氢味	硫化氢和氨味较重	强烈的氨味和硫化氢味

② pH 测定。精确称取 2.00 g 虾肉，用无菌研钵研磨，并置于试管中，加入 18 mL 灭菌蒸馏水，搅拌均匀静置 10 min，过滤后用精密酸度计测定其 pH。

③ 菌落总数测定。根据食品安全国家标准 GB 4789.2—2010 中食品微生物学检验菌落总数的测定方法测定。平行 3 次。

④ TVB-N 含量测定。根据我国水产行业标准《水产品中挥发性盐基氮的测定》（SC/T 3032—2007）中方法测定。

（4）山稔子黄酮提取物、茶多酚、Nisin 和溶菌酶的抑菌效果测定。用滤纸片法探究 Nisin、溶菌酶、山稔子黄酮提取物和茶多酚对冷藏南美白对虾腐败菌的抑菌效果。Nisin 用 pH 为 2~3 的柠檬酸配制出 1 g/100 mL 的母液，山稔子黄酮提取物、溶菌酶和茶多酚用蒸馏水分别配制成 5 g/(100 mL)、0.5 g/(100 mL)、2 g/(100 mL) 母液，用二倍稀释法探究其最小抑菌浓度（MIC）。以有抑菌圈形成的保鲜剂浓度作为依据，稀释成连续的 5 个浓度梯度，接入用生理盐水稀释而成的细菌浓度约为 5×10^5 CFU/mL 的菌悬液 1 mL，以转速 120 r/min 在 30 ℃条件下振荡培养 12 h，期间每隔 2 h 在 600 nm 波长处测定一次光密度值，每次均以无菌培养基为标准调零，观察光密度的变化，以 OD 值不变的最小浓度为该保鲜剂对该腐败菌的最小抑菌浓度。

（5）数据处理。实验数据采用 3 次平行实验的平均值，数据间的差异性使用 SPSS 19.0 中的 Duncan 法进行方差分析和多重比较。结果采用平均值 ± 标准偏差表示，数据曲线利用 Origin Pro V 8.5 软件绘制。

5.5.3 结果与分析

5.5.3.1 南美白对虾贮藏特性的变化

（1）感官评定。由图 5-18 可看出，随着贮藏时间的延长，整虾呈现下降趋势。初始评分值为 9 分，虾体具有光泽，体节连接紧密，肌肉结实，有海虾固有的气味。冷藏 1 d 后，几乎没什么变化。但第 4 d 时，整虾的感官评分只有 5.30 分，虾头黑变严重，有异味，肉壳易分离，已腐败，不能食用。贮藏期间，虾体内的微生物分解含氮及含硫大分子而产生挥发性盐基氮、三甲胺、硫化氢等腥臭物质，虾头的多酚氧化酶催化黑色素生成，使整虾变黑，影响整虾的外观。

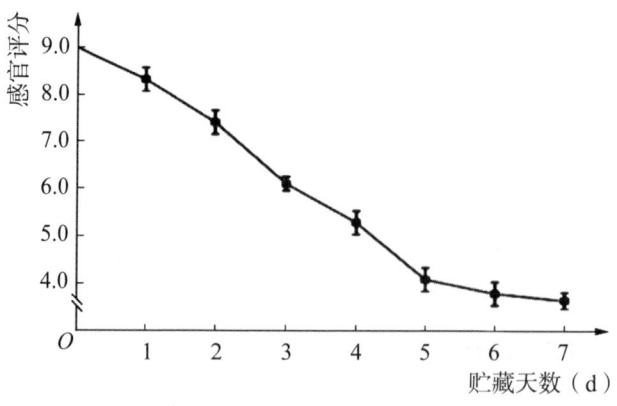

图5-18 南美白对虾贮藏期间感官评分的变化

(2) pH 测定。由图 5-19 可知,在 0 d 时,整虾的 pH 为 7.12。冷藏 1 d 后,体内的糖原被降解,pH 有所下降,但随后虾体内的蛋白质等物质被微生物分解成氨类物质,pH 逐渐升高。

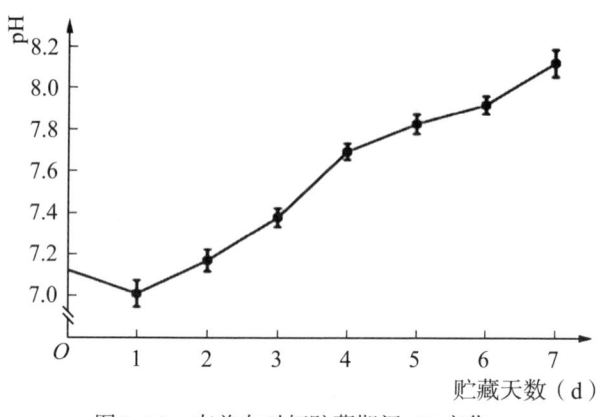

图5-19 南美白对虾贮藏期间 pH 变化

(3) 菌落总数测定。整虾菌落总数变化如图 5-20 所示,呈现先下降后上升的趋势。这是因为在冷藏期间,一些不耐寒细菌繁殖较慢或者死亡导致细菌总数下降,随后微生物开始大量繁殖,菌落总数逐渐上升。冷藏初期(0~2 d),菌落总数(cfu/g)$\leq 10^5$ 为一级鲜度;第 3 d,菌落总数为 5.28304 lg cfu/g,仍处于货架期;第 4 d,菌落总数为 6.36837 lg cfu/g ≥ 106,腐败,已不能食用。

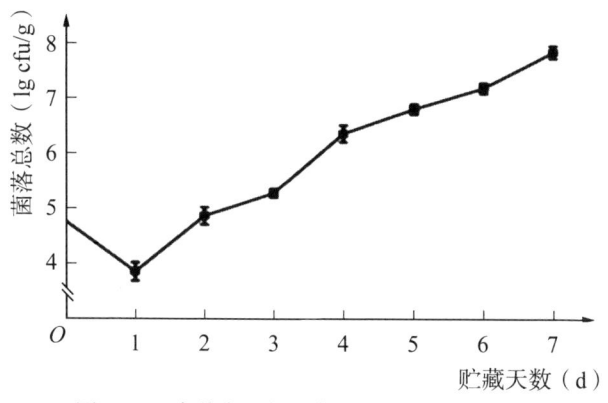

图 5-20　南美白对虾贮藏期间菌落总数的变化

（4）TVB-N 测定。由图 5-21 可知，随着冷藏天数的增加，TVB-N 逐渐增大，第 4 d 整虾的 TVB-N 为 34.88 mg/(100 g)，不在可接受范围之内。TVB-N 是蛋白质在微生物和酶的作用下降解而产生的氨和胺类等碱性含氮物质的总称，是判断水产品腐败的指标之一。根据 SC/T 3032—2007 规定，TVB-N mg/(100 g) ≤ 25 处于一级鲜，TVB-N mg/(100 g) ≤ 30 在可接受范围之内。综合感官评定、pH、菌落总数和 TVB-N 这 4 个指标分析，南美白对虾的货架期为 3 d。

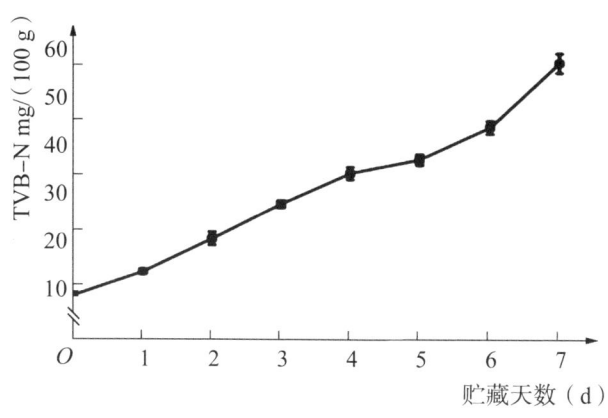

图 5-21　南美白对虾贮藏期间 TVB-N 的变化

5.5.3.2　山稔子黄酮提取物、茶多酚、Nisin 和溶菌酶的抑菌效果

由表 5-25 至表 5-29 可知，山稔子黄酮提取物、茶多酚、溶菌酶和 Nisin 对恶臭假单胞菌、嗜水气单胞菌、鲁氏不动杆菌、腐败希瓦氏菌、蜡样芽胞杆菌、哥伦比亚肠球菌和藤黄微球菌有一定的抑制作用。溶菌酶对蜡样芽胞杆菌、哥伦比亚肠球菌和藤黄微球菌有抑制作用，MIC 分别为 0.18 g/

（100 mL）、0.04 g/（100 mL）和 0.02 g/（100 mL），Nisin 可以抑制鲁氏不动杆菌、哥伦比亚肠球菌和藤黄微球菌，MIC 分别为 0.20 g/（100 mL）、0.05 g/（100 mL）、0.04 g/（100 mL）。据研究，Nisin 通过与 G+ 的细胞膜结合、插入孔道形成等多步过程形成孔道复合物，从而引起细胞液的渗漏。溶菌酶对革兰氏阴性菌几乎无抑制作用，一是因为肽聚糖对溶菌酶很敏感，而 G- 的细胞壁主要成分不是肽聚糖，并且位于内层，不能与溶菌酶很快地直接接触；二是因为 G- 细菌特殊的细胞壁外层结构——脂质双层具有屏障作用，能阻止多种物质透过。茶多酚对恶臭假单胞菌、腐败希瓦氏菌、藤黄微球菌、鲁氏不动杆菌和嗜水气单胞菌的 MIC 分别为 0.12 g/（100 mL）、016 g/（100 mL）、0.06 g/（100 mL）、0.18 g/（100 mL）、0.14 g/（100 mL）。山稔子黄酮提取物对恶臭假单胞菌、腐败希瓦氏菌、藤黄微球菌、蜡样芽胞杆菌和鲁氏不动杆菌的 MIC 分别为 0.40 g/（100 mL）、0.50 g/（100 mL）、0.20 g/（100 mL）、0.90 g/（100 mL）、0.40 g/（100 mL）。茶多酚是儿茶素、黄酮和花色苷等一类物质的总称。关于茶多酚抑菌机理的相关报道较少，孙京新等认为茶多酚处理假单胞菌能够逐步破坏其细胞壁的完整性，使得碱性磷酸酶渗出，继而破坏细胞膜的完整性。而山稔子黄酮类提取物，其分子结构上有较多的酚羟基，这些官能团与蛋白质或酶通过氢键方式结合，导致细胞质的固缩和解体。

表5-25　山稔子黄酮提取物对腐败菌抑制作用的抑菌圈直径（mm）

腐败菌	山稔子黄酮提取物浓度（g/（100 mL））				
	0.15625	0.3125	0.625	1.25	2.5
藤黄微球菌	—	1.67 ± 0.13	2.57 ± 0.23	4.14 ± 0.04	6.44 ± 0.06
恶臭假单胞菌	—	—	4.38 ± 0.12	5.14 ± 0.07	5.86 ± 0.12
蜡样芽胞杆菌	—	—	—	4.09 ± 0.07	7.62 ± 0.07
鲁氏不动杆菌	—	—	4.98 ± 0.14	6.48 ± 0.15	9.40 ± 0.11
腐败希瓦氏菌	—	—	3.03 ± 0.08	4.92 ± 0.11	6.70 ± 0.11

注："—"表示无抑制效果。表5-26至表5-29同。

表5-26　茶多酚对腐败菌抑制作用的抑菌圈直径（mm）

腐败菌	茶多酚浓度（g/（100 mL））				
	0.05	0.1	0.2	0.4	0.8
藤黄微球菌	—	4.96 ± 0.30	7.34 ± 0.15	9.52 ± 0.32	11.30 ± 0.09

续表

腐败菌	茶多酚浓度（g/(100 mL)）				
	0.05	0.1	0.2	0.4	0.8
恶臭假单胞菌	—	—	5.42 ± 0.16	6.46 ± 0.10	8.28 ± 0.17
嗜水气单胞菌	—	—	4.60 ± 0.13	5.54 ± 0.12	6.32 ± 0.24
鲁氏不动杆菌	—	—	2.94 ± 0.11	3.98 ± 0.15	9.40 ± 0.11
腐败希瓦氏菌	—	—	3.80 ± 0.17	4.06 ± 0.09	5.10 ± 0.12

表5-27　Nisin对腐败菌抑制作用的抑菌圈直径（mm）

腐败菌	Nisin浓度（g/(100 mL)）				
	0.03125	0.0625	0.125	0.25	0.5
鲁氏不动杆菌	—	—	—	2.62 ± 0.11	4.84 ± 0.12
藤黄微球菌	—	3.10 ± 0.12	6.34 ± 0.14	6.90 ± 0.08	8.68 ± 0.10
哥伦比亚肠球菌	—	2.12 ± 0.14	4.24 ± 0.09	5.32 ± 0.14	8.38 ± 0.22

表5-28　溶菌酶对腐败菌抑制作用的抑菌圈直径（mm）

腐败菌	溶菌酶浓度（g/(100 mL)）				
	0.015625	0.03125	0.0625	0.125	0.25
哥伦比亚肠球菌	—	—	2.45 ± 0.13	3.10 ± 0.08	4.32 ± 0.15
蜡样芽孢杆菌	—	—	—	—	2.12 ± 0.10
藤黄微球菌	—	2.76 ± 0.09	4.10 ± 0.08	5.42 ± 0.17	6.08 ± 0.10

表5-29　生物保鲜剂对腐败菌抑制作用的最小抑菌浓度（g·100 mL^{-1}）

腐败菌		生物保鲜剂（g/(100 mL)）			
		Nisin	溶菌酶	茶多酚	山稔子黄酮提取物
G^-	恶臭假单胞菌	—	—	0.12	0.40
	嗜水气单胞菌	—	—	0.14	—
	鲁氏不动杆菌	0.20	—	0.18	0.40
	腐败希瓦氏菌	—	—	0.16	0.50
G^+	蜡样芽孢杆菌	—	0.18	—	0.90
	哥伦比亚肠球菌	0.05	0.04	—	—
	藤黄微球菌	0.04	0.02	0.06	0.20

5.6 山稔子提取液中黄酮类化合物的抑菌作用

5.6.1 材料与仪器

（1）菌种。金黄色葡萄球菌（*Staphylococcus aureus*）、大肠杆菌（*Escherichia coli*）、啤酒酵母（*Saccharomyces cerevisiae*）、黑曲霉（*Aspergillus niger*），供试菌种由华南师范大学生命科学学院微生物实验室提供。

（2）培养基。

①普通营养琼脂培养基：蛋白胨 10.0 g、牛肉膏 5.0 g、氯化钠 5.0 g、琼脂 20.0 g，蒸馏水 1000 mL，调节 pH 值至 7.0。

②葡萄糖土豆汁培养基（PDA）：葡萄糖 10 g、琼脂 20 g、土豆汁 230 mL、蒸馏水 770 mL，pH 自然。

③土豆汁培养基：土豆汁 230 mL、琼脂 20 g、蒸馏水 770 mL，pH 自然。

（3）原料及试剂。山稔子果实（晒干），购自广州药材市场；芦丁，购自上海化学试剂公司；无水乙醇、甲醇均为分析纯。

（4）仪器。JZ7-1-14 单相异步电动粉碎机，购自巩义市英峪予华仪器厂；RE-52D 旋转蒸发仪，购自上海青浦泸西仪器厂；202-3 电热恒温干燥箱，购自上海阳光实验仪器有限公司；H.H.S2 型电热数字显示恒温水浴锅，购自上海圣欣科学仪器有限公司；SHP-250 型培养箱，购自上海森信实验仪器有限公司；手提式压力蒸汽灭菌锅，购自上海华线医用核子仪器有限公司；WFJ2100 型可见分光光度计，购自尤尼柯（上海）仪器有限公司。

5.6.2 研究方法

5.6.2.1 山稔子粗提液的制备

取山稔子干果 9.2 kg 置于粉碎机中粉碎，过 40 目钢筛后准确称取 9 kg 粉末，平均分成三批，每批 3 kg。以 1 L/kg 的比例加入石油醚脱脂，每批脱脂两次，每次 24 h。脱脂后将粉末烘干除去石油醚，加入 6 倍体积 75% 的乙醇室温下进行浸提。总共浸提 3 次，每次 24 h。浸提后过滤，合并三次滤液。将滤液于旋转蒸发仪中浓缩至原体积的 1/6～1/7，即得山稔子黄酮粗提取液。

5.6.2.2 黄酮类化合物的含量测定

（1）标准曲线的绘制。精密称取 120℃ 干燥恒重的芦丁标准品 10 mg，加甲醇溶解，定容至 100 mL 容量瓶中，摇匀，得 0.1 g/L 的标准液。分别取 0 mL、2.0 mL、4.0 mL、6.0 mL、8.0 mL、10.0 mL 标准液于 25 mL 容量瓶中，不足 10 mL 的用甲醇补充至 10 mL，加 5% $NaNO_2$ 试液 0.8 mL，混匀，放置 6 min。在其中加入 10% $Al(NO_3)_3$ 溶液 0.8 mL，混匀，放置 6 min。再加入 1.0 mol/L 的 NaOH 溶液 10 mL，混匀，用蒸馏水定容至 25 mL，摇匀，放置 15 min。在 510 nm 处测混合液的吸光度，并求出线性回归方程，建立标准曲线。

（2）山稔子粗提液中黄酮含量的测定。吸取山稔子提取液 1 mL，按照标准曲线建立的方法测出其吸光度，根据标准曲线，求出提取液中总黄酮的含量。

5.6.2.3 抑菌实验

（1）菌种活化。分别将金黄色葡萄球菌、大肠杆菌于 37℃ 培养 24 h，啤酒酵母菌、黑曲霉于 28℃ 培养 48 h，进行活化，传二代。

（2）菌悬液的制备。取活化好的菌株，用 0.85% 无菌生理盐水洗下菌苔，采用菌落计数法，使菌悬液菌数为 1.0×10^8 个/mL、孢子悬浮液菌数为 1.0×10^6 个/mL。

（3）含菌平板的制备。将上述各无菌培养基倒于 9 cm^2 平皿中，待每个平皿中培养基凝固后，用无菌吸管吸取上述各菌悬液 0.1 mL 注入平皿，再用无菌的涂布棒迅速将菌液涂抹均匀，制成含菌平板。

（4）抑菌圈测定。用直径为 10 mm 的灭菌滤纸片，四片为一组，分别在用 75% 乙醇稀释成的 33%，66% 和 99% 的三种不同浓度的山稔子提取液和 75% 乙醇中浸泡 2 h。待其自然干燥后，用紫外灯照射灭菌 10～15 min。用无菌镊子将浸透不同浓度溶液的滤纸片放在含菌平板上，以浸泡 75% 乙醇的滤纸片为对照。把每个处理过的培养皿放到每个供试菌最适温度下培养：细菌 37℃，24 h；酵母菌 34℃，48 h；霉菌 34℃，72 h。用分规和刻度尺测量抑菌圈的大小并以此判断不同浓度的提取液对供试菌的抑制效果。

（5）耐热性的测定。将山稔子提取液在水浴锅中高温处理 20 min，按上述的方法量取抑菌圈的直径大小。

（6）测定山稔子黄酮提取液对供试菌种最低抑菌浓度。用二倍稀释法将提取液稀释成原提取液浓度的 1/2，1/4，1/8，1/16，1/32 和 1/64。取 6 支试管分别加入 2 mL 液体培养基，加 2 mL 药液于第 1 支试管中，混匀后取出 2 mL 加入第 2 管中，然后依次取出 2 mL 移入下一管，到第 6 管时弃去 2 mL。在各培养皿内分别加入 1 mL 不同浓度的山稔子黄酮提取液的稀释液，然后每个培养皿中倒入 15 mL 已溶化的固体培养基，充分混匀，待冷却凝固后，每个培养皿加入 0.1 mL 菌悬液涂匀、培养。另外取 6 个只加培养基和山稔子黄酮提取液的培养皿做对照。不长菌的山稔子黄酮提取液稀释液最低浓度即为山稔子提取液的最小抑菌浓度（MIC）。

5.6.3 结果与讨论

5.6.3.1 标准曲线的建立

以芦丁为标准品，按照上述的方法得到标准曲线。如图 5-22 所示，其回归方程为 $y=1.9977x$，$R^2=0.9991$。

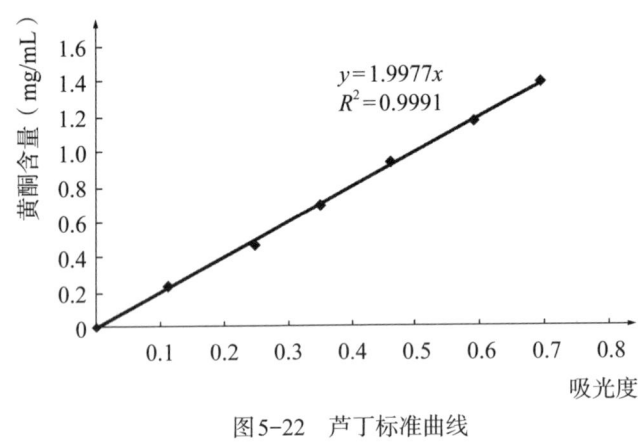

图 5-22 芦丁标准曲线

5.6.3.2 山稔子中总黄酮含量的测定结果

按照上述方法测得山稔子提取液的 OD 值为 0.298。根据回归方程 $y=1.9977x$ 求得山稔子提取液中总黄酮含量为 0.595 mg/mL。

5.6.3.3 抑菌性能分析

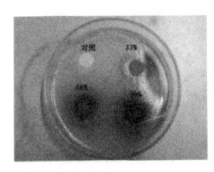 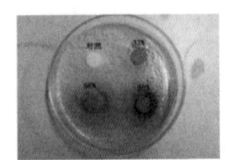  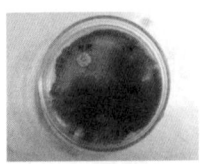

（a）大肠杆菌　　　（b）金黄色葡萄球菌　　　（c）啤酒酵母　　　（d）黑曲霉

图 5-23 山稔子提取液作用于不同菌种的抑菌效果图

按照上述的方法,重复实验5次,用分规和刻度尺测量抑菌圈的大小,其结果见表5-30。

表5-30 山稔子提取液的抑菌圈直径数据

菌株	提取液浓度	抑菌直径/mm					
		Ⅰ	Ⅱ	Ⅲ	Ⅳ	Ⅴ	Av
金黄色葡萄球菌	对照	10	10	10	10	10	10.0
	33%	11.5	12	13	12	11	11.9
	66%	16	15	16	14	14	15.0
	99%	18	18	19	18	17	18.0
大肠杆菌	对照	10	10	10	10	10	10.0
	33%	12	11	13	13		12.0
	66%	14	14	13	15	14	14.0
	99%	16	15	15	16	16	15.6
啤酒酵母	对照	10	10	10	10	10	10.0
	33%	10	10	10	10	10	10.0
	66%	10	10	10	10	10	10.0
	99%	10	10	10	10	10	10.0
黑曲霉	对照	10	10	10	10	10	10.0
	33%	10	10	10	10	10	10.0
	66%	10	10	10	10	10	10.0
	99%	10	10	10	10	10	10.0

注:"Av"表示平均值,以用75%乙醇浸泡的滤纸片作对照,滤纸片的直径d_0=10 mm。

由表5-30可知,不同浓度的山稔子提取液对金黄色葡萄球菌和大肠杆菌有很强的抑菌效果。运用方差分析法对金黄色葡萄球菌和大肠杆菌的数据进行分析,结果见表5-31。

表5-31 数据统计分析

菌株		平方和	自由度	均方 MS	F	P
金黄色葡萄球菌	组间变异	185.54	3	61.85	120.68	<0.05
	组内变异	8.2	16	0.51		
	总变异	193.74	19			
大肠杆菌	组间变异	88.6	3	29.53	65.62	<0.05
	组内变异	7.2	16	0.45		
	总变异	95.8	19			

由表5-31的数据统计分析可知,不同浓度的山稔子提取液对金黄色葡萄球菌和大肠杆菌的抑菌效果有显著的差异性。运用N-K检验法对显著性差异作进一步分析,可得出结论:33%,66%和99%中任意两种不同浓度的山稔子提取液对抑菌效果的影响差异是显著的。而随着山稔子提取液浓度的不同,其抑菌圈变化的趋势如图5-24和图5-25所示。

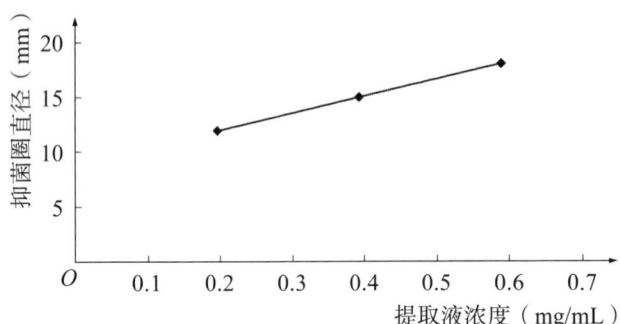

图5-24 不同浓度的提取液对金黄色葡萄球菌的抑菌作用

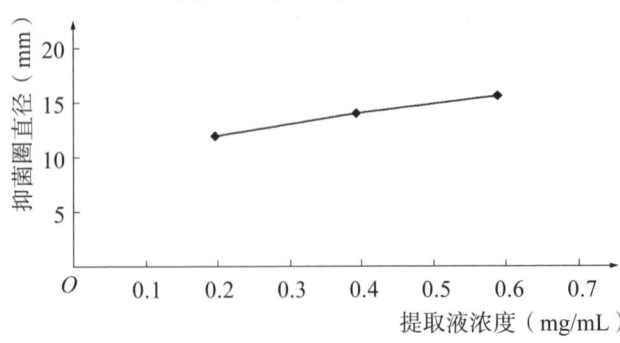

图5-25 不同浓度的提取液对大肠杆菌的抑菌作用

从抑菌效果图(图5-23)和抑菌圈的测定结果(表5-30)看,山稔子粗提液无论对革兰氏阳性菌和革兰氏阴性菌都有抑制作用。其具体表现为对革兰氏阳性菌金黄色葡萄球菌有较强的抑制作用，对革兰氏阴性菌大肠杆菌的抑制作用较弱，且抑菌作用随着提取液的浓度增大而增大（图5-24、图5-25）。其原因可能与细胞壁的结构组分不同有关，阳性菌细胞壁层次单一、化学组分简单，主要由肽聚糖交联网状结构构成。阴性菌细胞壁层次多、成分复杂，除含少量肽聚糖网状组分外还含有大量的多糖、蛋白和脂类。两种菌的结构和成分的差异导致溶质通透性存在差异，由于阳性菌比阴性菌对理化因子的敏感性要强，从而受黄酮抑制的效果更明显。而山稔子粗提液对啤酒酵母和黑曲霉无抑菌作用，这可能也与细胞壁的结构组分不同有关。细菌的细胞壁厚度一般为15~30 nm，酵母细胞壁厚度一般为25~75 nm，霉菌则约为150 nm，啤酒酵母和黑曲霉这两种真菌细胞壁均比金黄色葡萄球菌和大肠杆菌厚。再者，酵母菌细胞壁主要含葡聚糖主支和交联程度不高的甘露聚糖侧枝，而丝状真菌主要含紧密交联的几丁质成分。这些都可能是粗提液对啤酒酵母和黑曲霉无抑菌作用的原因。至于75%乙醇对照无抑菌作用，则可能是在自然状态下风干2 h导致乙醇完全挥发。

5.6.3.4 耐热性的测定

山稔子黄酮提取液分别在水浴锅中40 ℃、60 ℃、80 ℃下处理20 min，重复实验5次，测得其抑菌圈直径，见表5-32。

表5-32 不同温度处理山稔子提取液的抑菌效果

菌株	温度（℃）	抑菌直径（mm）					
		I	II	III	IV	V	Av
金黄色葡萄球菌	对照（28℃）	18	17	18	18	17	17.6
	40	18	18	17	18	17	17.6
	60	17	18	16	18	17	17.2
	80	17	16	16	18	18	17.0
大肠杆菌	对照（28℃）	15	16	16	15	16	15.6
	40	16	14	16	16	16	15.6
	60	15	15	16	15	14	15.0
	80	15	17	15	15	15	15.6

续表

菌株	温度（℃）	抑菌直径（mm）					
		Ⅰ	Ⅱ	Ⅲ	Ⅳ	Ⅴ	Av
啤酒酵母	对照（28℃）	10	10	10	10	10	10.0
	40	10	10	10	10	10	10.0
	60	10	10	10	10	10	10.0
	80	10	10	10	10	10	10.0
黑曲霉	对照（28℃）	10	10	10	10	10	10.0
	40	10	10	10	10	10	10.0
	60	10	10	10	10	10	10.0
	80	10	10	10	10	10	10.0

注："Av"表示平均值，以不经高温处理的提取液作对照，即当时室温28℃，滤纸片的直径 d_0=10 mm。

由表5-32可知，山稔子提取液经过3种温度的处理后，对金黄色葡萄球菌和大肠杆菌仍有很强的抑菌力。随处理温度的不同，其抑菌圈的变化趋势如图5-26和图5-27所示。运用方差分析对金黄色葡萄球菌和大肠杆菌的数据进行分析，结果见表5-33。

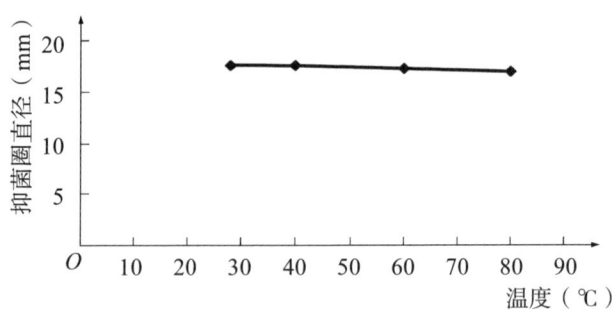

图5-26 不同温度处理山稔子提取液对金黄色葡萄球菌抑菌作用

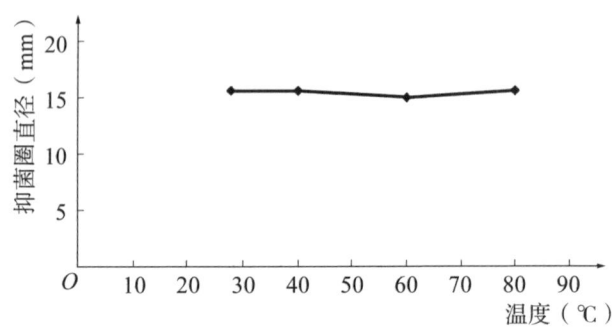

图5-27 不同温度处理山稔子提取液对大肠杆菌抑菌作用

表5-33 数据统计分析

菌株		平方和	自由度	均方 MS	F	P
金黄色葡萄球菌	组间变异	1.35	3	0.45	0.78	>0.05
	组内变异	9.2	16	0.575		
	总变异	10.55	19			
大肠杆菌	组间变异	0.6	3	0.2	0.31	>0.05
	组内变异	10.4	16	0.65		
	总变异	11	19			

由表5-32、图5-26和图5-27可知,在40℃、60℃和80℃三种处理温度下,山稔子对金黄色葡萄球菌和大肠杆菌抑菌的效力变化不大,表明山稔子提取液有较好的热稳定性。

5.6.3.5 对不同菌种的最小抑菌浓度

按照上述方法测得山稔子黄酮提取液的OD值0.298。根据回归方程$y=1.9977x$求得山稔子提取液中总黄酮含量为0.595 mg/mL。测得粗提液对不同菌种的最小抑菌浓度,结果见表5-34。山稔子黄酮提取液对金黄色葡萄球菌和大肠杆菌的MIC值分别为9.3×10^{-3} mg/mL 和 18.5×10^{-3} mg/mL。最小抑菌浓度的测定结果与抑菌圈测定的抑菌效力结果基本一致,表明随黄酮含量的增加,抑菌效力也在增加。而山稔子提取液对啤酒酵母菌和黑曲霉均无抑制作用。

表5-34 山稔子提取液对不同菌种最小抑菌浓度(MIC)实验结果

菌种	提取液稀释梯度					
	1:2	1:4	1:8	1:16	1:32	1:64
金黄色葡萄球菌	-	-	-	-	-	+
大肠杆菌	-	-	-	-	+	+
啤酒酵母	+	+	+	+	+	+
黑曲霉	+	+	+	+	+	+

注:"-"表示抑制;"+"表示不抑制。

第6章 桃金娘产品开发

6.1 富钾山稔子饮料

钾是元素周期表第 19 号元素，原子量为 39.1。钾在人体内的含量仅次于硫，占人体总量的 0.2%。钾主要存在于细胞内，是人体细胞的阳离子。正常人每天需要钾元素 2~5 g，食物中的钾 90% 在消化道中吸收，约 85% 的钾通过肾脏排出。钾对人体的贡献，主要是帮助肌肉和心脏保持正常功能。钾缺乏会引起肌肉和心脏功能异常，严重者会危及生命甚至猝死。钾是人体生长和发育所必需的元素，钾维持细胞内液的渗透压，钾和细胞外液合作，维持神经和肌肉的应激性和正常功能，并维持细胞与体液间的平衡，使体内保持适当的酸碱度。钾是细胞内糖、蛋白质代谢必不可少的成分，并参与多种静的功能活动，还刺激中枢神经发出肌肉收缩所需的神经冲动，经过肾脏清除潜在的有害物质，帮助细胞代谢，细胞内缺钾将直接影响其正常代谢，长期缺钾则会引起细胞变性、萎缩。钾能对抗过量钠盐引起的高血压，临床应用证明：低钠高钾的食品具有治疗和预防高血压的作用。增加钾的摄入量还能有效减少高血压患者后代患高血压的概率。

钾和钠是人体正常发育中不可缺少的元素。在日常饮食中，应保持钾、钠平衡，比例约为 2∶1。若钠量过高，超过这一正常比例，就会导致血压升高。引起缺钾的因素还有长期慢性疾病，多次进行外科手术，经常呕吐、腹泻、出汗过多、饮酒。喝咖啡和吸烟也可能造成缺钾。若长期缺钾，人体就会精神困倦，四肢酸软，体力减退，食欲不振，便秘；严重缺钾者会导致呼吸肌肉麻痹死亡。当人体钾摄取不足时，钠会带着许多水分子进入细胞使细胞破裂，导致水肿。血液中缺钾会使血糖偏高，导致高血糖症。缺钾对心脏的伤害最严重，可能是人类因心脏病死亡的最主要原因。人体缺钾的主要症状如下：心跳过速，心率不齐，心电图异常，肌肉无力，麻木，烦燥，易怒，恶心，呕吐，腹泻，低血压，精神错乱，以及心理冷漠，体力下降，耐热、酷寒能力降低，疲劳，严重者心跳停止。

6.1.0.1 一种富钾山稔子饮料的配方

山稔子浓缩果汁,10%~20%;酸味剂,0.15%~0.45%;甜味剂,0.15%~13%;柠檬酸钾,0.15%~0.45%;水,余量。

6.1.0.2 山稔子浓缩果汁制备

(1) 原料处理。选用新鲜、饱满、汁多、颜色紫红、成熟度高的山稔子果为原料,剔除腐烂、变质以及未成熟的果实后进行清洗。

(2) 破碎和打浆。成熟的山稔子果实较软,利用超声波破碎法将山稔子果实破碎,并加入山稔子果实质量0.05%~0.5%的维生素C,以保持破碎后的果浆原有的色泽。用果汁打浆机将破碎的山稔子果制成果肉浆。

(3) 榨汁。在山稔子果肉浆中加入水,并加入山稔子果肉浆质量0.3%~0.9%的果胶酶,混匀,35~45℃下水解1.0~2.0 h。利用压榨法制取山稔子果汁。

(4) 过滤、浓缩。利用硅藻土作为过滤介质,加入榨取的山稔子果汁中,经过0.5~3 h,利用板框式过滤机连续过滤,收集滤液,用真空浓缩设备浓缩,将山稔子果汁的固形物含量提高到55%~65%,得到山稔子浓缩果汁。

6.1.0.3 富钾山稔子饮料的制备方法

称取10%~20%山稔子浓缩果汁、0.15%~0.45%酸味剂、0.15%~13%甜味剂、0.15%~0.45%柠檬酸钾,加水搅拌溶解后定容,然后加热到85~95℃,加入硅藻土过滤处理,滤液经过灌装、灭菌、冷却到20~30℃,包装,即制得富钾山稔子饮料。

6.2 喷雾干燥法制备山稔子提取物微胶囊的研究

6.2.1 概述

微胶囊技术是指利用天然或合成高分子材料,将分散的固体、液体甚至是气体物质包裹起来,形成具有半透性或密封囊膜的微小粒子的技术。包埋的过程即为微胶囊化(microencapsulation),形成的微小粒子称为微胶囊(microcapsule)。

微胶囊技术可以实现以下目的:①保护芯材,即有效地防止外界环境因素对芯材造成破坏等不良影响,例如pH值、氧气、湿度、热、光和其他物质等；②隔离不相容组分，阻止成分之间发生化学反应，提高各自的稳定性，使品质保持时间更持久；③控制释放，能人为而有效地控制芯材的释放，使芯材原有的效能得到最大限度的发挥；④屏蔽味道和气味，掩盖芯材的异味，改善芯材的口感和味觉，使其"良药不苦口、美食味更佳"；⑤改变芯材的物理和化学性质，能将液体或半固体的流质体转化为自由流动的固体粉末，便于贮藏和运输等。微胶囊技术具有以上作用，因此被广泛应用在食品工业、化妆品工业、烟草加工业、纺织工业、造纸行业、生物技术领域、医药领域、农牧业领域等。

6.2.2 材料、试剂及仪器设备

（1）材料来源。山稔子果实（晒干），购自广州清平中药市场公司；花生油，购自东莞市中堂忠明食品厂。

（2）主要试剂（表6-1）。

表6-1 试剂

试剂	厂家
阿拉伯胶	国药集团化学试剂有限公司
β-环状糊精	上海奥大生物科技有限公司
石油醚分析纯	天津市瑞金特化学品有限公司
芸香叶苷含量95%	国药集团化学试剂有限公司
亚硝酸钠分析纯	广州化学试剂厂
硝酸铝分析纯	广州化学试剂厂
氢氧化钠分析纯	广州化学试剂厂
95%乙醇分析纯	天津市富宇精细化工有限公司
无水乙醇分析纯	广州化学试剂厂
DPPH	国药集团化学试剂有限公司
硫代硫酸钠	广州化学试剂厂
碘化钾	广州化学试剂厂

（3）仪器与设备（表6-2）。

表6-2 仪器与设备

JZ7114单相异步电动粉碎机，1400 r/min	巩义市英峪予华仪器厂
RE-52D旋转蒸发仪	上海青浦泸西仪器厂
索氏提取器	上海青浦泸西仪器厂
SpectrumLab54紫外可见光光度计	上海棱光技术有限公司
烘箱	天津市中环实验电炉有限公司
喷雾干燥机	上海达程实验设备有限公司
磁力搅拌器	上海青浦泸西仪器厂

6.2.3 研究方法

（1）样品处理。将洗净的山稔子置于60℃的恒温干燥箱中鼓风干燥。将干燥后的山稔子用电动植物粉碎机进行粉碎，过40目筛，收集备用。

（2）山稔子提取液的制备。

称取适量山稔子粉末，在索氏提取器中用石油醚进行脱脂。向脱脂后的山稔子加入40%乙醇，用冷浸法浸取2 d。共浸提三次。合并三次浸提液，过滤，利用旋转蒸发仪进行浓缩，即得各种溶剂的山稔子粗黄酮提取液。

（3）微胶囊化工艺流程。称取一定量的阿拉伯胶（明胶、CMC）溶解在50~60℃的蒸馏水中，30 min后加入β-环状糊精并溶解，恒温20 min，加入乳化剂及山稔子提取物→均质（40℃，40 MPa）→喷雾干燥→成品。

（4）喷雾干燥配方对山稔子粗黄酮提取物微胶囊化效果的影响。分别改变进料的固形物浓度、阿拉伯胶和β-环状糊精的比例以及芯材与壁材的比例，按$L_9(3)^3$正交试验设计确定最佳喷雾干燥配方对山稔子提取物微胶囊化的影响，见表6-3。

表6-3 正交试验设计

水平	因素		
	A 阿拉伯胶:β-环糊精	B 芯材:壁材	C 料液浓度
1	1:1.5	1:9	15%
2	1:1	1:11	20%
3	1.5:1	1:13	25%

(5)山稔子提取物中总黄酮含量的测定。

①标准曲线的建立。将提取液和标准品在700～200 nm内进行光谱扫描分析,发现在510 nm处有最大吸收峰,故用510 nm作为检测波长。

精密称取在105℃条件下干燥至恒重的芦丁对照品11.8 mg,置50 mL容量瓶中,加适量甲醇水浴以微热溶解,置冷,用甲醇稀释至刻度,摇匀得芦丁对照溶液(0.236 mg/mL)。精密吸取对照溶液0 mL、1.0 mL、2.0 mL、3.0 mL、4.0 mL、5.0 mL、6.0 mL,分别置入25 mL容量瓶中,再分别精密添加甲醇6.0 mL、5.0 mL、4.0 mL、3.0 mL、2.0 mL、1.0 mL、0 mL,精密添加5%亚硝酸钠溶液1.0 mL,摇匀,静置6 min;加10%硝酸铝溶液1.0 mL,摇匀,再静置6 min;加1%氢氧化钠试液10 mL,再加30%乙醇至刻度,摇匀,静置15 min。在510 nm处测定吸光度,并求出线性回归方程,建立标准曲线。

②山稔子中总黄酮含量的测定。吸取山稔子的不同提取液1 mL,按照标准曲线建立的方法测出其吸光度,根据标准曲线求出提取液中总黄酮的含量。

(6)包埋率的测定。包埋率是指微胶囊产品中被包埋的山稔子黄酮含量与包埋时总山稔子黄酮的总量之比。包埋率越高,则芯材被包埋的量越大,效果越好,产品的稳定性就越好。其计算公式如下:

$$包埋率=(1-产品表面黄酮的含量/黄酮的总量)\times 100\% \quad 公式(6-1)$$

微胶囊表面黄酮含量的测定:准确称取一定量的山稔子提取物微胶囊产品,加适量蒸馏水完全溶解后,加入无水甲醇,充分振荡静置,过滤,定容至50 mL,取滤液按上述方法测定。

微胶囊中黄酮总量的测定:准确称取一定量的山稔子提取物微胶囊产品,加适量蒸馏水完全溶解后,加入无水甲醇,充分振荡静置,过滤,取滤液按上述方法测定。

(7)DPPH自由基清除活性。配制DPPH溶液:准确称取4.6 mg DPPH,用无水乙醇溶解并定容于100 mL容量瓶中,避光保存(0～4 ℃)。对照样品:将0.1 mL无水乙醇与3 mL DPPH溶液加入同一试管中,摇匀,在黑暗中放置30 min,以无水乙醇为空白在517 nm测定其吸光度A_c。取山稔子提取液0.1 mL与DPPH溶液3 mL加入同一试管中,摇匀,在黑暗中放置30 min,以无水乙醇为空白在517 nm测定其吸光度A_i,并以下式计算其清除率:

$$清除率=[(A_c-A_i)/A_c]\times 100\% \quad 公式(6-2)$$

清除率越大抗氧化能力越强。

（8）POV值的测定。取出一定量的山稔子提取物和一定量的微胶囊山稔子黄酮分别置于烧杯中，然后分别在每个烧杯中加入30 g花生油，作为实验样品。

同时取30 g花生油各3份，其中一份加入柠檬酸作为对照样品，一份加入抗坏血酸，另一份作空白样品。将所有已加入抗氧化物质的花生油样品于60℃下在磁力搅拌器上加热搅拌30 min，使添加物充分溶解，随后移入空的白色瓶中，用玻璃塞塞住瓶口，置65℃恒温箱内避光保存，仅当取样测定时才打开瓶塞。每隔12 h分别摇匀搅拌2 min，并交换它们在恒温箱中的位置，定期取样测定。

油脂过氧化值（POV）的测定：精密称取1～2 g混匀的油样，置于250 mL碘量瓶中，加入30 mL氯仿-冰醋酸溶液（氯仿：冰醋酸=2：3，V/V），使样品完全溶解。加入饱和碘化钾溶液，塞紧瓶塞，并置于快速混匀器上振摇30 s，暗处放置3 min。取出后加100 mL水摇匀，立即用经标定（标定及配制方法按GB/T5009.37—1996进行）过的0.002 mol/L $Na_2S_2O_3$标准溶液滴定至淡黄色，加淀粉指示液1 mL，继续滴定至蓝色消失为终点。同时做空白。油脂过氧化值（POV）以下式计算：

$$POV=(S \times N)/W \times 1000 \qquad 公式（6-3）$$

式中：S为消耗$Na_2S_2O_3$的毫升数（mL）；N为$Na_2S_2O_3$的浓度（mol/L）；W为样品的质量（g）。

6.2.4 结果与分析

（1）芦丁标准曲线如图6-1所示。

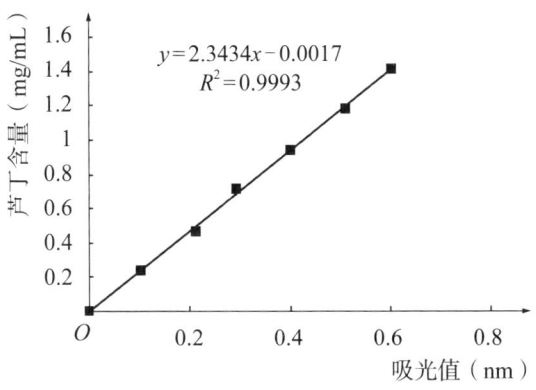

图6-1 标准芦丁质量浓度与吸光度值

（2）山稔子提取液喷雾干燥微胶囊配方的优化。在喷雾干燥法微胶囊化过程中，阿拉伯胶与β-环糊精配比、芯材与壁材比例、进料的料液浓度等因素都会影响产品质量，这些因素对产品质量影响程度也因产品、材料、设备的不同而变化。本研究结合一些资料，经过预试验，选择阿拉伯胶和β-环糊精作为壁材，对山稔子提取物微胶囊的配方进行了优化试验，试验结果见表6-4，方差分析见表6-5。

表6-4 微胶囊配方正交试验结果

试验号	因素			包埋率
	A	B	C	
1	1	1	1	86.23%
2	1	2	2	86.92%
3	1	3	3	89.36%
4	2	1	2	87.19%
5	2	2	3	91.15%
6	2	3	1	84.73%
7	3	1	3	82.15%
8	3	2	1	87.21%
9	3	3	2	87.58%
K_1	262.51	255.57	258.26	
K_2	263.07	265.28	261.29	
K_3	256.94	261.67	262.66	
K	260.84	260.9	260.74	
k_1	16.20	15.97	16.07	
k_2	16.22	16.28	16.16	
k_3	16.03	16.18	16.20	
R	0.18	0.32	0.13	

表6-5 正交试验方差分析

因素	偏差平方和	自由度	F	P	显著性
A	7.657	2	0.306	0.776	显著（$P<0.05$）
B	16.058	2	0.642	0.609	
C	3.721	2	0.149	0.871	
误差	25.021	2			

由表6-4、表6-5可知，影响喷雾干燥微胶囊包埋率的因素主次顺序为：壁材与芯材的比例＞壁材配比＞料液浓度。芯材与壁材比例会对微胶囊包埋率产生较大影响。随着芯材与壁材比例的提高，即山稔子提取物的增加，微胶囊包埋率提高，但山稔子提取物含量过高，表面吸附的提取物也会随之升高，微胶囊包埋率反而下降。这可能是因为包埋量太大减弱了壁材对芯材的包覆效果，反而导致微胶囊产品的效率较低。壁材特性是影响微胶囊产品的重要因素，用于喷雾干燥制备微胶囊的壁材应具备以下特点：水溶性高，对芯材无毒；传质性能良好；性质稳定，不易被生物分解；强度高，寿命长；来源广泛，容易得到；价格低廉，等等。阿拉伯胶成膜性很好，耐酸性强，在pH=3时仍很稳定。阿拉伯胶另一个优点是其对乳化的稳定性，因此常作为乳化剂的稳定剂，这对于微胶囊液的制备很有利。它还可以与其他胶类协调使用或配合其他乳化剂使用。但是其质量不稳定，而且价格较为昂贵，所以在生产中常与其他壁材混合使用。因此，本研究选择阿拉伯胶和β-环糊精复配作为包埋的壁材。提高料液浓度有利于喷雾干燥过程中囊壁的形成与其致密度的提高。

正交试验结果显示，所得微胶囊最佳配方为$A_2+B_2+C_3$；阿拉伯胶与β-环糊精的比例为1∶1，芯材与壁材的比例为1∶11，料液浓度为25%。

（3）对DPPH自由基的清除作用。DPPH自由基是一种稳定的以氮为中心的质子自由基，其乙醇溶液呈紫色，并在517 nm处有强烈吸收作用，在有自由基清除剂存在时，自由基清除剂提供一个电子与DPPH的孤对电子配对而使其褪色，褪色程度与其接受的电子呈定量关系，在517 nm处的吸光度变小，其变化程度与自由基清除程度呈线性关系，即自由基清除剂的清除自由基能力越强，吸光度越小。

①不同黄酮含量的山稔子提取物微胶囊对DPPH的清除作用。取一定

量的山稔子提取物微胶囊配成浓度为 50.5 mg/L 的溶液，分别取 0.1 mL、0.2 mL、0.3 mL、0.4 mL、0.5 mL 再分别加入无水乙醇 0.4 mL、0.3 mL、0.2 mL、0.1 mL、0 mL 作为不同浓度的山稔子提取物微胶囊的样品液，分别标示为样品 1 至样品 5。

测得 Ac=0.937，根据公式（6-2）计算清除率，其结果如图 6-2 所示。

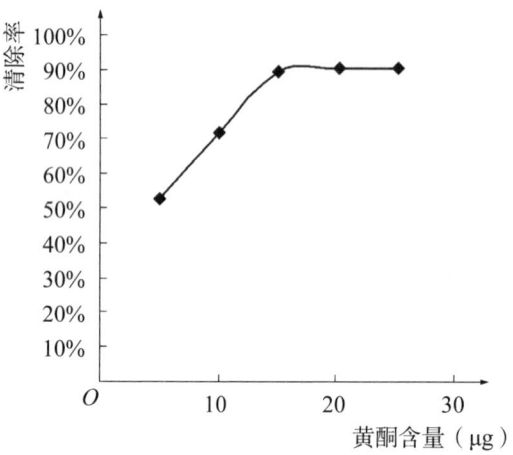

图6-2　不同黄酮含量的山稔子提取物微胶囊对DPPH的清除作用

由图 6-2 可知，山稔子提取物微胶囊对 DPPH 具有较好的清除作用，且在黄酮含量为 20.2 μg 时达到最大清除率，清除效果最好，达到 90.61%。

②相同浓度下的不同试剂对 DPPH 的清除作用。由不同黄酮含量的山稔子提取物微胶囊对 DPPH 的清除作用的实验可知，当样品黄酮含量为 20.2 μg/L 时，清除率最高。把不同试剂配成此浓度，比较其对 DPPH 的清除作用，结果如图 6-3 所示。

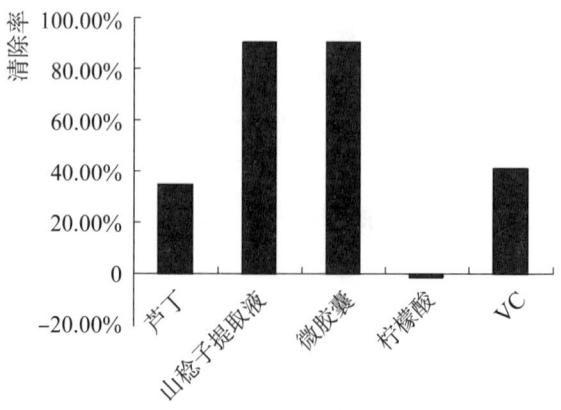

图6-3　相同浓度下的不同试剂对DPPH的清除作用

由图 6-3 可知，在相同浓度下，山稔子提取液对 DPPH 的清除率为 90.41%，微胶囊为 90.58%，对 DPPH 的清除作用基本一致。这说明在喷雾干燥条件下，山稔子提取物保持原有的生物活性。而芦丁为 35.15%，VC 为 41.18%，均比山稔子提取液和微胶囊低。这说明了山稔子提取液对 DPPH 有较好的清除作用。

6.3 山稔子酒发酵工艺条件的研究

6.3.1 材料、仪器与设备

（1）材料。山稔子，采自广东省河源市，新鲜、成熟、肉质好，无霉烂；酵母，"安琪"牌高活性干酵母，湖北安琪集团生产；白砂糖，市售，符合 GB241《白砂糖卫生标准》一级品要求。

（2）主要仪器与设备。打浆机、压榨机、手持糖度计、755型紫外分光光度计、Sartorius 酸度计、浸提罐、浓缩罐。

6.3.2 研究方法

（1）山稔子酒发酵工艺流程。

山稔子鲜果→分选清洗→打浆、榨汁→调 pH 及糖度→巴氏杀菌→冷却→接种→主酵→分离酒脚→后酵→后处理→调和→过滤→杀菌→灌装→成品

干酵母

（2）山稔子酒生产技术要点。

①分选和清洗。通过分选除去腐败、虫蛀等不合格山稔子，合格原料用清水冲洗后打浆。

②打浆、榨汁。用搅拌机将果肉破碎打成浆状，并榨汁。

③调整糖酸。经过测定，山稔子汁的糖含量为 15% 左右，因此用蔗糖调节，使浆汁中总糖含量达 20%~26%，用柠檬酸或酒石酸调整酸度使浆汁中的 pH 达到 4。

④巴氏杀菌。果浆经 60~63℃，杀菌 20 min，并迅速冷却至 40℃。

⑤发酵与成熟。向已灭菌的料液中加入扩大培养好的酵母菌种，加入量约为其重量的 5%，混合均匀，然后进行发酵。当测定物料含糖量在 1% 左右时，主发酵即已完成。

将酒醪过滤后除去残渣送入后酵罐。后酵温度控制为20～24℃，保持2周。取上清液送入老熟罐进行成熟，以改善风味和口感。老熟温度为10～15℃，成熟时间60～90 d。

⑥配兑和精滤。经过成熟的山稔子酒按质量要求调整其酒精度、含糖量和含酸量，最后经过精滤即得成品酒。

（3）指标的测定。

①总糖度用斐林试剂法测定。

②酒精度用蒸馏比重法检测。

③总酸用碱滴定法测定。

④感官品质检测。主要对样品色香味指标及典型性进行评分。每项满分为10分，分别乘以加权值后相加为总分（色泽占0.2，香气占0.3，味道占0.4，典型性占0.1），取4个总分的平均值为该样品的综合得分。

6.3.3 结果与讨论

6.3.3.1 山稔子酒发酵条件的单因素实验

（1）糖度的影响。糖是酵母菌生长和繁殖的碳源，同时也是酒精发酵的底物，糖度的高低直接影响着山稔子酒的酒精度。山稔子果汁的糖度不超过15%，在此基础上加入白砂糖将山稔子汁的糖度分别调整至20%，22%，24%和26%，在25℃下进行发酵，其发酵的结果见图6-4和表6-6。

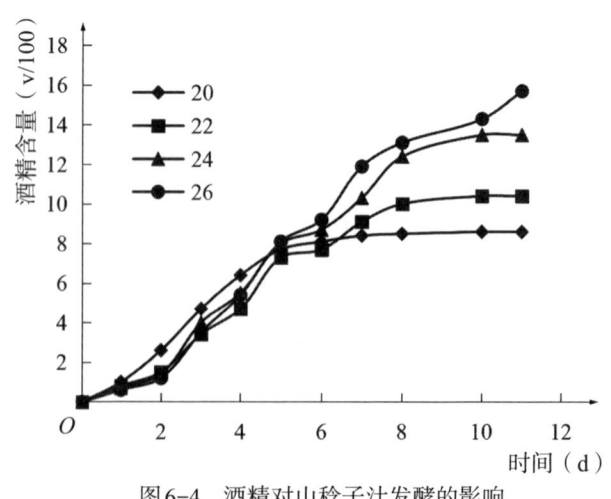

图6-4 酒精对山稔子汁发酵的影响

表6-6 糖度对山稔子汁发酵的影响

糖度	酒精度	发酵时间（d）	残糖（g/L）	风味
20%	7.7%	5	1.08	好
22%	9.1%	7	1.35	较好
24%	12.4%	8	1.71	较好
26%	15.7%	11	5.17	好，略带甜味

从图6-4和表6-6中可以看出，随着总糖含量的增加，山稔子汁发酵的酒精度和残糖有所提高，但发酵时间也明显延长。在迟滞期内，糖度为26%时，酒精度上升最慢；糖度为20%时，酒精度上升最快。这是由于高糖度会抑制酵母的生长。虽然随着发酵时间的延长，高糖度能得到较高的酒精度，但残糖率增加，酒精产率也随之下降。因此，可以考虑分次加糖的方法，使最终发酵酒精度达到要求值。

（2）酸度的影响。山稔子汁呈弱酸性。为了防止杂菌的生长，改善原酒的风味，本实验分别添加2 g/L、4 g/L、6 g/L和8 g/L的柠檬酸，所得pH值分别为3.3，3.0，2.8和2.6，在25℃下进行发酵，结果见表6-7。

从表6-7中可以看出，添加2 g/L柠檬酸的样品不能有效抑制杂菌的生长，而添加8 g/L柠檬酸的样品发酵速度较慢，其主要原因是过量的柠檬酸抑制了酵母的生长，并且风味差。添加4 g/L柠檬酸的样品发酵的原酒风味最好。

表6-7 酸度对山稔子酒发酵的影响

柠檬酸添加量（g/L）	pH	发酵时间（d）	风味
2	3.3	—	染杂菌
4	3.0	8	最好
6	2.8	9	好
8	2.6	15	差

（3）接种量的影响。酵母接种量的大小直接决定发酵原酒的风味。对于某一营养组成的发酵液，当接种酵母后，因其营养成分含量是一定的，酵母发酵到一定程度后，发酵液中营养会消耗完全，不论接种量大小，其最终产酒量差别不大。因此，探讨适当的接种量对风味的影响是十分重要的。表

6-8是接种量对山稔子发酵特性的影响。

表6-8 接种量对山稔子酒发酵的影响

接种量（g/L）	发酵时间（d）	风味
0.15	10	较好
0.18	9	较好
0.21	8	好
0.25	6	差

从表6-8中可以看出，适当的接种量为0.15~0.20 g/L。

6.3.3.2 山稔子酒发酵工艺参数的优化

在单个因素实验的基础上，对糖度、柠檬酸的添加量和酵母接种量等因素进行正交试验以确定其最佳的发酵工艺条件。根据因素水平表（表6-9）进行正交实验，结果见表6-10。

表6-9 $L_{16}(4^3)$ 正交试验方案设计

水平	因 素		
	A 糖度	B 柠檬酸增加量（g/L）	C 接种量（g/L）
1	20%	2	0.15
2	22%	4	0.18
3	24%	6	0.21
4	24%	8	0.24

表6-10 $L_{16}(4^3)$ 正交试验方案设计结果表

实验号	因 素			葡萄糖消耗量
	A	B	C	
1	1	1	1	186
2	1	2	2	196
3	1	3	3	218.3
4	1	4	4	173.2

续表

实验号	因素			葡萄糖消耗量
	A	B	C	
5	2	1	2	205
6	2	2	1	201.3
7	2	3	4	190.8
8	2	4	3	180.7
9	3	1	3	210
10	3	2	4	205
11	3	3	1	213.4
12	3	4	2	204
13	4	1	4	179.8
14	4	2	3	206.6
15	4	3	2	207.4
16	4	4	1	170.7
K_1	773.5	780.8	771.4	
K_2	777.8	808.9	812.4	$T=2361.3$
K_3	832.4	829.9	815.6	$\mu=196.8$
K_4	764.5	728.6	748.8	
$\overline{K_1}$	193.4	195.2	192.9	
$\overline{K_2}$	194.5	202.2	203.1	
$\overline{K_3}$	208.1	207.5	203.9	
$\overline{K_4}$	191.1	182.2	187.2	
R	17	25.3	16.7	

由表6-10可知，影响山稔子酒的发酵效果的因素主次顺序是 $B>A>C$，即酸度＞糖度＞接种量。因此，三因素中柠檬酸添加量的影响最大，糖度对产品影响次之，接种量的影响最小。

同时，从图6-5上可以看出 A、B、C 三者随因素水平变化的趋势，其最佳组合为 $A_3+B_3+C_3$，故取最佳发酵条件为：糖度为24%，柠檬酸添加量为

6 g/L，酵母接种量为 0.21 g/L。

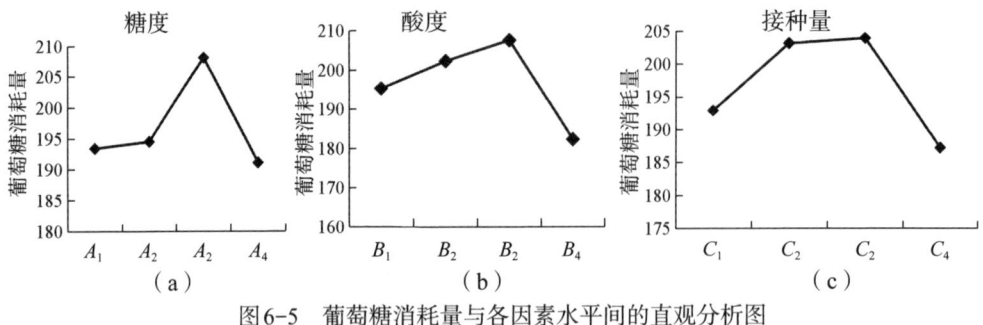

图 6-5　葡萄糖消耗量与各因素水平间的直观分析图

6.3.4　山稔子原酒质量指标

（1）感官指标。外观：澄清透明，无悬浮物，无沉淀。色泽：深红色。气味及滋味：酒香中带有山稔子清香，无异味；甘甜醇和，甜酸协调适口，酒体丰满。

（2）理化指标。酒精度（20℃，v/v）：8%～12%。总糖（以葡萄糖计）：≤4.5 g/L。可溶性固形物：大于等于 18.0 g/L。总酸（以柠檬酸计）：2～3 g/L。高级醇：0.1～0.35 g/L。

（3）卫生指标：按 GB2758 执行。

6.4　山稔子黄酮口含片的研制

6.4.1　材料与仪器

（1）实验试剂及用材：山稔子干果、乙醇、石油醚、β-环糊精、可溶性淀粉、阿斯巴甜、葡萄糖、木糖醇、柠檬酸、薄荷脑、薄荷油、甘露醇、羧甲基淀粉钠（CMS-Na）、硬脂酸镁。

（2）实验仪器：粉碎机、布氏漏斗、抽滤瓶、旋转蒸发仪、比重瓶、造粒机、烘箱、压片机、硬度计。

6.4.2　工艺流程

（1）山稔子提取物的制取。山稔子干果→粉碎→石油醚脱脂→乙醇浸提→粗滤→精滤→真空浓缩→烘干→粉碎→得提取物粉末。

（2）山稔子口含片的制作。提取物粉末＋各种辅料→粉碎→过100目筛→混合→制软料→14目筛造粒→干燥→14目筛整粒→压片→灭菌→检测。

6.4.3 实验方法

（1）山稔子干果脱脂与浸提。取山稔子干果6.2 kg置于粉碎机中粉碎，过40目钢筛后准确称取6 kg粉末，平均分成三批，每批2 kg。以1 L/kg的比例加入石油醚脱脂，每批脱脂两次，每次24 h。脱脂后抽滤回收石油醚，粉末烘干除去残留石油醚，加入6倍体积75%的乙醇于室温下进行浸提。总共浸提3次，每次24 h。浸提后过滤，合并三次滤液。

（2）浸提液的浓缩与干燥。将滤液于旋转蒸发仪中浓缩至原体积的1/6～1/7，测定浓缩液固含量，固含量在15%～20%之间。在浓缩液中加入与固含物等量的β-环糊精与可溶性淀粉混合物，β-环糊精与可溶性淀粉的比例为1∶1，再将浓缩液置于烘房内于40℃干燥48 h，收集固形物并粉碎，过100目钢筛备用。

（3）固含量的测定。取培养皿3个，洗净后烘干，测定培养皿的重量G_1。在每个培养皿中加入10 mL待测液，迅速测定重量G_2。将浓缩液置于烘箱中于50℃烘干至恒重，取出后迅速测定其重量G_3。浓缩液固含量按下式计算：

$$固含量=\frac{G_3-G_1}{G_2-G_1}\times 100\% \qquad 公式（6-4）$$

由于待测液中含有较多乙醇，在空气中容易挥发，因此称重量时动作应迅速，避免酒精蒸发而影响测定结果。待测液干燥后得到的干燥物在空气中很容易吸湿变重，因此测定干燥物重量时动作也应迅速，避免干燥物吸湿而影响测定结果。

（4）黄酮含量的测定方法。

①标准曲线的建立。将提取液和标准品在700～200 nm内进行光谱扫描分析，发现在510 nm处有最大吸收峰，故用510 nm作为检测波长。精密称取在105℃条件下干燥至恒重的芦丁对照品11.8 mg，置50 mL容量瓶中，加甲醇适量，以水浴方式微热溶解，置冷，用甲醇稀释至刻度，摇匀得芦丁对照溶液（0.236 mg/mL）。精密吸取对照溶液0 mL、1.0 mL、2.0 mL、3.0 mL、4.0 mL、5.0 mL、6.0 mL，分别置入25 mL容量瓶中，再分别加甲醇6.0 mL、5.0 mL、4.0 mL、3.0 mL、2.0 mL、1.0 mL、0 mL；加5%亚硝酸钠溶液1.0 mL，摇匀，静置6 min；加10%硝酸铝溶液1.0 mL，摇匀，再

静置 6 min。加 1% 氢氧化钠试液 10 mL，再加 30% 乙醇至刻度，摇匀，静置 15 min。在 510 nm 处测定吸光度，并求出线性回归方程，建立标准曲线。

②浸提液中总黄酮含量的测定。分别吸取三个批次的山稔子浸提液，每个批次三个平行样本，按照标准曲线建立的方法测出其吸光度。根据标准曲线，求出提取液中总黄酮的含量。

（5）口含片制剂工艺。

①基本片的确定。根据黄酮抑菌试验结果，原料用量每日为 0.96~1 g，按每日用量 3~5 片，则每片为 0.2~0.3 g，初步拟定片重为 0.5 g，规定其原辅料配比为 1:4，最终成品口含片的辅料中填充剂约占 70%，调味剂约占 4%，崩解剂约占 1%，润滑剂约占 3%。

②辅料的筛选。其中填充剂选择可溶性淀粉、β-环糊精、甘露醇、糖粉等，调味剂选择阿斯巴甜、葡萄糖、木糖醇、柠檬酸、薄荷脑、薄荷油等，以口含片的口感作为评价指标，采用配方比较法对由上述各种辅料制成的口含片进行配方筛选，最终选择较好的组合。设计的各组配方见表 6-11。

表 6-11 各组配方

	配方 1	配方 2	配方 3	配方 4	配方 5	配方 6
主药	50.00	50.00	50.00	50.00	50.00	50.00
可溶性淀粉（g）	93.75	50.00	25.00	25.00	25.00	25.00
β—环糊精（g）	93.75	50.00	25.00	25.00	25.00	25.00
甘露醇（g）	—	—	133.50	25.00	63.50	101.75
糖粉（g）	—	83.75	—	101.00	63.50	25.00
阿斯巴甜（g）	—	—	—	—	—	6.25
葡萄糖（g）	—	—	—	6.25	—	—
木糖醇（g）	—	—	—	—	6.25	—
柠檬酸（g）	—	—	2.00	3.75	2.50	2.50
薄荷脑（g）	—	—	2.00	1.50	1.50	1.50
薄荷油（g）	—	3.75	—	—	0.50	0.50

③制剂工艺。

配方 1、配方 2、配方 3：在山稔子粉末（已混入比例为 1:1 的可溶性淀粉、β-环糊精）中加入相应量的可溶性淀粉、β-环糊精、糖粉、甘露醇等，混合均匀。糖粉和甘露醇加入前需过 100 目筛粉碎。将柠檬酸溶解于乙醇，喷入粉末制软材，过 14 目筛制粒。所得颗粒置于 60℃烘箱中干燥 2 h，过 14 目筛整粒，加入硬脂酸镁，薄荷脑溶于乙醇后和薄荷油一起喷于颗粒内，混合均匀后压制 500 片。

配方 4、配方 5、配方 6：将柠檬酸和甜味剂阿斯巴甜、葡萄糖、木糖醇等混合后，按照等量递加法与糖粉混合。其混合物再按照等量递加法与甘露醇混合，最后再和山稔子粉末混合均匀。在混合物粉末中加入一定浓度的乙醇制软材，过 14 目筛制粒。所得颗粒置于 60℃烘箱中干燥 2 h，过 14 目筛整粒，加入硬脂酸镁，薄荷脑溶于乙醇后和薄荷油一起喷于颗粒内，混合均匀后压制 500 片。

④黏合剂的筛选及用量。加入黏合剂的目的是使物料润湿，产生足够强度的黏性以利于制成颗粒。按上述配方工艺分别采用 50%，75%，95%，100% 乙醇制软材，过 14 目筛制粒，干燥，整粒，以软料和所制颗粒质量作为评价指标筛选最佳黏合剂，以整粒后颗粒得率作为指标确定黏合剂的最适用量。

⑤润滑剂的筛选及用量。压片时为了能顺利加料和出片，并减少粘冲及降低颗粒与颗粒、药片与模孔壁之间的摩擦力，使片面光滑，在压片前一般需在料里重新加入适宜的润滑剂。常用的润滑剂有硬脂酸镁和滑石粉。由于滑石粉颗粒细而相对密度大，附着力差，在压片过程中常因震动而与颗粒分离并沉在颗粒底部，往往出现上冲粘冲现象。而硬脂酸镁由于良好的附着性，与颗粒混合后分布均匀而不易分离，有良好的润滑作用，故选择硬脂酸镁作为润滑剂。按上述工艺将制备的颗粒分别加入硬脂酸镁 0%，1%，2%，以颗粒的流动性和大小分布作为评价指标，筛选硬脂酸镁的最佳用量。

颗粒的流动性可用固定圆锥法测定休止角，休止角小表明颗粒的流动性好，休止角大说表明颗粒的流动性差。为了稳定片剂口感，必须控制颗粒的流动性，一般休止角为 40° 的颗粒压片后口感较好。对于颗粒大小的分布，主要是测定不同目数的颗粒所占的比重。

休止角的测定方法如下：将漏斗固定在漏斗口离水平面 5 cm 处，将由上述工艺制得的颗粒自漏斗上自由落下，当颗粒顶端到达漏斗口处时，测量堆集体底面圆半径，则有以下公式：

$$\theta=\arctan\frac{5}{r} \qquad 公式(6-5)$$

颗粒大小分布的测定方法如下：称取各品种项下规定的供试品，置于规定号的药筛内，筛上加盖并在筛下配有密合的接收容器。按水平方向旋转振摇至少 3 min，并不时在垂直方向轻叩筛。取筛下的颗粒及粉末，称定重量，计算其所占比例（%）。

⑥崩解剂的筛选及用量。药物被较大的压力压成片剂之后，空隙率很小，结合力很强，原先在水中易溶解的药物压成片后，其在水中的溶解或崩解也需要一定的时间，因此片剂中一般需要加入崩解剂，保证片剂中有效成分能够在规定时间内溶出。常用的崩解剂有交联聚维酮（PVPP）、羧甲基淀粉钠（CMS-Na）、羧甲基纤维素钠（CMC-Na）等。本实验选择 CMS-Na 作为崩解剂。CMS-Na 的特点是吸水性极强，吸水后可膨胀至原体积的 300 倍，是极好的崩解剂。另外，CMS-Na 还具有良好的流动性和可压性，可改善片剂的成型性，增加片剂的硬度。

取 0%，2%，4%，6% 四个水平进行实验，以口含片的崩解时限作为评价指标，探究 CMS-Na 的最佳用量。

崩解是指口服固体制剂在规定条件下全部崩解溶散或成碎粒，除不溶性包衣材料或破碎的胶囊壳外，应全部通过筛网。如有少量不能通过筛网，但已软化或轻质上漂且无硬心者，可作符合规定论。崩解时限的检测方法如下：取直径 1.5 cm 试管，加入 37 ℃热水 2 mL，再取 6 片口含片放入其中，观察其崩解状况并计时。

⑦口含片的灭菌。采用紫外线灭菌法，将口含片在紫外灯下照射 20 min 可达到灭菌的效果。

（6）口含片常规检测。

①片重差异。《中国药典》规定单片重量 0.3 g 以上的片剂其重量差异度不得超过 ±5%。随机抽取药片 20 片精确称定总重量，求得平均片重后，再分别精密称定各片的重量。每片重量与平均片重相比较，超出差异限度的药片不得多于 2 片，并不得有 1 片超出限度 1 倍。

②卫生学检查。按照国家制定的药品卫生标准规定执行。

6.4.4 结果与分析

（1）固含量的测定。

①浸提液固含量的测定。取三个批次的浸提液各三个样品进行固含量测定，并计算浸提物得率。测定结果见表6-12，三个批次浸提液的平均固含量为3.63%，平均浸提物得率为5.75%。

表6-12　浸提液固含量的测定结果

	第一批	第二批	第三批
样品一	3.66%	3.66%	3.56%
样品二	3.60%	3.68%	3.60%
样品三	3.61%	3.72%	3.61%
平均	3.62%	3.69%	3.59%
固含物总量（g）	342	353	340
浸提物得率	5.70%	5.88%	5.67%

②浓缩液固含量的测定。将三批浸提液合并后浓缩至原体积的1/6，取三个样品进行平行实验。所测得固含量数据见表6-13，平均固含量为15.36%，在15%～20%的范围之内。

表6-13　浓缩液固含量的测定结果

	样品一	样品二	样品三
浓缩液重量（g）	11.54	11.62	11.68
固含物重量（g）	1.77	1.80	1.78
固含量	15.34%	15.49%	15.24%

本实验控制固含量在较低的范围之内而不是直接浓缩成浸膏，主要是因为浓缩浸膏的黏度大，不易粉碎，不易与其他辅料混合，且黏附力强，干燥过程中极易黏附于盛器壁上造成损失。将固含量控制在15%～20%的范围内，浓缩液中仍存在大量液体，此时可加入某些辅料改善浸膏的物理特性，降低浸膏的黏度，进而减少干燥过程中有效成分的损失，同时有利于干燥物的粉碎和定量。

（2）浸提液总黄酮的测定。以芦丁作为标准品制作的标准曲线如图6-6所示。

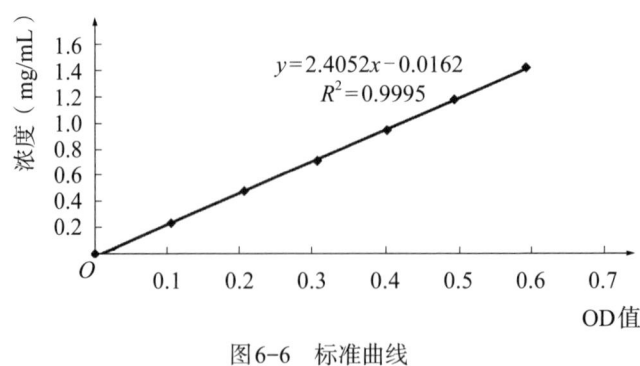

图6-6 标准曲线

浸提液总黄酮含量=2.4052×OD值×稀释倍数-0.0162　　公式（6-6）

三个批次的山稔子浸提液总黄酮测定数据见表6-14，三批平均含量为3.1032 mg/mL。

表6-14　山稔子浸提液总黄酮测定数据

	第一批	第二批	第三批
样品一（mg/mL）	3.0359	3.3245	2.9283
样品二（mg/mL）	2.9283	3.2764	3.1207
样品三（mg/mL）	3.1064	3.2321	2.9764
平均（mg/mL）	3.0235	3.2777	3.0085

（3）辅料的筛选。六种配方所制口含片口感比较见表6-15。

表6-15　口含片口感比较

	甜味	酸味	冰凉感	沙砾感	涩苦味	异味
配方1	无	无	无	+++	微涩、微苦	有药味，淀粉味、糊精味重
配方2	淡	无	稍重	+	微涩	极淡药味，特殊淀粉味、糊精味
配方3	淡	淡	稍重	+	无	无
配方4	稍淡	重	淡	+	无	无
配方5	稍淡	适中	适中	-	无	无
配方6	适中	适中	适中	-	无	无

配方1仅在山稔子干粉（山稔子浸提物）中加入基本填充剂（可溶性淀粉、β-环糊精），不添加任何调味剂，目的在于考察山稔子干粉的原味，据此可加入相应的调味剂掩蔽不良味道。所压制得到的含片与大多数中药浸提物一样具有比较重的药味、涩味和苦味，且由于加入的可溶性淀粉和β-环糊精量较多，使得含片还有比较重的淀粉味和糊精味，咀嚼时有沙砾感。

配方2在配方1的基础上进行调整，减少可溶性淀粉、β-环糊精的用量，减少部分用糖粉替代。糖粉本身具有一定的甜味，除了作为填充剂，还起到一定的矫味与黏合作用。同时加入一定量的薄荷油对含片的药味进行掩蔽。压制的含片有淡淡的甜味，苦味和药味得到一定的掩蔽，无明显苦味和药味。由于减少了可溶性淀粉和β-环糊精的用量，含片中浓重的淀粉和糊精味得到了改善，气味变淡，但咀嚼时仍有一定的沙砾感。

配方3在配方2的基础上进行调整，再度减少可溶性淀粉和β-环糊精的用量，用甘露醇代替糖粉作为主药填充剂，加入一定量的柠檬酸，以酸味掩蔽药味，同时用薄荷脑代替薄荷油作为清凉剂。压制后所得含片没有苦味、涩味和药味，没有特别的淀粉和糊精味，但酸甜味仍然较淡，冰凉感仍然较重，且口感比配方2口含片的还要粗糙一些，需要作进一步的改善。

配方4在配方3的基础上进行了调整，以糖粉作为主要填充剂，辅助添加甘露醇，同时加入甜味剂葡萄糖，增加柠檬酸的用量，减少薄荷脑的用量。压制得到的含片甜味没有太大改变，酸味过重，冰凉感稍淡，口感比糖粉或甘露醇单独使用时有所改善，但仍然比较粗糙。

配方5在配方4的基础上进行了调整，加入等量的甘露醇和糖粉，甜味剂以木糖醇代替葡萄糖，减少柠檬酸的用量，薄荷脑和薄荷油结合使用作为清凉剂。压制所得的含片无异味，无沙砾感，酸味和冰凉感适中，甜味虽有所改善，但口感仍然比较淡。

配方6增加了甘露醇的用量，甜味剂用阿斯巴甜代替木糖醇，压制所得的含片酸甜适中，冰凉爽口，口感比以上5组配方的稍微细腻，确定配方6为最佳配方。

（4）黏合剂的筛选及用量。

①黏合剂的筛选。以50%的乙醇作为黏合剂，所得软材黏度较大，手捏时稍微粘手，过14目筛后成条状，无法形成规则的颗粒。以70%的乙醇作为黏合剂，所得软料的硬度适中，手捏能成团，轻压则散。以95%的乙醇作为黏合剂，所得软料黏度较低，过筛后形成的细颗粒过于松散，极易粉碎。以

100%的乙醇作为黏合剂，效果与95%乙醇相近。因此，确定70%的乙醇为最佳黏合剂。

②黏合剂的用量。按照配方6配制250 g含片粉末，平均分成5份，每份50 g，分别加入1 mL/（100 g）、2 mL/（100 g）、3 mL/（100 g）、4 mL/（100 g）、5 mL/（100 g）的75%乙醇制软材，过14目筛制粒，干燥后过14目筛整粒，称量所得颗粒的重量，计算颗粒的得率，结果如图6-7所示。由图可见，当乙醇使用量为5 mL/（100 mg）时，颗粒得率较高（88%）。因此，确定乙醇的最适用量为5 mL/（100 mg）。

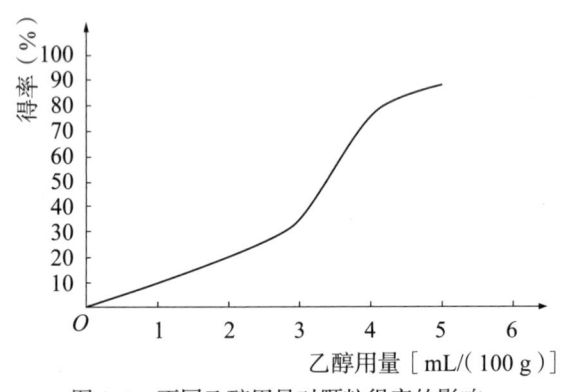

图6-7　不同乙醇用量对颗粒得率的影响

（5）润滑剂的筛选及用量。

①休止角测量。按照配方6配置50 g含片粉末，取40 mm短管漏斗将粉末从漏斗口处均匀倒入，测定堆集体底面圆的半径。先测定加入硬脂酸镁前的休止角，再测定分别加入1%和2%硬脂酸镁后的休止角。所测休止角分别为65°、45°、40°。结果表明，加入硬脂酸镁后粉末的流动性有明显的改善，确定硬脂酸镁的用量为1%。

②粒度分布测定。取以上加入了1%硬脂酸镁的粉末，按照上述方法测定其粒度分布，结果见图6-8。由图6-8可看出颗粒粒度分布呈正态分布，粗细颗粒分配适中，利于压片填冲，稳定片重。

（6）崩解剂的筛选及用量。按照配方6配置含片粉末200 g，平均分成4份，每份50 g，分别加入0%，2%，4%，6%四个水平的CMS-Na进行实验后，按照上述配方6的压片工艺分别压制100片后，各取6片，再按照上述的方法测定其崩解时限。测得四个水平的含片的崩解时间分别为63 min、48 min、27 min、20 min，由此确定CMS-Na的使用量为4%。

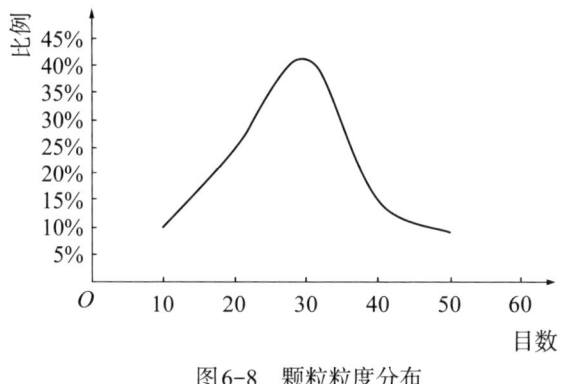

图6-8 颗粒粒度分布

（7）片重差异检查。按照上述方法进行检查，结果符合《中国药典》当中的有关要求。

（8）卫生学检查。按照上述的方法进行检查，结果符合药品卫生标准规定。

参考文献

[1] 中国科学院中国植物志编委会.中国植物志：第53卷第1分册[M].北京：科学出版社，1984：121-122.

[2] 刘建福，王河山，王明元.常见药用植物图鉴400种[M].北京：科学出版社，2021.

[3] 林余霖，李葆莉.新编中草药全图集[M].第4卷.北京：中国中医药出版社，2020.

[4] 韦松基，黄祥远.桃金娘的生药学研究[J].中国中药杂志，2007（06）：538-540.

[5] 张中显.桃金娘花[EB/OL].中国植物.2019-6-18[2024-12-26].https：//ppbc. iplant. cn/tu/5243566.

[6] 黄青良.桃金娘果[EB/OL].中国植物.2019-7-4[2024-12-26].https：//ppbc. iplant. cn/tu/5282983.

[7] 谢春平，韩维栋，王华辰，等.中国桃金娘的地理分布及气候限制性因子分析[J].热带作物学报，2022，43（2）：409-417.

[8] 黄儒强，邓卫文，伍静莲，等.山稔子中总黄酮含量的测定及其黄酮种类的鉴别[J].食品科学，2006，（10）：455-458.

[9] 徐任生.天然产物化学[M].2版.北京：科学出版社，2004：526.

[10] 吴文珊、方玉霖、张清其.桃金娘Rhodomyrtus tomentosa果实的营养成分研究.武夷科学，1998（12）：226-228.

[11] 江彩华、方伟章、丁文恩，等.桃金娘保健饮料开发研究[J].林业实用技术，2003（6）：10-11.

[12] 吴萍萍，赖曼萍，尹艳艳，等.响应面法优化山稔叶总黄酮提取工艺的研究[J].食品工业科技，2014，35（04）：223-233.

[13] 林忠文，李茂，曾宪彪，等.山苍不同提取物对正常动物颈总动脉血压影响的比较研究[J].时珍国医国药，2009，20（7）：1613-1614.

[14] 候爱君，刘延泽，吴养洁.桃金娘中的黄酮苷和一种逆没食子丹宁[J].中草药，1999，3（9）：645-648.

[15] 张竞雯.桃金娘叶总黄酮提取工艺优化及抑菌活性研究[D].广州：华南师范大学，2017.

[16] 肖婷，崔炯谟，李倩，等.桃金娘的化学成分、药理作用和临床应用研究进展[J].现代药物与临床，2013，（05）：800-805.

[17] 周学明，刘洪新，陈寿，等.桃金娘叶的化学成分研究[J].中草药，2016，（15）：2614-2620.

[18] 秦荣欢，利秋兰，陈璐莹.大孔树脂对桃金娘叶总黄酮的静态吸附性能研究[J].广东化

工，2014，(18)：34-35.

[19] 张圣，黄东，凌家如，等.桃金娘乙酸乙酯提取物与烟碱混配对螺旋粉虱增效作用[J].热带林业，2016，(03)：14-16.

[20] 朱春福，贺峦，王建国.桃金娘水浸提液对拟南芥种子萌发和幼苗生长的化感作用[J].广东农业科学，2014，(07)：83-87.

[21] 黄儒强，刘学铭.大孔吸附树脂分离龙眼核总抗氧化活性物质方法的研究[J].湖北农业科学，2007，46(1)：141-144.

[22] 翟梅枝，郭琪，贾彩霞，等.大孔树脂分离纯化核桃青皮总黄酮的研究[J].生物质化学工程，2008，42(3)：21-25.

[23] 何方炎.聚酰胺柱层析法分离、纯化山稔子黄酮的研究[D].广州：华南师范大学，2017.

[24] 李宗祺.硅胶柱层析法分离山稔子黄酮类化合物的研究[D].广州：华南师范大学，2010.

[25] 赵广河，李轩倪.复合酶法提取桃金娘多糖工艺研究[J].食品工业，2013，34(9)：117-119.

[26] 赵广河，梁彩玉.柠檬酸盐缓冲液提取桃金娘粗多糖工艺[J].中国食品添加剂，2013(4)：107-110.

[27] 赵广河，陈振林.桃金娘粗多糖提取及抗氧化活性研究[J].食品研究与开发，2016，37(7)：78-80.

[28] 陈旭，杜正彩.桃金娘多糖对大鼠急性肝损伤保护作用的研究[J].安徽农业科学，2010，38(11)：5644+5664.

[29] 孙慧琳，毛安伟，刘珍珍，等.桃金娘果多糖的抗氧化性研究[J].新中医，2012，44(4)：127-129.

[30] 冯林川，刘伟，赵武，等.桃金娘多糖对肉鸽生产性能和免疫功能的影响[J].现代畜牧兽医，2019(4)：23-26.

[31] 银慧慧，童艳梅，曾雪颜，等.桃金娘果多糖对免疫抑制小鼠免疫功能的影响[J].中国畜牧兽医，2022，49(2)：731-737.

[32] 卢光强，刘伟，曾雪颜，等.桃金娘果多糖的制备及其免疫增强作用研究[J].中国兽药杂志，2022，56(6)：50-55.

[33] GB 5009.3—2016.食品安全国家标准　食品中水分的测定[S].北京：中国标准出版社，2016.

[34] GB 5009.7—2016.食品安全国家标准　食品中还原糖的测定[S].北京：中国标准出版社，2016.

[35] GB 5009.5—2016.食品安全国家标准　食品中蛋白质的测定[S].北京：中国标准出版

社, 2016.

[36] GB 5009.6—2016.食品安全国家标准 食品中脂肪的测定[S].北京：中国标准出版社, 2016.

[37] GB 5009.4—2016.食品安全国家标准 食品中灰分的测定[S].北京：中国标准出版社, 2016.

[38] 赵广河, 凌丽萍.木瓜蛋白酶法提取桃金娘多糖工艺研究[J].北方园艺, 2013(19)：131-133.

[39] 张少敏.桃金娘果实色素的提取、纯化、性质研究及组分分离与结构鉴定[D].广州：华南理工大学, 2013.

[40] 黄丽华, 翁玉莹, 陈刚.桃金娘多糖的提取及抗氧化活性的分析[J].农业与技术, 2021, 41(2)：25-28.

[41] 李亚平, 周鸿立.多糖中糖醛酸含量测定方法的研究进展[J].食品研究与开发, 2019, 49(17)：207-211.

[42] 秦小明, 隋亚君, 宁恩创.桃金娘果实多糖的构造研究（I）[J].食品科学, 2005(4)：79-82.

[43] 隋亚君.桃金娘多糖的分离纯化及其化学结构研究[D].南宁：广西大学, 2006.

[44] 张少敏.桃金娘果实色素的提取、纯化、性质研究及组分分离与结构鉴定[D].广州：华南理工大学, 2012.

[45] 徐任生.天然产物化学[M].北京：科学出版社, 2004：410.

[46] 林建原, 季丽红.响应面优化银杏叶中黄酮的提取工艺[J].中国食品学报, 2013(2)：83-90.

[47] 吴萍萍, 尹艳艳, 朱宝君, 等.不同方法提取山稔子挥发油的比较研究[J].香料香精化妆品, 2015, (1)：9-13.

[48] 谈满良, 周立刚, 汪冶, 等.桃金娘科植物抗菌成分的研究进展町[J].西北农林科技大学学报：自然科学版, 2005, 33(增刊)：225-229.

[49] 陈永录.山稔子中抗氧化物质的研究[D].广州：华南师范大学, 2006.

[50] ESCH G J. Toxicology of tert-butylhydroquinone(TBHQ)[J]. Food Chem Toxicol, 1987, 24(10/11)：1063-1065.

[51] 张海德.柚皮黄酮类抗氧化物质的研究[D].广州：华南理工大学, 2001, 5.

[52] 黄儒强, 李娘辉, 黄科礼, 等.山稔子黄酮类提取物抗自由基作用及体内抗氧化功能的研究[J].食品科学, 2008, (9)：588-590.

[53] 蔡仕瑾, 黄儒强, 张守红, 等.山稔子提取物抗氧化能力的研究[J].现代食品科技,

2008，24（12）：1229-1231.

[54] 黄科礼，黄儒强.山稔子提取物对油脂抗氧化作用的研究［J］.食品科学，2008，29（11）：84-86.

[55] 曾维才，石碧.天然产物抗氧化活性的常见评价方法［J］.化工进展，2013，32（6）：1205-1247.

[56] 徐晓敏.藜麦皂苷的提取、分离纯化及生物活性研究［D］.呼和浩特：内蒙古农业大学，2017.

[57] 黄婉玲.桃金娘叶提取物抗氧化活性的研究［D］.广州：华南师范大学，2017.

[58] 刘朝霞，胡士德，邹坤，等.资木瓜乙醇提取物的体外抗氧化活性研究［J］.三峡大学学报：自然科学版，2008，30（4）：72-75.

[59] 王静辉，王倩，高林林，等.山稔子提取物降血脂作用的研究［J］.食品科技，2018，43（2）：235-240. DOI：10.13684/j.cnki.spkj.2018.02.044.

[60] 郑树芳，赵大宣，邱文武，等.野生植物桃金娘的开发利用［J］.广西热带农业，2010，6（6）：53-54.

[61] 隋亚君.桃金娘多糖的分离纯化及其化学结构研究［D］.南宁：广西大学，2006.

[62] 吴萍萍.桃金娘化学成分、抗炎活性及其应用研究［D］.广州：华南师范大学，2014.

[63] 叶芝蕾.桃金娘浸提液对H22肿瘤小鼠作用探究［D］.广州：华南师范大学，2012.

[64] 吴佩君，唐树平，彭名军，等.南美白对虾的冷藏特性及生物保鲜剂对腐败菌的抑制作用［J］.食品工业科技，2017，38（10）：341-350. DOI：10.13386/j.issn1002-0306.2017.10.057.

[65] 王晓红，姜娴.食品中菌落总数检测结果的不确定度评定［J］.中国卫生检验杂志，2011（11）：2799-2800.

[66] 黄科礼，黄儒强.山稔子提取物对油脂抗氧化作用的研究［J］.食品科学，2008，5：84-86.

[67] 蔡仕瑾，黄儒强，张守红，等.山稔子提取物抗氧化能力的研究［J］.现代食品科学，2008，1229-1331.

[68] 熊双丽，李安林，任飞，等.苦荞和甜荞麦粉及麦壳中总黄酮的提取和自由基清除活性［J］食品科学，2009，2：118-122.

[69] 黄儒强，邓伟玲，李业芳，等.山稔子酒发酵工艺条件的研究［J］.食品科学，2007，（10）：352-355.

[70] 一种富钾山稔子饮料及其制备方法［D］.ZL201110042247.6，黄儒强、甘国科，2013-2-6.

[71] 一种从桃金娘果实中提取并分离纯化多糖的方法［D］.ZL201810988764.4，黄儒强、王静辉、王倩、高林林、张竞雯，2021-5-07.

[72] 桃金娘多糖P1及其分离方法和在制备降血脂药物中的应用［D］.ZL201810986675.6，黄儒强、王静辉、王倩、高林林、张竞雯，2021-6-1.

[73] 一种桃金娘多糖P3及其分离方法和在降血脂药物中的用途［D］.ZL201810987874.9，黄儒强、王静辉、王倩、高林林、张竞雯，2021-6-1.

[74] 桃金娘多糖P1及其分离方法和在制备降血脂药物中的应用［D］.US 11,369,627 B2，黄儒强、王静辉、王倩、高林林、张竞雯，2022-6-28.